Alpin-Lehrplan 9

Deutscher Alpenverein
in Zusammenarbeit mit dem
Oesterreichischen Alpenverein

WETTER:

Volker Albrecht
Matthias Jaeneke
Gerd Sommerhoff

LAWINEN:

Walter Kellermann

Wetter
Lawinen

BLV Verlagsgesellschaft
München Wien Zürich

Herausgeber:
Deutscher Alpenverein (DAV)
in Zusammenarbeit mit dem
Oesterreichischen Alpenverein (OeAV)

Kommission für Alpin-Lehrpläne des DAV

Mitarbeiter:
Prof. Dr. Paul Bernett
Arnold Hasenkopf
Pit Schubert
Alfred Siegert
Günter Sturm
Fritz Zintl

Bildnachweis

Wetter
Alle Fotos von den Autoren, mit Ausnahme von:
Wilfried Bahnmüller S. 31
Hugo Binz S. 59
DAV-Archiv (P. Lammerer) S. 8, (R. Karl) S. 83
Deutscher Wetterdienst, Wetteramt Frankfurt S. 25, 100, 101, 102, 103, 104, 105, 106, 107, 108, 109
Deutscher Wetterdienst, Wetteramt München S. 22, 23
Freie Universität Berlin, Meteorologisches Institut S. 11, 99
Hermann Hess S. 51 (u.), 87 (u.)
Lorenz Jaeneke S. 115, 118
Claus G. Keidel S. 74 (u.)
SALEWA S. 110

Lawinen
Eidgenössisches Institut für Schnee- und Lawinenforschung Weissfluhjoch S. 151
Prof. Sepp Friedhuber S. 122
Albert Gayl S. 143 (re.)
Ludwig Gramminger S. 124
Walter Kellermann (Archiv) S. 119, 123, 127, 128 (2), 129, 131 (4), 132 (4), 134 (2), 136, 137 (2), 138, 139, 140, 141 (3), 142, 143 (li.), 144 (2), 145 (2), 146 (2), 147, 148, 149, 152, 154, 155 (2), 156, 157, 158, 159, 160, 161, 163, 166 (2), 167, 168, 170 (2), 171, 174, 175 (2), 177, 178, 182 (2)

Titelbild: Reinhold Leitner
Zeichnungen: Hellmut Hoffmann

CIP-Kurztitelaufnahme der Deutschen Bibliothek

Alpin-Lehrplan / Dt. Alpenverein in Zusammenarbeit mit d. Oesterr. Alpenverein. [Komm. für Alpin-Lehrpläne d. DAV. Gesamtred.: Jürgen Kemmler]. – München; Wien; Zürich: BLV Verlagsgesellschaft

NE: Deutscher Alpenverein / Kommission für Alpinlehrpläne; Kemmler, Jürgen [Red.]

9. – Wetter, Lawinen

Wetter, Lawinen / Volker Albrecht, Matthias Jaeneke, Walter Kellermann, Gerd Sommerhoff [Mitarb.: Paul Bernett . . . Zeichn.: Hellmut Hoffmann]. – München; Wien; Zürich: BLV Verlagsgesellschaft, 1983.
(Alpin-Lehrplan; 9)
ISBN 3-405-12289-9

Gesamtherstellung: Druckerei Ludwig Auer, Donauwörth
Printed in Germany · ISBN 3-405-12289-9

Inhalt

Geleitwort zum Alpin-Lehrplan

Das Erfassen des Phänomens Bergsteigen in seinen vielfältigen Erscheinungsformen mit dem Ziel einer geistigen, auch wissenschaftlichen Durchdringung stellt seit jeher ein wesentliches Arbeitsgebiet des Alpenvereins dar. Dies zeigte sich auch in der bisherigen Lehrschriftenreihe, die jetzt ihre Fortführung im Alpin-Lehrplan findet. Hier kommt deutlicher zum Ausdruck, daß ein neues Konzept als Grundlage für eine einheitliche Ausbildung und umfassende Information für alle am Bergsteigen Interessierten vorliegt. Zu berücksichtigen war dabei die sportliche Seite des Bergsteigens und die erkannte Tendenz der Interessenten zur systematischen Erfassung der Sportart. Bergsteigen unterliegt aus der Sicht der Bewegungsabläufe den gleichen Gesetzmäßigkeiten wie alle sportlichen Bewegungen. Deswegen ist es sinnvoll, Begriffe aus der allgemeinen Sporttheorie beim Lehren der alpinen Technik anzuwenden. Eine ethische Wertung des Bergsteigens als Sport ist damit nicht verbunden. Das Gestalten der neuen Schriftenreihe wurde auch wesentlich durch pädagogische Überlegungen beeinflußt. Der Sportunterricht weicht in seiner Neuentwicklung immer mehr von der reinen Stoffvermittlung ab und verfolgt das Ziel, durch Fertigkeiten, Fähigkeiten und Kenntnisse die theoretischen und praktischen Voraussetzungen zur Situationsbewältigung zu schaffen. So wird z. B. die Tritt-Technik am weglosen Hang nicht nur für sich gesehen und behandelt. Es wird vielmehr Gehen, Wegführung und Verhalten als komplexe Voraussetzung zur ökonomischen und sicheren Bewältigung des Geländes besprochen. An das Inhaltsniveau der Lehrplanreihe mußten gewisse Ansprüche gestellt werden, ohne jedoch die Allgemeinverständlichkeit verlorengehen zu lassen. Vom Fremdwortcharakter der sporttheoretischen Fachbegriffe sollte sich der Leser, der *nur* an einer praxisbezogenen Tatsachenvermittlung interessiert ist, nicht stören lassen. Er kann diese Abschnitte übergehen, denn sie sind für diejenigen verfaßt, die *als Lehrpersonen* mit dem Lehrplan zu arbeiten haben.

Die Ausübung des Bergsteigens ist auch ohne diese sportpädagogischen Überlegungen sehr wohl möglich, kaum jedoch eine Lehrtätigkeit im modernen Sinne. Gleichzeitig waren die Inhalte der einzelnen Bände nach möglichst gemeinsamen und übersichtlichen Gesichtspunkten zu ordnen.

Um all diesem gerecht zu werden, wurde der Redaktionsausschuß des DAV gebildet, dem Bergsteiger mit den notwendigen theoretischen und praktischen Erfahrungen angehören. Nichts war naheliegender, als solchen sachkompetenten Ausschußmitgliedern Autorenaufgaben zu übertragen.

Das enorm ansteigende Interesse am Gebirge hat zu einer Gefährdung des Alpenraums und zu einem bedrückenden Anstieg der Touristenunfälle geführt. Mit dem weitgespannten Themenbereich soll der Alpin-Lehrplan zum Erkennen der sportlichen, biologischen, volkswirtschaftlichen und riskanten Zusammenhänge des Alpinismus beitragen. Durch eine vertiefte geistige Auseinandersetzung mit dem Bergsteigen wird auch so ein Beitrag zum Grundsatzprogramm des DAV zum Schutz des Alpenraums geleistet werden.

Prof. Dr. Bernett

Wissenschaftsreferent im Verwaltungsausschuß des DAV
Vorsitzender des Redaktionsausschusses des DAV

Wetter

Einführung

Wetter und Bergsteigen

Jahr für Jahr zieht es Menschen aller Altersstufen zum Wandern, Bergsteigen und Skifahren in die Alpen. Erholung, aktive Freizeitgestaltung und das Erlebnis der Schönheit der Bergwelt sind jedoch in hohem Maße vom Wetter abhängig.
Das Wissen um die Gesetzmäßigkeiten des alpinen Wetters ist genauso wichtig wie eine angemessene Bergsteigerausrüstung und die richtige Einschätzung des eigenen bergsteigerischen Könnens. Da die meisten Bergsteiger und Bergwanderer außerhalb der Alpen leben und nur den Urlaub oder die Wochenenden in den Bergen verbringen, haben sie kaum die Möglichkeit, die ganze Bandbreite der alpinen Wettererscheinungen kennenzulernen und dementsprechend auch einzuschätzen. Aber auch der Einheimische braucht neben Erfahrung fundiertes theoretisches Wissen.
Eine falsche Beurteilung der *Wettergefahren* ist für Bergsteiger und Bergwanderer gleichermaßen gefährlich wie drei Beispiele aus der Unfallstatistik des Sicherheitskreises im Deutschen Alpenverein verdeutlichen:
»An der Badile-Ostwand/Bergell fanden zwei sehr erfahrene Kletterer in einem Wettersturz, den sie, ihrer Ausrüstung nach zu schließen, nicht erwartet hatten, den Tod. Eine zweite Seilschaft, die einen der beiden noch zu retten versuchte, konnte nur mit letzten Kräften am Spätabend des zweiten Tages nach einer schrecklichen Nacht die rettende Biwakschachtel am Gipfel erreichen.«
»Ein unangeseilter Bergsteiger wurde beim Abstieg vom Grand Combin/Wallis etwa 100 m unterhalb des Gipfels von einer starken Windböe erfaßt und über den Grat in den Abgrund geschleudert.«
»Drei Bergsteiger (Vater, Tochter und ein Dritter) gerieten Anfang September am Dent de Geant/Wallis am späten Nachmittag in einen unerwarteten, starken und langanhaltenden Wettersturz, den sie in der Nacht nicht überleben konnten.«
Eine falsche Beurteilung der Wetterentwicklung und der damit verbundenen Wettergefahren wird sicherlich auch nach der Lektüre dieses Buches nicht ausgeschlossen sein. Wenn jedoch ein größeres Gespür für die Vielfalt und Dynamik des Klimas und Wettergeschehens im alpinen Raum vermittelt werden kann, so ist ein wesentliches Anliegen der Darstellungen erreicht.

Zielsetzung einer Wetterkunde für Bergsteiger

Ziel dieser alpinen Wetterkunde ist es, Grundlagen zu vermitteln zur

- lang- und kurzfristigen *Tourenplanung,*
- *eigenen Wettervorhersage* im Gebirge.

Es werden *kausales Denken* sowie *Beobachtungs- und Kombinationsfähigkeit* angesprochen. Genauso wichtig ist jedoch die Erkenntnis, daß wetterkundliches und theoretisches Wissen mit *langjähriger Bergerfahrung* gepaart sein müssen, bevor Bergsteiger und -wanderer die Wetterentwicklung im Gebirge mit den sich ergebenden Konsequenzen einplanen können.
Grundlage langfristiger Tourenplanungen sind Kenntnisse über die *Gesetzmäßigkeiten des alpinen Klimas.* Diese umfassen Aussagen über die *regionale Verschiedenheit des Klimas in den Alpen,* den *Klimawandel mit der Höhe* sowie den *jahreszeitlichen Witterungsverlauf.*
Um eine kurzfristige Tourenplanung angemessen durchführen zu können, sollte der Bergwanderer und Bergsteiger eine *Wetterkarte* lesen können und die wichtigsten Wettererscheinungen in ihren Ursachen und Auswirkungen kennen.
Langjährige Bergerfahrung wird es dem Bergsteiger ermöglichen, anhand von *eigenen Wetterbeobachtungen* sowie der *Deutung von Wetterzeichen* eine eigene Wetterprognose für das Tourengebiet zu erstellen.
Das in diesen Zielen angesprochene kognitive* Wissen ist eine notwendige Voraussetzung zu folgendem Verhalten und Handeln (verhaltensorientierte Ziele):

- *Wetterberichte* und Wetterkarten für die eigene Tourenplanung zu interpretieren.

Wetterkundliches Wissen und Erfahrung sind wichtige Voraussetzungen für eine sichere Tourenplanung. Wolken und Sicht am Gipfel lassen sich erklären und in ihrer Entwicklung abschätzen. Haufenwolkenentwicklung am Vormittag.

Wetterkundliches Wissen ist erlernbar.

Richtiges Verhalten im Gebirge erfordert nicht nur wetterkundliches Wissen, sondern auch langjährige Beobachtung und Erfahrung.

- Eigene Wetterbeobachtungen im Gebirge in die jeweils aktuelle Gesamtentwicklung des Wetters einzuordnen.
- Die allgemeinen *Wetterrisiken von Bergtouren* in den jeweiligen Jahreszeiten zu erkennen.
- Anhand eigener Wetterbeobachtungen während einer Tour kurzfristige Schlüsse auf die Wetterentwicklung zu ziehen.
- Sich bei verschiedenen Wettersituationen angemessen zu verhalten, zu kleiden und auszurüsten.
- Interesse und Freude an einer *systematischen eigenen Wetterbeobachtung* zu entwickeln.
- Den Zusammenhang zwischen Wetter und Qualität des Bergerlebnisses zu erfassen.

Klima, Witterung und Wetter – ihr Einfluß auf die Tourenplanung

Definitionen

- *Wetter* bezeichnet den augenblicklichen Zustand der Atmosphäre wie er durch das Zusammenwirken von meteorologischen* Elementen (z. B. Luftdruck, Temperatur, Wind, Bewölkung, Niederschlag) gekennzeichnet ist.
- *Witterung* beschreibt den allgemeinen Charakter des Wetterablaufs über mehrere Tage oder Wochen.

- *Klima* erfaßt auf der Grundlage langjähriger Beobachtungen den mittleren typischen Witterungsverlauf und die mittleren atmosphärischen Zustände.

Bei den Vorbereitungen von Bergfahrten wird zwischen lang- und kurzfristigen Planungen unterschieden.

- *Die längerfristig angelegte Planung* eines Urlaubsaufenthalts oder einer Wochenendtour in den Alpen erfordert die *Berücksichtigung des Klimas und der Witterung des Zielgebiets.* Tages- und Jahresgang von Temperatur und Niederschlag, der Schneedeckenentwicklung und des Bewölkungsgrades, von Sonnenscheindauer und Fernsicht sind wesentliche Grundlagen für die Tourenplanung im Gebirge. Klima und Witterung stecken den Rahmen ab, innerhalb dessen sich das Wetter an Ort und Stelle ausbilden kann.
- Die *kurzfristige Planung* berücksichtigt das Wetter im Touren- oder Klettergebiet. Sie soll eine Entscheidung darüber herbeiführen, ob die geplante Tour sinnvoll erscheint, welche Ausrüstung benötigt wird und wie der Aufenthalt im Gebirge zeitlich zu gestalten ist. Die kurzfristige Planung beginnt 2–3 Tage vor der Abfahrt ins Gebirge.
- Am Zielort oder auf der Hütte muß die Wetterlage jeden Tag neu beobachtet und daraus die mögliche Wetterentwicklung abgeleitet werden.

Dieses hochauflösende Satellitenbild des Wettersatelliten NOAA 7 vom 11. Mai 1982 nachmittags zeigt den Alpenraum praktisch wolkenfrei. Aufgrund der jahreszeitlich fortgeschrittenen Schneeschmelze in den unteren Lagen sind alle Haupttäler bereits ohne Schnee. Gebirgszüge und Talformationen lassen sich daher durch den Gegensatz von hellen und dunklen Flächen bis hin zu Details erkennen. Die außeralpinen Seen wie Gardasee, Bodensee, Genfersee erleichtern die geographische Zuordnung. Die Grenze der geschlossenen Schneedecke lag an diesem Tag bei 1400–1900 m Seehöhe.

Gesetzmäßigkeiten des alpinen Klimas

Grundlage langfristiger Tourenplanung

Die langfristig angelegte Vorplanung von Aufenthalten in den Alpen sowie von Hochgebirgstouren hat sich an dem räumlichen und zeitlichen Wandel der Witterung und des Klimas in den Bergen zu orientieren.

Die räumliche Differenzierung des Klimas in den Alpen läßt sich bei aller Vielfalt des lokalen Wandels auf folgende Gesetzmäßigkeiten zurückführen:

Vertikale Klimastruktur

- Mit zunehmender Meereshöhe nehmen die Niederschläge zu.
- Mit zunehmender Höhe ändert sich der mittlere Zustand der Wetterelemente (Luftdruck, Sauerstoffgehalt der Luft, Temperatur, Sonnenstrahlung, Windgeschwindigkeit, Bewölkung, Nebel).

Horizontale Klimastruktur

- Die Gebirgsränder der Alpen sind feuchter als die Becken und Täler im Gebirgsinneren.

Vertikale Klimastruktur

Da das Gebirge hoch in die Lufthülle hineinreicht und sich mit zunehmender Höhe der Zustand der Wetterelemente ändert, unterscheidet sich das Wetter in den Alpen in vielfacher Hinsicht vom Wetter im Flachland.

Mit der Höhe verändern sich im Mittel die Wetterelemente folgendermaßen:
Der Luftdruck nimmt ab.
Der Sauerstoffgehalt nimmt ab.
Die Lufttemperatur nimmt ab.
Die Intensität der Sonneneinstrahlung nimmt zu.
Die Niederschlagshöhe steigt an.

Definitionen

- Der Luftdruck entspricht dem Gewicht der jeweils über dem Meßpunkt befindlichen Luftsäule.
- Die Temperaturabnahme mit der Höhe wird als vertikaler Temperaturgradient* bezeichnet und liegt im Durchschnitt bei 0,5° C–0,6° C/100 m.
- Die Schneegrenze ist diejenige Linie, oberhalb der im Jahresmittel mehr Schnee fällt als abschmelzen kann (ca. 2700 m in den Nordalpen, ca. 3000 m in den Zentralalpen).

Wolkenverteilung und Schneebedeckung sind die auffälligsten sichtbaren Zeichen der vertikalen Klimagliederung in den Alpen. Nach einem Schlechtwettereinbruch am Lünersee/Vorarlberg.

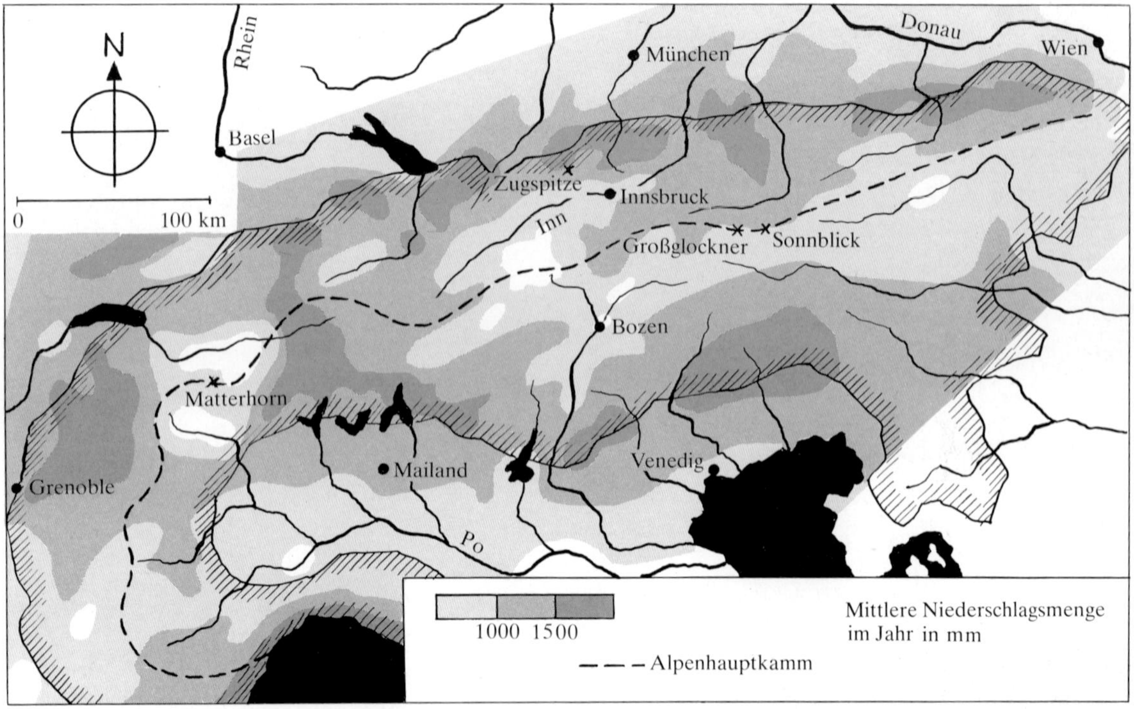

Der Luftdruck ist in 5500 m nur noch halb so groß wie auf dem Meeresspiegelniveau. Die Luftdrucksäule wird kleiner je höher wir steigen, und die Luft wird mit der Höhe dünner. Damit hängt auch die Sauerstoffabnahme mit zunehmender Höhe zusammen, eine Erfahrung, die jeder Bergsteiger sicherlich schon gemacht hat. *Der absolute Sauerstoffgehalt liegt im Gipfelbereich der Hochalpen etwa 30–45% unter dem des Meeresniveaus.* Atembeschwerden und Leistungsabfall können sich durch Sauerstoffmangel bereits in 2000–3000 m bemerkbar machen.
Die Intensität der Sonnenstrahlung nimmt mit der Höhe zu, da durch den kürzeren Weg durch die Atmosphäre und die dünnere Luft weniger Sonnenstrahlen absorbiert*, geschluckt werden. Das bedeutet auch eine Zunahme der Ultraviolettstrahlung*. Der Bergwanderer und Skifahrer muß sich daher durch Sonnenschutzmittel gegen Sonnenbrand schützen, insbesondere dann, wenn die Strahlung noch durch die Schneedecke reflektiert und verstärkt wird.
Die vertikale Temperaturabstufung bedingt die *Stockwerkgliederung der Alpen* in ackerbaulich genutzte Täler, Bergwälder und Matten, Fels- und Schuttzonen sowie in die Firn- und Gletscherregion. Im steileren Gelände bedingt der Wechsel von Nord- und Südhängen große Unterschiede in der Bestrahlung. Die unterschiedliche Wärmeeinwirkung zeigt sich am deutlichsten in der Schneeverteilung des Frühjahrs. Während Nordhänge noch weit hinab verschneit sind, zeigen Südhänge weit hinaufreichende Ausaperungen.
Winde sind auf den Höhen stärker als in den Tälern. Pässe sind aufgrund von Düsenwirkungen durch hohe Windgeschwindigkeiten gekennzeichnet.
Die Zunahme der Niederschläge mit der Höhe zeigt sich in einer weitgehenden Parallelität von Gebirgsprofil und Niederschlagshöhe.

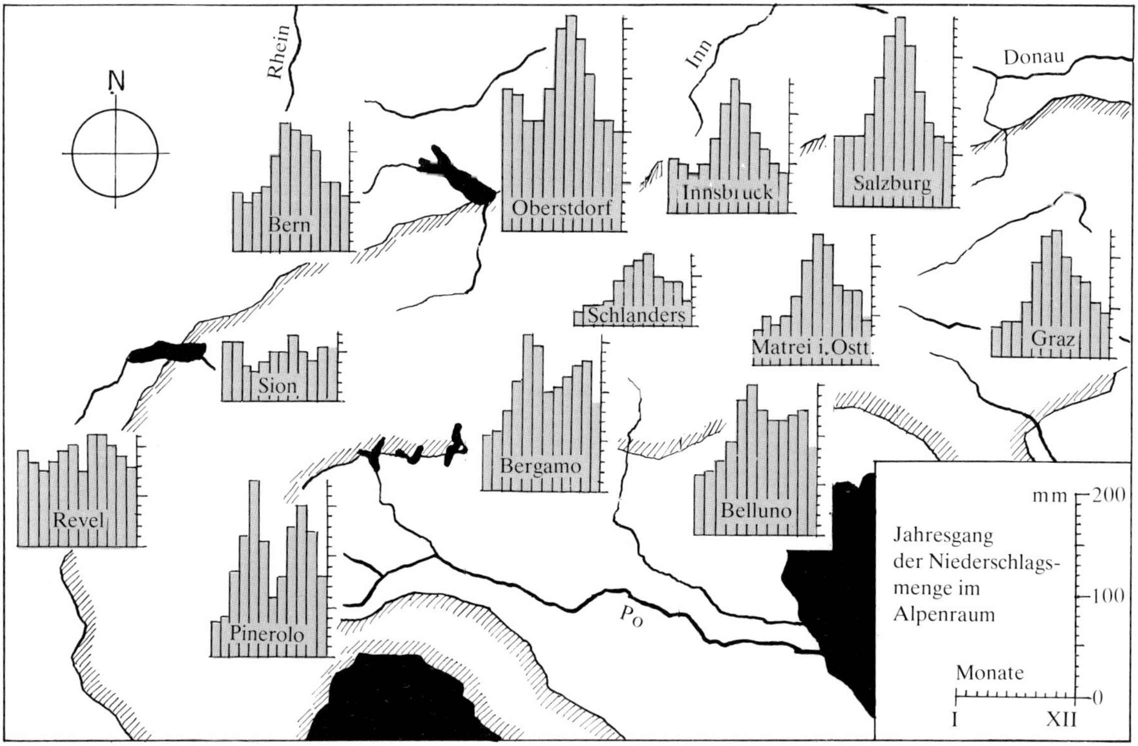

Horizontale Klimastruktur

Die horizontale Klimastruktur des Alpenraums macht sich für den Bergsteiger insbesondere *in der räumlichen und zeitlichen Verteilung der Niederschläge* bemerkbar.

Die Alpenränder weisen verhältnismäßig hohe Jahresniederschläge auf, die auf den Stau feuchter Luftmassen zurückzuführen sind. Die großen inneralpinen Längstäler sowie Teile der östlichen Zentralalpen (z. B. Ötztaler Alpen, Stubaier Alpen) liegen im Lee* (»Regenschatten«) der Randketten. Sie weisen im Jahresmittel teilweise erheblich niedrigere Werte auf.

Diese allgemeinen Merkmale der räumlichen Niederschlagsverteilung werden bei aktuellen Wetterlagen nur teilweise realisiert. Sie geben aber gute Hinweise auf die Niederschlagsintensität in Zeiten großer Niederschlagshäufigkeit.

Für die Planung von Bergtouren ist neben der räumlichen Niederschlagsverteilung *der Jahresgang des Niederschlags* von Bedeutung. In den nördlichen Kalkalpen und in den Zentralalpen fallen die größten Niederschlagsmengen im Sommer (Juni–August), während die Minima im Winter (Dezember–Februar) auftreten.

Diesem nördlichen Sommerregengebiet stehen die Südalpen mit Niederschlagsmaxima im Frühjahr – Frühsommer (Mai, Juni) und Herbst (Oktober, November) gegenüber.

In allen Teilen der Alpen ist ein nicht geringer Teil der Sommerniederschläge durch Gewitter und Schauer bedingt.

Der jahreszeitliche Witterungsverlauf in den Alpen

Erfolg oder Mißerfolg von Hochgebirgstouren hängen vielfach von dem Kalendertermin ab, an dem sie durchgeführt werden. Wenn es auch keine sichere Langfristvorhersage gibt, so läßt sich doch aus langjährigen Beobachtungsreihen ein mittlerer Jahresgang der Witterung in den Alpen ableiten. Es häufen sich Gut- und Schlechtwetterlagen zu bestimmten Kalenderterminen *(Singularitäten*)*. Für die langfristige Vorplanung von Hochgebirgstouren ist es daher nützlich, den mittleren Jahresgang der Witterung in den Alpen mit seinen Regelfällen zu kennen.
Jedoch muß beachtet werden, daß statistische Witterungsregeln zu jeder Zeit Ausnahmen zulassen. In diesem Sinne sind auch die zeitlichen Angaben über Witterungsabschnitte in den einzelnen Jahreszeiten zu verstehen.

Der Temperaturgegensatz zwischen Hochlagen und Niederungen hat einen typischen jahreszeitlichen Verlauf. (Nach H. Hauer, Klima und Wetter der Zugspitze.)

Der Bergwinter

Allgemeiner Witterungscharakter: Der Winter, die Zeit des tiefsten Sonnenstands, ist eine Jahreszeit sehr starker Witterungsschwankungen.

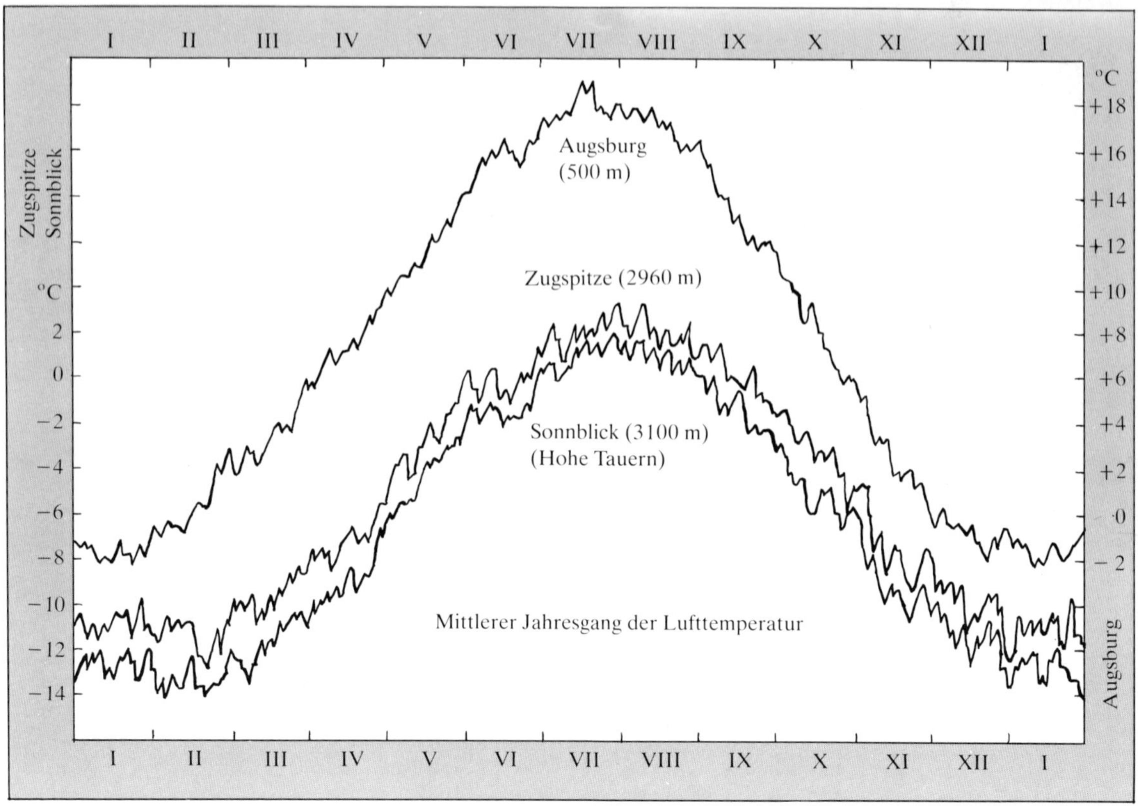

Der Winter ist in weiten Teilen der Alpen die Jahreszeit des beständigen Schnees und häufig guter Fernsicht.

Extrem kalte Wetterphasen entstehen, wenn sich die für den Winter typischen russischen Hochs mit kalter Festlandsluft nach Skandinavien, Mitteleuropa und den Alpenraum vorschieben. In den Tälern sinken dann nachts die Temperaturen auf die tiefsten Jahreswerte ab.

- Für den Winter typischer sind jedoch Wetterlagen, bei denen mit atlantischen Tiefs feuchte und teilweise milde Meeresluftmassen einfließen und starke Höhenstürme auslösen können. Trockene Kaltwetterlagen treten meist vor Weihnachten, Anfang Januar, in der zweiten Januarhälfte sowie gegen Mitte und Ende Februar auf. Milde Wetterphasen beobachten wir am ehesten Anfang Dezember, zwischen Weihnachten und Neujahr *(»Weihnachtstauwetter«)*, gegen Mitte Januar, am Monatswechsel Januar/Februar und Mitte Februar.

Bei den Vorstößen atlantischer Tiefs stellen die Alpen häufig eine *Wetterscheide* dar. Wolken und Niederschläge erreichen dann gar nicht die Alpensüdseite. Überschreitet dennoch die feuchte Luft den Alpenkamm, so wird sie durch den Föhneffekt* (Nordföhn) ausgetrocknet und bewirkt im Bereich der Südalpen Sonnenschein- und Niederschlagsarmut.

Temperaturen: Im Januar und Februar müssen Bergsteiger und Skifahrer in 1500 m Höhe je nach Hanglage mit Mitteltemperaturen zwischen −3° C und −6° C, in 2500 m Höhe mit −9° C und in 4000 m Höhe mit −20° C rechnen. Bei starken Warmlufteinbrüchen, wie z. B. bei Föhn, kann die Frostgrenze kurzfristig bis über 2000 m, in extremen Fällen auch über 2500 m Höhe ansteigen.

Bei kräftigen Kaltlufteinbrüchen sind in mittleren Bergregionen Temperaturen unter −15° C keine Seltenheit, die in allen Höhen auch Werte zwischen −25° C und −35° C erreichen können. Dies gilt besonders für die Hochtäler des Alpeninneren.

Niederschläge – Schneedecke: Häufigkeit und Menge der Niederschläge sind nicht so groß wie später im Sommer, doch bringen Schlechtwetterperioden

manchmal beträchtlichen Neuschnee, der *Lawinen* verursacht.
In den voralpinen Niederungen kann der Schnee ganz abschmelzen. In den Alpen tritt dies nur im Talgrund der tiefgelegenen Haupttäler auf. In Hochtälern und in mittleren Hanglagen tauen in der Regel die Schneedecken auch während starker Einbrüche milder Luft nicht völlig ab. Auf sichere Schneelagen trifft der Winterskifahrer im allgemeinen oberhalb 1500 m.
Sonnenschein – Bewölkung – Fernsicht – UV-Strahlung:* Im Vergleich mit den außeralpinen Niederungen gehören viel Sonnenschein und häufig sehr klare Luft zu den auffälligsten Merkmalen des hochalpinen Winters. Ursache dieser Bevorzugung der Berg- und Gipfelregion sind verhältnismäßig schnelle Aufheiterungen nach Schlechtwetterperioden. Während es dann in den höheren Lagen tagelang wolkenlos sein kann, liegen die außeralpinen Niederungen unter einer Nebelschicht, von der die aus den Alpen herausführenden Haupttäler noch teilweise erfaßt werden. Inneralpine Hochtäler stehen den Höhen an Sonnenscheindauer nicht nach, sieht man von der Verschattung enger Täler ab.
Mit der Lichtfülle verbunden ist die hohe Ultraviolettstrahlung* (UV-Strahlung), die durch Reflexion* über Schnee erheblich vergrößert wird und ihre höchste Intensität in den Hochalpen erreicht.

Der Frühling in den Bergen

Allgemeiner Witterungscharakter: In den Frühjahrsmonaten März, April und Mai steigt die Sonne schnell höher, die Tageslänge nimmt rasch zu. Die dadurch bedingte Erwärmung verändert die Schneelandschaft der Alpen und führt einen Wechsel im allgemeinen Witterungscharakter herbei.

Die Launenhaftigkeit des Wetters läßt kaum typische Wetterlagen zu bestimmten Zeiten erwarten. Auch die bekannten Kälterückfälle Mitte Mai *(»Eisheilige«)* fallen auf unterschiedliche Daten. Nur zwei Hochdrucklagen nach Mitte März und Ende Mai be-

Das Schneehöhenmaximum der Hochlagen im Frühjahr begünstigt Skihochtouren. Erst im September geht die Schneehöhe auf ihre geringsten Werte zurück. (Nach H. Hauer, Klima und Wetter der Zugspitze.)

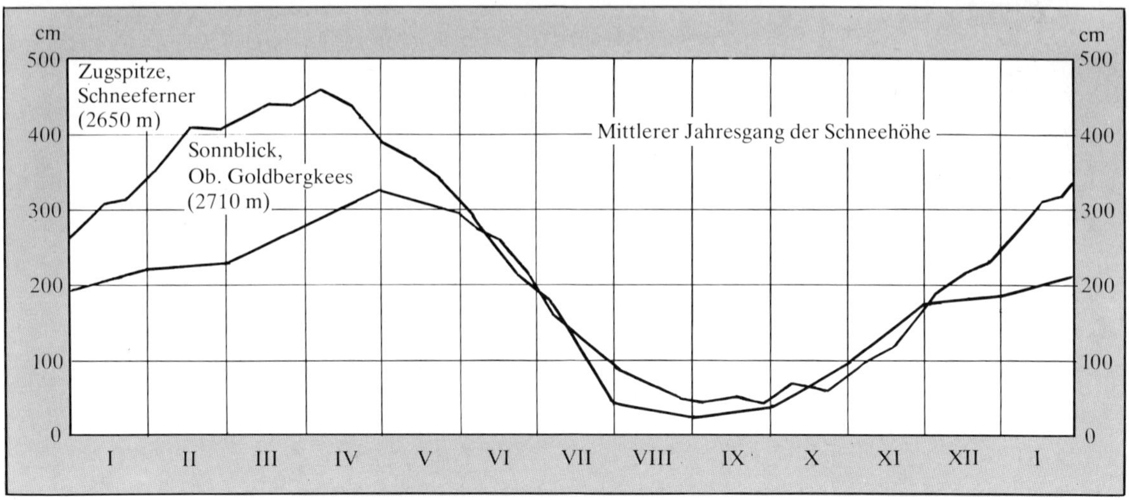

stimmen relativ regelmäßig das Wetter in den Alpen. Dazwischen bilden sich häufiger als zu anderen Jahreszeiten Tiefdruckstörungen über dem Mittelmeer, Mittel- und Westeuropa. Insgesamt nehmen die Nord- und Südströmungen deutlich zu und damit die *Stau- und Föhnlagen.*

Einschneidende Änderungen der Witterung bringt das Frühjahr den Südalpen. Kälterückfälle können genauso auftreten wie erste heftige Gewitterschauer. Das späte Frühjahr ist die Zeit heftiger Niederschläge.

Temperaturen: Die Frühjahrserwärmung setzt am stärksten in den Alpentälern ein. Die Tagesmitteltemperaturen steigen von Februar auf März um etwa 3° C an. In den hohen Gebirgslagen erwärmt es sich gleichzeitig nur um etwa $1\frac{1}{2}$° C. Der Temperaturgegensatz zwischen tieferen und höher gelegenen Lagen steigert sich noch im April und Mai und ist im Tagesverlauf jeweils nachmittags am größten, da die täglichen Temperaturschwankungen auf den Höhen kleiner sind als im Tal. Wegen der langsameren Erwärmung im Gebirge steigt die Frostgrenze im Frühjahr nicht so schnell an wie die Taltemperaturen vermuten lassen. Die durchschnittliche 0°-Grenze erreicht Mitte März erst 1250 m, Mitte April 1900 m und Mitte Mai 2500 m Seehöhe.

Niederschläge – Schneedecke: Die Schneedecke wächst in den Hochlagen der Alpen zunächst weiter an. Das Maximum der Schneehöhe stellt sich in 2000 m Höhe meist Mitte März, in 2500 m – 3000 m Höhe im April oder sogar erst Anfang Mai ein, wie z. B. auf der Zugspitze und dem Sonnblick. Zu ergiebigen Schneefällen kommt es im Frühjahr, wenn während einer Tiefdrucklage über dem Mittelmeer oder Mitteleuropa Warmluft aus dem Süden auf kalte Luft aus dem Norden stößt. Der nach dem Schneehöhenmaximum beginnende Rückgang der Schneedecke ist vorwiegend durch ein Setzen des Schnees bedingt. Der relativ lockere Winterschnee verwandelt sich in den festeren Frühjahrsschnee.

Wenn die Tagesmitteltemperaturen über 0° C ansteigen, beginnt die eigentliche Schneeschmelze. An den Berghängen bestehen je nach Sonnenexposition* große Unterschiede des Schneerückgangs. Sonnenbestrahlte und wärmebegünstigte Süd- und Westhänge apern bis in größere Höhen aus, nord- bis ostseitige Schattenhänge tragen häufig noch eine dicke Schneeschicht. Eine Begleiterscheinung der Schneeschmelze sind Lawinen. Noch im März überwiegen Trockenschneelawinen infolge Neuschnee, dann gehen in stärkerem Maße *Feuchtschneelawinen* nieder.

Sonnenschein – Bewölkung – Fernsicht: Die durchschnittliche Bewölkungs- und Nebelrate nimmt auf den Bergen stark zu, in den Niederungen und Tälern ab. Schon im April weisen die Berggipfel deutlich mehr Bewölkung auf als die Tallagen. Die Häufigkeit guter Fernsichten vermindert sich. Ein Dunstschleier durchsetzt besonders während des Tages die Atmosphäre.

Im späten Frühjahr und frühen Sommer ist die Niederschlagsneigung in den Hochlagen der Nordalpen so groß wie zu keiner anderen Jahreszeit. (Nach H. Hauer, Klima und Wetter der Zugspitze.)

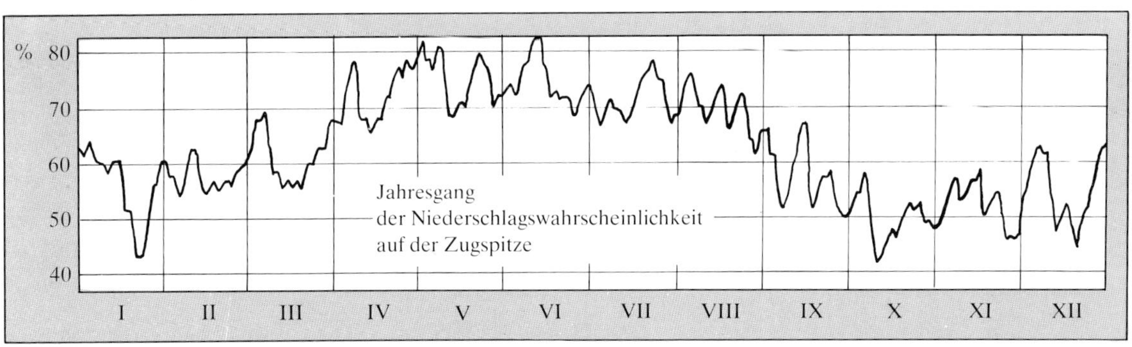

Ein ständig wechselndes Wolkenbild charakterisiert den Bergsommer. Über dem Gebirge im Hintergrund hochquellende Haufenwolken (Cumulus bzw. Cumulus congestus) am Nachmittag eines Spätsommertages.

Der Bergsommer

Allgemeiner Witterungscharakter: Eine starke Veränderlichkeit prägt besonders die erste Hälfte dieser temperaturmäßig günstigsten Jahreszeit.

Das typische Sommerwetter wird bestimmt vom Rhythmus von Wetterverschlechterung mit Abkühlung und Wetterverbesserung mit Erwärmung. Störungen durch Tiefs und das Einfließen von kalter Meeresluft beobachtet man am häufigsten Mitte *(»Schafskälte«)* und gegen Ende Juni, innerhalb der ersten Julihälfte, im letzten Julidrittel sowie Anfang und Mitte August. Am heftigsten sind die Meeresluftvorstöße Mitte und Ende Juni.
Hochs bestimmen am ehesten um den Monatswechsel Juni/Juli, gegen Mitte Juli, nach Anfang *(»Hundstage«)* und gegen Ende August das Wetter.
In den Südalpen setzt sich vom Frühjahr zum Sommer eine Wetterbesserung durch. Die Tiefs über dem Mittelmeer werden seltener, dafür macht sich der Einfluß des kräftigen *Azorenhochs* stärker bemerkbar. Der Alpenkamm wirkt zusätzlich wie im Winter als Wetterscheide. Längere Schönwetterperioden mit hohen Temperaturen sind im Süden der Alpen die Regel. Es fallen auch im Sommer Niederschläge, jedoch fast ausschließlich in Schauern oder während Gewittern.
Temperaturen: Wie im Frühjahr besteht ein großes vertikales Temperaturgefälle von durchschnittlich 0,6°–0,7° C/100 m. Juli und August sind in den Hochlagen ungefähr gleich warm. Für die einzelnen Höhenstufen gelten im Mittel etwa folgende Werte:

Höhe (m)	Temperatur (° C)
1000	15
2000	8
3000	2
4000	−5

Im Tagesverlauf ist die Temperaturschwankung verglichen mit den Tallagen verhältnismäßig gering, häufig nur 4°–8° C. Weit größer können die durch unterschiedliche Wetterlagen ausgelösten Temperaturwechsel sein. Bei *Wetterstürzen* erniedrigt sich die Frostgrenze von 3500–4000 m auf manchmal 2000 m.
Niederschläge – Schneedecke: Zu Niederschlägen kommt es im Bereich der Nord- und Zentralalpen mit großer Regelmäßigkeit, in manchen Gebirgsgegenden an fast ¾ aller Tage (siehe Jahresgang der Niederschlagswahrscheinlichkeit auf der Zugspitze). Die heftigsten Niederschläge fallen bei *Gewitterschauern* und *Stauwetterlagen,* bei denen feuchte Luftmassen gegen

die Alpen anströmen. Stauwetterlagen sind auf der Alpennordseite stets auch Kaltluftwetterlagen mit tiefer Schneefallgrenze.
Nach Süden exponierte* Hänge sind Mitte Juli bis weit über 2500 m im allgemeinen schneefrei. Die schattigen Nordseiten tragen jetzt noch Schneefelder bis zu 2000 m hinab. Im Spätsommer apert der Schnee auf Südhängen bis auf über 3000 m aus, auf Nordseiten bis in Höhen von 2500–2800 m.
Sonnenschein – Bewölkung – Fernsicht: Das Gebirge zeigt im Sommer ein ständig wechselndes Wolkenbild. Ganz trüb ist es nur an wenigen Tagen, ebenso selten ganz wolkenlos. Die überwiegend haufenförmigen Wolken gruppieren sich besonders an und über den Gebirgskämmen. Aus diesem Grund und wegen der häufig trüben Luft in den Hochlagen ist für den Bergsteiger im Sommer eine ideale Fernsicht die Ausnahme. Die Lufttrübung ist morgens am geringsten und erreicht mittags und nachmittags ihr Maximum.

Der Herbst in den Bergen

Allgemeiner Witterungscharakter: Der Witterungsverlauf im Herbst ist durch länger anhaltende Hochdrucklagen ausgeglichener als im Sommer.

Stabile Hochs mit ruhiger Witterung beobachtet man verhältnismäßig häufig in den ersten Septembertagen *(»Spätsommer«),* Ende September und Mitte Oktober *(»Altweibersommer«)* sowie Anfang und nach Mitte November. Zu Schlechtwetterperioden neigen hauptsächlich die Tage um Mitte September, Anfang und Ende Oktober, vor Mitte und gegen Ende November.
In den Südalpen verläuft der Herbst unruhiger als in den Nordalpen. Zwar machen sich auch hier Hochs mit einer Kette schöner Tage bemerkbar, doch erzeugen die im Mittelmeer wieder entstehenden Tiefs manchmal tagelang Wolken und Niederschläge. Anders als auf der Nordseite treten im Süden auch noch kräftige Schauer und Gewitter auf.
Temperaturen: Die Wärme geht in den Niederungen spürbar zurück, dagegen herrschen in Gipfellagen häufig noch Temperaturen wie im Sommer. An manchen Tagen steigt die Frostgrenze auf über 4000 m.
Föhn verursacht regelmäßige Unterbrechungen des herbstlichen Temperaturrückgangs. In den Höhenlagen wehen dann starke südliche bis südwestliche Winde, die von Tiefs über Westeuropa ausgelöst werden. Die warmen Fallwinde reichen manchmal bis ins Voralpenland und lassen die Felsmauern der Alpen noch aus größerer Entfernung erkennen.
Niederschlag – Schneedecke: Bei Touren in die Zentralalpen sind im September ausgeaperte Südhänge ein normaler Anblick. Der verbliebene Firnschnee ist der »ewige« Schnee des Alpenhauptkammes. Selten führen Septemberschneefälle in den Lagen unter 3000 m schon zu einer bleibenden Schneedecke. Meist taut sie wie im Hochsommer bald ab. Die Schneefallgrenze kann allerdings schon tiefer hinabreichen als im Sommer, besonders dann, wenn die übliche Schlechtwetterperiode der Septembermitte sich auf Ende September verschiebt. Im Laufe des Novembers erfassen Schneefälle die mittleren Hanglagen. Ende November sind hochgelegene Berghänge vielfach schon mit einer für den Skifahrer ausreichenden Schneedecke überzogen.
Sonnenschein – Bewölkung – Fernsicht: Im Herbst sind die höheren Lagen wie im Winter wolkenärmer und sonnenscheinreicher als die Tallagen und Niederungen, in denen sich im September tagelang eine deutliche Dunstschicht ausbildet.
Quellbewölkung tritt nicht mehr regelmäßig auf, an manchen Tagen des Spät- und »Altweibersommers« fehlt sie völlig. Daher liegt die Sonnenscheindauer im September relativ hoch.
Während der Hochs des Oktobers und Novembers verwandelt sich der Dunst in den Niederungen immer häufiger in dichten Nebel oder Hochnebel, der sich auch tagsüber nicht auflöst. Auf den höheren Hang- und Gipfellagen nimmt die Klarheit der Luft weiter zu, die durchschnittliche Bewölkungsrate weiter ab. Oktober und November erweisen sich im Hochgebirge als die relativ sonnenscheinreichsten Monate des Jahres, während in den Niederungen besonders der November durch Sonnenscheinarmut auffällt.

Die nutzbaren Tageslängen

Für die lang- sowie kurzfristige Vorplanung gleichermaßen bedeutsam sind Kenntnisse der jahreszeitlich bestimmten Sonnenaufgänge, Sonnenuntergänge und nutzbaren Tageslängen. Die nutzbare Tageslänge ist die Zeit zwischen Dämmerungsbeginn am Morgen und Dämmerungsende am Abend.
Die in der Tabelle aufgeführten Innsbrucker Werte gelten in grober Näherung auch für die anderen Regionen. Die Sonnenauf- und -untergänge verspäten sich nach Westen (z. B. Berner Oberland ca. 15 min) und verfrühen sich nach Osten (z. B. Dachstein 8 min). Unterschiede zwischen der Alpensüd- und -nordseite bestehen am ehesten in der Tageslänge. Im Frühwinter ist der Tag im Süden (Dolomiten) um etwa 10 min länger, im Frühsommer 10 min kürzer als im Norden (Karwendel).

Tageshelligkeit und -länge im Jahresverlauf am Beispiel Innsbruck

Sonnenaufgänge (SA), Sonnenuntergänge (SU), Dämmerung (D), Beginn der morgendlichen Dämmerung (DA), Ende der abendlichen Dämmerung (DE), Tageslänge (TL) und nutzbare Tageslänge (NTL)

Datum	SA MEZ	SU MEZ	D Minuten	DA MEZ	DE MEZ	TL Stunden Minuten	NTL Stunden Minuten
1. 1.	8.03	16.33	35	7.28	17.08	8.30	9.40
15. 1.	7.57	16.50	34	7.23	17.24	8.53	10.01
1. 2.	7.43	17.15	32	7.11	17.47	9.32	10.36
15. 2.	7.21	17.36	32	6.49	18.08	10.15	11.19
1. 3.	6.57	17.58	31	6.26	18.29	11.01	12.03
15. 3.	6.29	18.18	30	5.59	18.48	11.49	12.49
1. 4.	5.55	18.42	31	5.24	19.13	12.47	13.49
15. 4.	5.28	19.03	32	4.56	19.35	13.35	14.39
1. 5.	4.59	19.24	33	4.26	19.57	14.25	15.31
15. 5.	4.39	19.44	37	4.02	20.21	15.05	16.19
1. 6.	4.22	20.02	38	3.44	20.40	15.40	16.56
15. 6.	4.16	20.12	39	3.37	20.51	15.56	17.14
1. 7.	4.21	20.14	40	3.41	20.54	15.53	17.13
15. 7.	4.33	20.07	39	3.54	20.46	15.34	16.52
1. 8.	4.51	19.48	36	4.15	20.24	14.57	16.09
15. 8.	5.09	19.27	33	4.36	20.00	14.18	15.24
1. 9.	5.31	18.56	31	5.00	19.27	13.25	14.27
15. 9.	5.50	18.28	31	5.19	18.59	12.38	13.40
1. 10.	6.11	17.56	30	5.41	18.26	11.45	12.45
15. 10.	6.31	17.29	30	6.01	17.59	10.58	11.58
1. 11.	6.57	16.59	32	6.25	17.31	10.02	11.06
15. 11.	7.17	16.40	32	6.45	17.12	9.23	10.27
1. 12.	7.39	16.27	34	7.05	17.01	8.48	9.56
15. 12.	7.54	16.25	36	7.18	17.01	8.31	9.43

Wettervorhersagen für Bergsteiger

Grundlage kurzfristiger Tourenplanung

Wetterberichte für den Alpenraum

Die kurzfristige Vorplanung von Bergtouren richtet sich in ihrem zeitlichen Rahmen nach den Möglichkeiten, Wetterlage und Wetterentwicklung vorherzusagen. Hinweise und Prognosen für die kommende Wetterentwicklung geben uns Wetterkarten und Wetterberichte der amtlichen Wetterdienste.

Man unterscheidet:

- *Witterungsvorhersagen* bis zu 1 Woche mit einer mittleren Richtigkeit von 70%.
- *Wettervorhersagen* für 1–3 Tage mit einer mittleren Richtigkeit von 85%.

Die Prognosen bis zu 1 Woche geben die allgemeine Wettertendenz (Witterungsverlauf) wieder, ohne daß für die letzten Tage schon Einzelheiten der Wetterentwicklung geschildert werden können. Solche Vorhersagen basieren auf einem weltweiten Datenmaterial und computergerechneten Prognosekarten der Druck-, Temperatur- und Luftströmungsbedingungen. Der Bergsteiger erhält die Vorhersagen in Zeitungen oder im Rundfunk in Form von *Wochenvorhersagen.*

Am 22. Juli 1979 übermittelte das Wetteramt München morgens diesen Wetterbericht für Bergsteiger an den Bayerischen Rundfunk.

```
wa mchn. 22.7.1979  0615 uhr.

wetterlage:
im zusammenhang mit dem tief ueber skandinavien fliesst von
nordwesten wolkenreiche meeresluft gegen die alpen. flache tiefs
lassen auch an der alpensuedseite keine nachhaltige wetter-
besserung zu.

vorhersage bis heute abend:

ostschweiz-vorarlberg-allgaeuer alpen-bayer. alpen-tirol-
salzburger land.

stark bis veraenderlich bewoelkt und zeitweise regen oder schauer,
oberhalb etwa 2500 m teilweise in schnee uebergehend. hoehere
berge haeufig eingehuellt. hoechsttemperatur in den taelern 15
bis 19 grad, in 2000 m um 5 grad. im hochgebirge starker bis
stuermischer wind aus west bis nordwest.

suedschweiz-dolomiten.

unterschiedliche meist starke  bewoelkung und einzelne, oertlich
gewittrige niederschlaege. hohe berge zeitweise eingehuellt. hoechst-
temperaturen in den taelern 20 bis 26 grad, in 2000 m bis 10 grad,
in 3000 m um 2 grad. im hochgebirge starker wind aus suedwest
bis west.

weitere aussichten fuer montag:
etwas freundlicher.
```

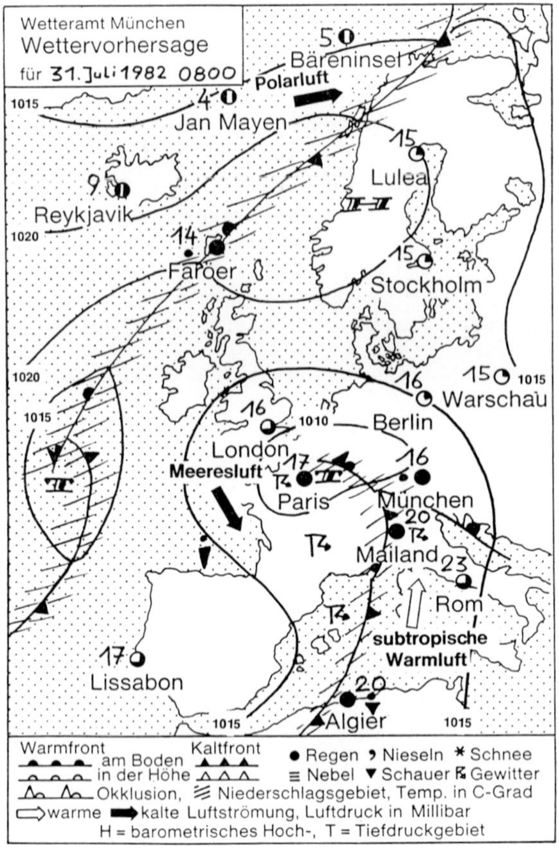

Beispiel einer Zeitungswetterkarte als Vorhersagekarte für den 31. Juli 1982, 8.00 Uhr MESZ (Mitteleuropäische Sommerzeit). Luftdruckverteilung, Luftströmungen, Fronten und Wettermeldungen wurden für diesen Zeitpunkt 24stündig vorausberechnet. In der Mitte der Karte ein Tief mit Kern über Frankreich, mit ihm verbunden Okklusionsfront, Warmfront und Kaltfront. Über dem Mittelmeer an der Südostflanke des Tiefs ein Strom subtropischer Warmluft nach Norden, an der Südwestflanke des Tiefs über der Biskaya und Frankreich südostwärts vorstoßende Meeresluft. Längs den Fronten in Schraffur Dauerniederschläge. Der Alpenraum wird weitgehend von diesen Niederschlägen überdeckt. Gewitter über Frankreich, den Balearen und der Poebene. Vorhergesagte Wettermeldung München: Regen, 8/8 Wolkenbedeckung, Temperatur 16° C.

Wettervorhersagen für 1–3 Tage machen weit detailliertere Angaben als die Witterungsvorhersagen und beziehen sich auf alle Wetterelemente (Bewölkung, Nebel, Niederschlag, Temperatur, Wind). Vorhersagen differenzieren, soweit notwendig, nach Höhenlage und Region. Sie stützen sich außer auf das weltweite und vielfältige Beobachtungsmaterial und die elektronische Datenverarbeitung auch auf die Zusammenhänge zwischen der allgemeinen Wetterlage und der regionalen und lokalen Wetterentwicklung. Trotzdem können schwierige Wetterlagen zu Fehlvorhersagen führen. Die Vorhersagen werden über Rundfunk, Fernsehen, Zeitungen, Fernsprechansagedienst und Wetterkartenaushang veröffentlicht. Bei den einzelnen Wetterämtern gibt es auch die Möglichkeit der persönlichen Beratung.

Wetterberichte in Rundfunk, Fernsehen, Zeitungen, Fernsprechansagedienst

Rundfunk: Die im Hörfunk verbreiteten Wetterberichte beziehen sich normalerweise auf das Sendegebiet der jeweiligen Rundfunkanstalt. Nach der »*Wetterlage*« wird die »*Vorhersage*« für 1–2 Tage, teilweise mit »*weiteren Aussichten*« gegeben. *Wetterberichte für Bergsteiger* verbreitet der Bayerische Rundfunk (Bayern 3, Bayern 1) regelmäßig in der Hauptsommersaison. Der Österreichische Rundfunk (Ö 3) vermittelt in »*Radio Holiday*« Hinweise für Bergsteiger. Sondervorhersagen für den Alpenraum enthalten auch die überall ausgestrahlten *Reisewetterberichte* mit einer Gültigkeitsdauer bis zu 3 oder 4 Tagen.

Fernsehen: Vorhersagen im Fernsehen werden meist nur in Form der normalen öffentlichen Wetterberichte gegeben. Einer ihrer Vorteile ist aber ihre bildlich-graphische Wiedergabe der Wetterlage, der Wetterverteilung und die Reproduktion von *Satellitenbildern.* Auch im Fernsehen werden im Sommer, meist am Wochenende, Reisewetterberichte, einschließlich dem Alpengebiet, angeboten.

Zeitungen: Gute Informationen lassen sich auch aus den Zeitungswetterberichten entnehmen. Außer dem Vorhersagetext mit Wetterlage, Vorhersage und teilweise weiteren Aussichten werden häufig Wetterkarten beigegeben. In der Regel handelt es sich um *Vorhersagekarten* für den Erscheinungstag. Sie zeigen in

vereinfachter Form Tiefs, Hochs, Fronten, Luftströmungen, manchmal auch vorhergesagte örtliche Wettermeldungen. Wer als Bergsteiger diese Karten über mehrere Tage verfolgt, erhält einen weit besseren Einblick in die Wetterentwicklung, als es die bloßen Texte ermöglichen. Sehr nützlich sind auch die in einzelnen Zeitungen wiedergegebenen Meßdaten des Vortages von einzelnen Wetterstationen.
Fernsprechansagedienst: Eine gute Informationsquelle über das Alpenwetter bietet der Fernsprechansagedienst, der neben Wetterlage, Vorhersage und weiteren Aussichten regelmäßig aktuelle *Beobachtungen von Bergwetterstationen* vermittelt. Die Vorhersage bezieht sich fast ausnahmslos auf das jeweilige heimische Gebiet. Am besten wählt man die nächstgrößere Stadt in der Nähe des Zielgebietes an.

Standardnummern
für telefonische Wetterberichte:
Deutschland (0) 1164
Österreich 16
Schweiz 162

Persönliche Beratung beim Wetterdienst
Die individuellste Form der alpinen Wetterberatung stellt das unmittelbare, persönliche Gespräch mit der Wetterdienststelle dar. Hier besteht die Möglichkeit, durch gezielte Rückfragen spezielle Probleme (regionale und örtliche Verhältnisse, zeitlicher Ablauf, Gefahrenmomente) anzusprechen. Jedoch ist eine stärkere Spezifizierung je nach Wettersituation nur bedingt möglich, da örtliche Effekte sich der Vorhersage bei schwieriger Wetterlage entziehen und zudem genaue Ortskenntnisse verlangen.

Die Wetterkarte

Die Wetterkarte (Bezug, Aushang) gibt dem Bergsteiger einen unmittelbaren Einblick in *das aktuelle großräumige Wettergeschehen.* Grundlage der Wetterkarten sind die weltweit gleichzeitig durchgeführten Wetterbeobachtungen der Wetterstationen. Sie ermöglichen einen großräumigen Überblick (Synopse*) über das Wetter und seine Entwicklung.

Wettermeldungen
Die Meldungen der Wetterstationen werden durch Symbole verschlüsselt auf der Wetterkarte wiedergegeben.

Für die Vorhersage des Wetters spielen die Meldungen der Wetterstationen eine wichtige Rolle. Beobachtungen von Bergwetterstationen sind Bestandteil der amtlichen Wetterberichte und für den Bergsteiger besonders informativ.

Wetterkarte
des Deutschen Wetterdienstes

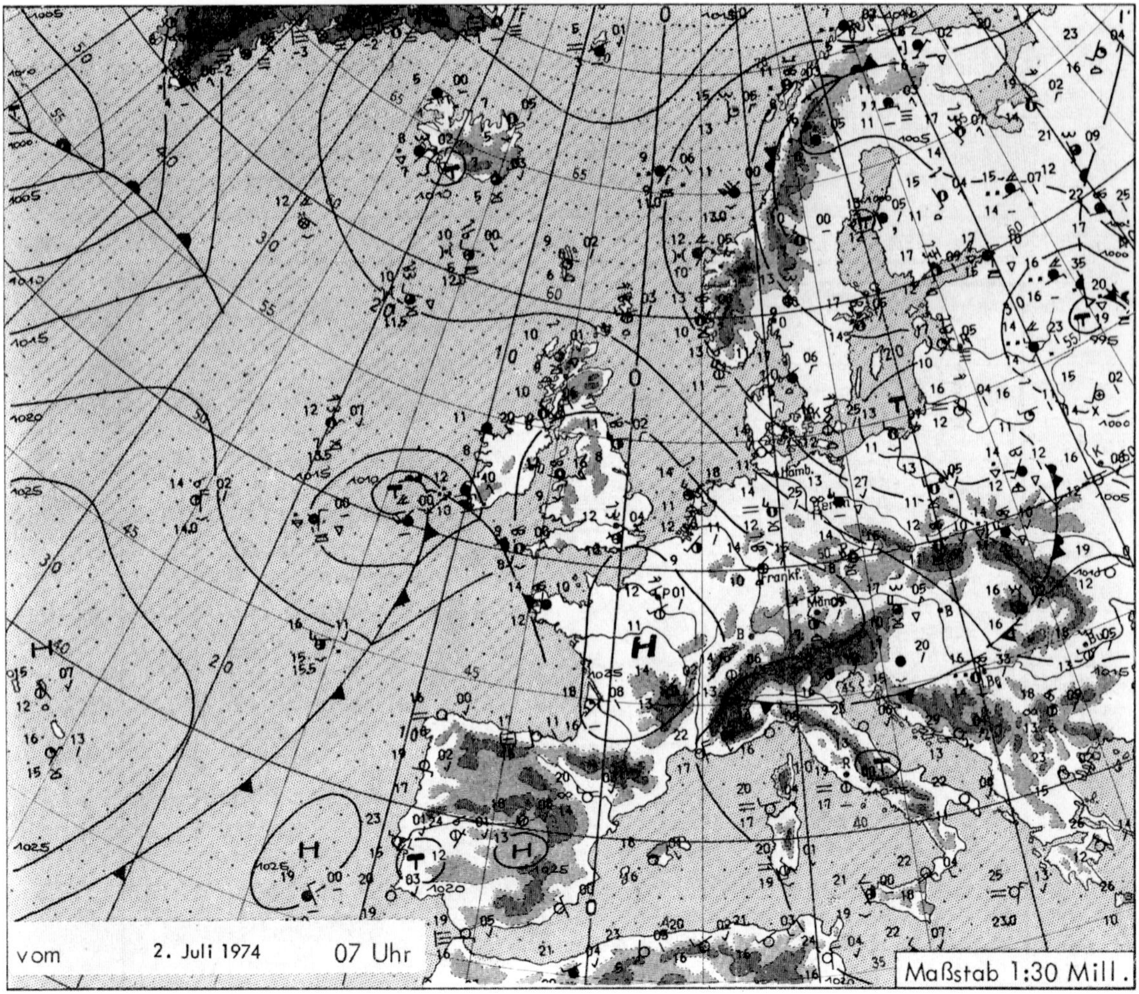

Erläuterungen

Schema einer Stationseintragung mit Beispielen

1. Gesamtbedeckung in Achteln ◑ = 4/8

2. Windrichtung in 360 Grad Einteilung — Wind aus Ost (E) gleich 90° mit 15 Knoten

3. Windgeschwindigkeit in Knoten (1Kn = 1.852 km/h)
halbe Feder = 5 Knoten
ganze Feder = 10 Knoten usw.
West, 5 Knoten

4. Gegenwärtiges Wetter:
, Nieseln • Regen ✶ Schnee
▽ Schauer Gewitter
≡ Nebel ∞ Dunst
▲ Hagel Schneetreiben
je nach Intensität mehrere Symbole bei , • ✶

5. Wetterverlauf von 01–07 h

6. Lufttemperatur in ganzen Grad Celsius in 2 m Höhe über Grund. Minus 2°C = −2°C

7. Taupunktstemperatur wie 6.

8. Wassertemperatur in zehntel Grad Celsius

9. Tiefe Wolken unterhalb 2500 m
Cumulus – – – Stratus

10. Mittelhohe Wolken zwischen 2500 und ca 6000 m
Altocumulus
Altostratus

11. Hohe Wolken oberhalb 6000 m
Cirrus Cirrostratus

12. Betrag und Art der 3-stündigen Luftdruckänderung
12 = 12 zehntel Millibar, erst gestiegen, dann gleichgeblieben

Fronten mit Erwärmung, Abkühlung a) am Boden
Warmfront
Kaltfront
Okklusion
b) in der Höhe
Konvergenzlinie
Linien gleichen Luftdruckes = Isobaren

Symbolschlüssel der Wetterkarte

Lage einer Wetterstation	–	Kreis
Grad der Bewölkung	–	ausgefüllte Kreissegmente
Windrichtung	–	Pfeilschaft
Windgeschwindigkeit (in Knoten)	–	Anzahl und Größe von Fiedern am Pfeilschaft
Lufttemperatur	–	Zahl links oben am Stationskreis
Wettererscheinungen wie Nebel, Niederschlagsart, Gewitter	–	Symbole unterhalb der Temperaturangabe

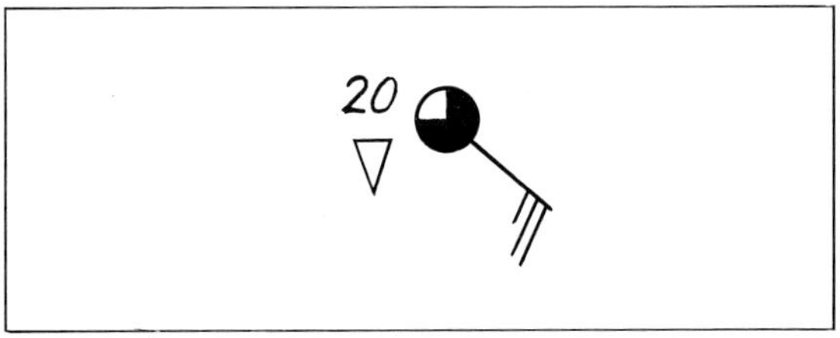

Die abgebildete Signatur bedeutet demnach: Bewölkungsgrad 6/8, Windrichtung aus Südosten, Windgeschwindigkeit 25 Knoten, Lufttemperatur +20° C, Schauer (aufrechtstehendes Dreieck).

◀ Erläuterungen zur Wetterkarte:
Einzelmeldungen der Wetterstationen: Angaben über Bewölkung, Wind, Lufttemperatur, Taupunktstemperatur, Wettererscheinungen, Luftdrucktendenz und Wolkenformen. München meldete um 7.00 Uhr MEZ (Mitteleuropäische Zeit): Grad der Bewölkung: $^4/_8$, Wind: Nordwest mit 10 Knoten, Lufttemperatur: 14° C, Taupunktstemperatur: 7° C, Wettererscheinungen: keine, Luftdrucktendenz: 0,9 mbar steigend in 3 Stunden, Wolkenformen: Cumulus, Altocumulus, Cirrus. Luftdruckgebilde: Tiefs südwestlich von Irland, bei Island, über dem Bottnischen Meerbusen und Mittelrußland. Hochs über Frankreich und den Azoren. Hochdruckkeile über dem Alpenvorland und den Britischen Inseln.
Luftmassenfronten: Warmfront vom Tief südwestlich von Irland bis zur Bretagne. Kaltfronten von Ungarn über die Poebene bis zu den Westalpen und vom Tief südwestlich von Irland Richtung Südsüdwest. Okklusionsfronten im Kernbereich des Tiefs bei Irland und über Westrußland.

Hochs und Tiefs

Neben den Wettermeldungen der einzelnen Wetterstationen erscheinen auf der Wetterkarte Hochs und Tiefs, *kalte* und *warme Luftströmungen* sowie *Luftmassenfronten.* Sie charakterisieren und bestimmen das Wettergeschehen.

Die Luftdruckgebilde der Hochs und Tiefs werden durch Linien gleichen Luftdrucks (Isobaren*) dargestellt. Die Isobaren*, die im Abstand von zu 5 mbar gezeichnet werden, umfassen vollständig die Gebiete hohen und tiefen Luftdrucks.

Als Faustregel für die Wetterverteilung in Hochs und Tiefs gilt:

- In Tiefdruckgebieten herrscht meistens wolkenreiches Wetter mit Niederschlägen und Wind.
- Hochdruckgebiete sind mit gutem Wetter verbunden, d. h. mit verhältnismäßig geringer Bewölkung und fehlenden Niederschlägen.

Verschiedene Formen der Luftdruckgebilde. Die Linien sind die Isobaren der Luftdruckverteilung.

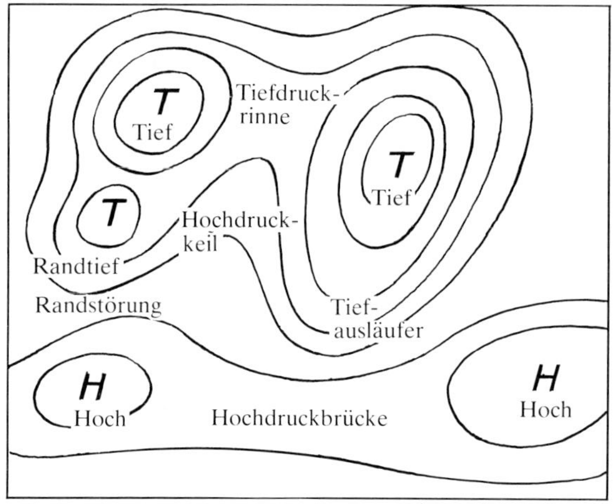

Außer den abgeschlossenen Hochs und Tiefs zeigen sich durch den Isobarenverlauf* noch andere Luftdruckgebilde:

- Randtiefs,
- Tiefausläufer,
- Hochdruckkeile,
- Hochdruckbrücken.

Sie werden von den Isobaren* nur teilweise umschlossen. Randtiefs werden manchmal auch *Randstörungen* genannt.

Luftmassenfronten

Ein besonderes Augenmerk gilt auf den Wetterkarten den Luftmassenfronten.

Sie grenzen großräumig kalte und warme Luftmassen voneinander ab und bewegen sich in eine bestimmte Richtung.

- Stößt Kaltluft gegen Warmluft vor, so handelt es sich um eine *Kaltfront.*
- Fließt Warmluft gegen Kaltluft, so haben wir es mit einer *Warmfront* zu tun.

An den Fronten entstehen die Dauerniederschläge eines Tiefs, sie grenzen sich wettermäßig deutlich von der Umgebung ab. Niederschlagsgebiete werden auf manchen Wetterkarten schraffiert eingezeichnet.

Fronten erkennt man auf der Wetterkarte an ihren gebogenen Linien, versehen mit ausgefüllten Dreiekken (Kaltfront) und ausgefüllten Halbkreisen (Warmfront). Sie schneiden die Isobaren* und enden in Form einer *Okklusionsfront** im Kern eines Tiefs. Das Auftreten einer Okklusionsfront* bedeutet, daß die Kaltfront an dieser Stelle die vorlaufende Warmfront eingeholt hat. Ihre Symbole sind ein ausgefülltes Dreieck neben einem ausgefüllten Halbkreis.

Fronten und Luftmassen sind wichtige Merkmale der großräumigen Wetterlage. Fronten sind mit einem Tief verbunden und laufen meist in gebogener Form auf den Tiefdruckkern zu. Die Luftströmung ist wirbelförmig.

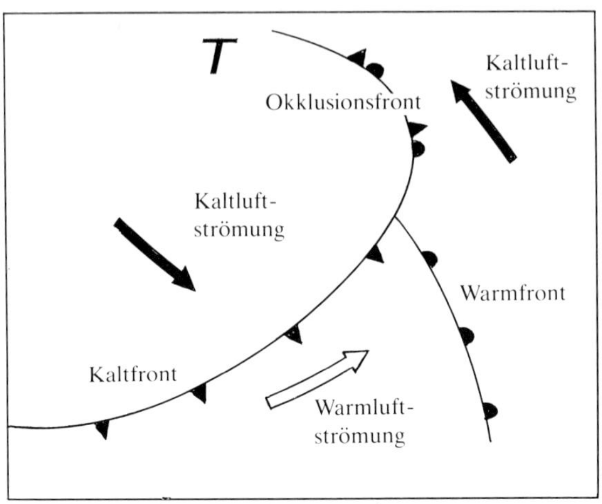

Kalte und warme Luftströmungen

Bewegt sich eine Luftmasse in ein geographisch weit entferntes Gebiet, so nimmt sie ihre ursprünglichen Temperaturen mit. So entstehen kalte und warme Luftströmungen. Luftströmungen aus Norden sind stets kalt, Luftströmungen aus Süden dagegen warm. Von Osten und Westen kann es sowohl warme als auch kalte Luftströmungen geben.

- Ausgefüllte große Pfeile geben Kaltluftströmungen an.
- Nicht ausgefüllte große Pfeile kennzeichnen warme Luftströmungen.

Verlagerung von Tiefs und Hochs, Einteilung der Wetterlagen

Nicht nur Luftmassen werden durch großräumige Strömungen über weite Entfernungen hinwegtransportiert, auch die Tiefs, Hochs und Luftmassenfronten selbst verlagern sich. Für ihre Wanderung läßt sich eine wichtige Regel angeben:

> Tiefs, Hochs und Luftmassenfronten wandern hauptsächlich von West nach Ost.

Je nach Lage und Zugrichtung der Hoch- und Tiefdruckgebiete bilden sich Wetterlagen mit zonaler* (West-Ost), meridionaler* (Nord-Süd) oder wechselnder Luftströmung aus.

- Liegt das Haupttiefdruckgebiet im Nordatlantik bei Island und ein umfangreiches Hoch bei den Azoren, so stellen sich generell westliche Luftströmungen ein. Man nennt die Wetterlage *Westlage.* Sie ist die wichtigste Wetterlage Mitteleuropas.

- Für den Alpenraum günstige Wetterbedingungen herrschen besonders dann, wenn vom *Azorenhoch* ein Hochdruckkeil bis zum Alpenraum reicht oder dort sogar ein abgeschlossenes Hoch liegt.
- Befinden sich Tiefs mit ihrem Kern bei den Britischen Inseln, so herrscht für die Alpen eine Tiefdruckrandlage mit südlichen Luftströmungen. Sie bringt den Südalpen *Stau* und Schlechtwetter, den Nordalpen häufig *Föhn.*

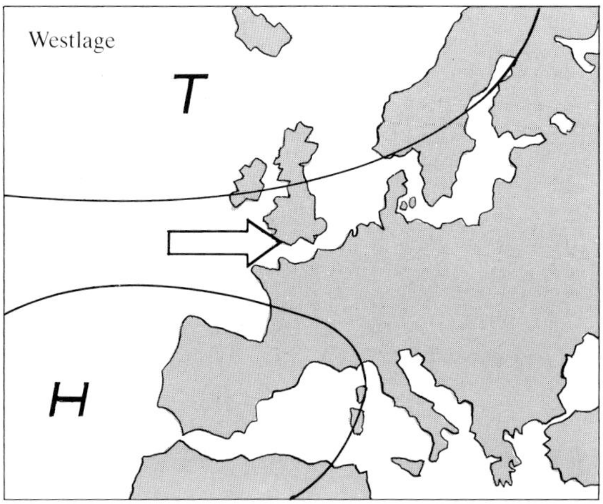

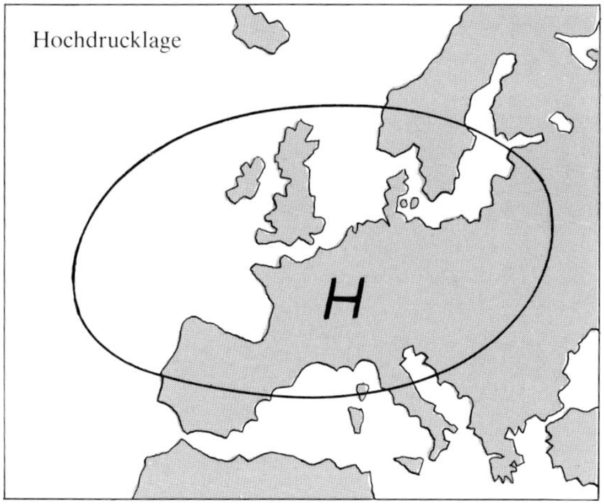

Planung im Gebirge

Grundregeln zur Planung im Gebirge

Wetterkarten, Wetterberichte und Wettervorhersagen geben uns vor dem Aufbruch zur Hütte oder zum Berg wichtige *Vorinformationen.* So können wir abschätzen, welche allgemeinen Wetterbedingungen wir zu erwarten haben.

Im Gebirge müssen wir die Wetterentwicklung selbständig ohne fachliche Anleitung weiter verfolgen.

- Wir sollten die sichtbaren und körperlich erfahrbaren *Wetterzeichen* (Wolken, Sichtweite, Temperatur, Wind, Wettererscheinungen [Regen, Schneefall, Gewitter], Erdbodenzustand) deuten und für die jeweilige Tagestour verwerten. Mit besonderer instrumenteller Ausrüstung (z. B. Höhenmesser) läßt sich zusätzlich der Luftdruck einbeziehen.

Schema dreier wichtiger Wetterlagen für den Alpenraum mit Luftdruckverteilung und Hauptluftströmung.

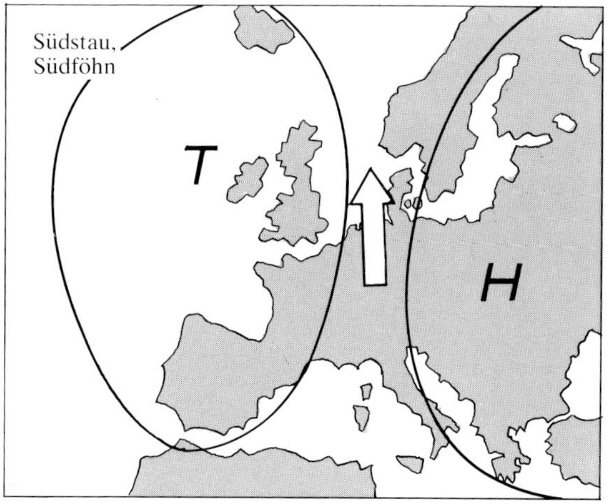

Durch die Beobachtung von Wolken und Sichtweite kann sich der Bergsteiger im Gebirge stets ein Bild von der aktuellen Wettertendenz machen. Bei Touren im Gipfelbereich wird die Sichtweite und die Orientierung häufig auch von Wolken unterhalb der eigenen Höhe bestimmt. Blick von der Zugspitze. Haufen- und Schichthaufenwolken in verschiedenen Höhenlagen.

- Falsch wäre es, sich blind von Augenblickseindrükken leiten zu lassen. Erst die kontinuierliche *Wetterbeobachtung* gibt uns zufriedenstellende Hinweise. Fehlerfreie Wettervorhersagen sind aber selbst bei guter Ortskenntnis manchmal nicht möglich. Überraschungen werden also nicht ausbleiben.

Im folgenden sind typische Zustände und Abläufe des alpinen Wetters zusammengestellt. Sie helfen, den »Wetteralltag« zu erfassen; sie zeigen aber darüberhinaus jene Wetterentwicklungen auf, die beträchtliche Gefahren für den Bergsteiger heraufbeschwören können.

Das Wetter im Tagesverlauf

Im *Frühjahr* und *Sommer* ist bei relativ ungestörten *Hochdruckwetterlagen* mit einem deutlichen Tagesgang des Wetters zu rechnen. Die Sonne steht während dieser Jahreszeiten besonders hoch und verursacht einen ausgeprägten *Tagesgang von Strahlung, Temperatur, Sichtweite, Bewölkung, Niederschlag und Wind.*

Strahlung und Lufttemperatur

Am frühen Morgen (ca. 4.00–6.00 Uhr Sommerzeit) ist die Lufttemperatur am niedrigsten. Sie steigt während des Vormittags steil an, besonders an sonnenausgesetzten Südost- bis Südhängen. Um 12.00 Uhr Ortszeit (Sonnenzeit) steht die Sonne am höchsten und genau im Süden. Die Lufttemperaturen erreichen aufgrund der starken Strahlung ihr Maximum erst nachmittags (ca. 14.00–17.00 Uhr Sommerzeit).

Am Nachmittag werden hauptsächlich die Südwesthänge von der Sonnenstrahlung erwärmt. Gegen Abend, wenn die Sonne schon deutlich tiefer steht, setzt ein stärkerer Temperaturrückgang ein, der erst in der zweiten Nachthälfte zusehends flacher wird.

Die typischen Tagesschwankungen der Temperatur an sonnigen Tagen betragen während der warmen Jahreszeit in Gipfellagen 4–8° C, in den Tallagen sind sie teilweise mehr als doppelt so groß.

Sicht, Bewölkung

Ein spezielles Interesse hat der Bergsteiger am Tagesgang von Sicht und Bewölkung, die sich im Tagesrhythmus von Strahlung und Temperatur verändern.

- Zur Zeit des Sonnenaufgangs ist die Luft klar, die Berggipfel sind weitgehend wolkenfrei, in den Talniederungen liegt eine Dunstschicht.
- Mit zunehmender Tageserwärmung setzt in den Höhen eine allgemeine Dunsttrübung ein.
- Vom Mittag bis zum Abend hüllen Haufenwolken die hohen Berggipfel ein.

Erste Anzeichen einer späteren Vernebelung hoher Gipfel sind am frühen Vormittag häufig kleine Haufenwölkchen oder Wolkenfetzen, die sich an den Südost-/Südhängen noch aus dem Taldunst heraus bilden. Während die Taldunstschicht nach und nach verschwindet, steigen diese ersten Wolken allmählich auf und vergrößern sich. Ab Mittag gruppieren sich die ausgewachsenen Haufenwolken (Cumulus) um den Gipfelbereich. Ihre Entstehung verdanken Wolken und Dunsttrübung der am Berg aufsteigenden hangnahen warmen und daher leichten Luft. Oberhalb ei-

Bei Schönwetterlagen beginnt meist Mitte Vormittag über den Ost- bis Südhängen die Haufenwolkenentwicklung. Der Hauptsonnenhang befindet sich auf diesem Bild rechts von der Bergkante.

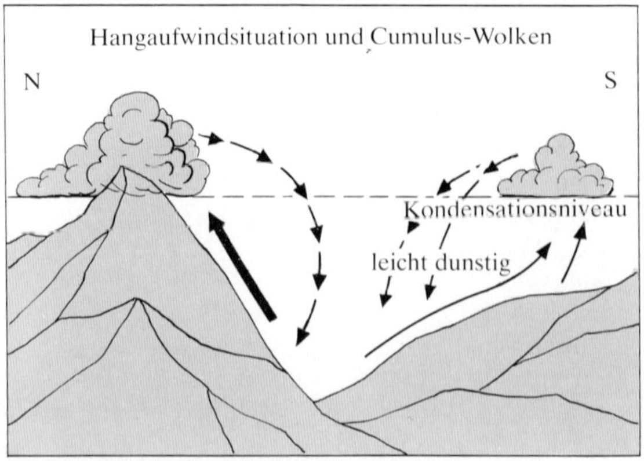

Die Haufenwolkenentwicklung an Schönwetterlagen wird von einer thermisch ausgelösten Luftzirkulation verursacht. Sie erfaßt Hänge und Talquerschnitt. Die Dicke der Pfeile gibt die Stärke der Luftbewegungen wieder.

Am Nachmittag hat die Haufenwolkenentwicklung meist ihren Höhepunkt erreicht. Je nach Feuchtigkeit der Luft sind die hohen Gipfel jetzt nebelfrei oder in Wolken gehüllt. Sehr gut erkennbar die glatte Untergrenze der Haufenwolken. Spätsommer im Wilden Kaiser.

ner von der Feuchtigkeit der Luft abhängigen Höhe (Kondensationsniveau*) bildet sich in dem Luftstrom die Haufenbewölkung (Cumulus). Ist die Luft sehr feucht, so setzt die Wolken- und Nebelbildung schon in halber Höhe ein; ist die Feuchtigkeit dagegen gering, so beobachtet man nur kleine Haufenwolken, ohne daß die Berggipfel von ihnen eingehüllt werden. Charakteristisch ist besonders im Endstadium die glatte Untergrenze der Haufenwolken. Erst zum Sonnenuntergang oder danach beginnen Wolkenauflösung und Sichtbesserung. In der Nacht setzt sich dieser Vorgang weiter fort. Er resultiert aus einer talwärts gerichteten Luftströmung als Folge einer hangnahen Abkühlung.

Schauer und Gewitter

Schauer und Gewitter entwickeln sich, soweit sie nicht die Folge durchziehender Schlechtwetterfronten sind, ebenfalls im Tagesgang. Sie werden als Wärmegewitter bezeichnet. Ihre Ursachen sind die gleichen wie bei der allgemeinen Haufenwolkenentwicklung. Von der Sonnenstrahlung erwärmte Luft steigt über dem Hang auf und läßt die Luftfeuchtigkeit kondensieren*.

Hohe Temperaturen und Schwüle, mäßige Fernsicht schon am Morgen, Windstille und nach Sonnenaufgang beobachtbare türmchenförmige Schäfchenwolken (Altocumulus castellanus) geben erste Hinweise auf eine Gewitterlage.

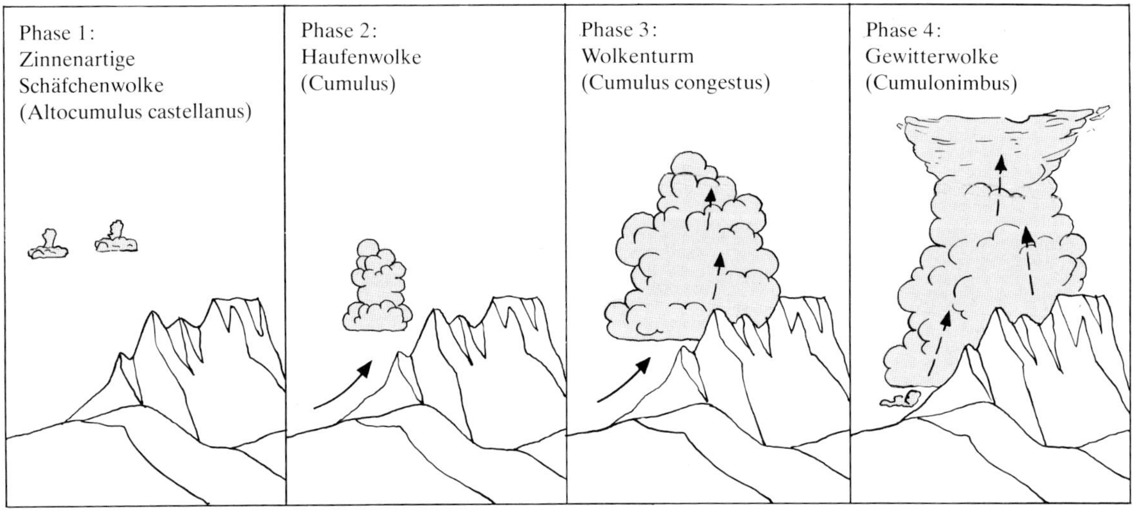

Entstehung eines Wärmegewitters in vier Entwicklungsphasen.

Die eigentliche Gewitterentwicklung beginnt mit dem Einsetzen von blumenkohlartigen Haufenwolken (Cumulus) am Vormittag. Anders als an den ruhigen Schönwettertagen zeigen sie aber von vornherein ein lebhaftes, schnelles Wachstum in der Höhe.

- Vom Mittag an bilden sich vereinzelt große Wolkentürme (Cumulus congestus) aus, die auch in der Breite mächtige Dimensionen erlangen. Sie werden von der Sonne meist hell angestrahlt. Nur die Wolkenbasis hat schon dunkle Partien.
- Die Umwandlung in die endgültige *Gewitterwolke (Cumulonimbus)* erkennt man besonders im oberen Teil des großen Cumulus. Die oberen Wolkenköpfe verwachsen ineinander und verformen sich zu einem breiten *Amboß,* der oben einen ausladenden Rand zeigt. Gleichzeitig wird die vorher scharf abgegrenzte Oberfläche zusehends *faserig.* Die mittleren Wolkenpartien weisen immer noch die typische Blumenkohlform auf, während untere Wolkenteile dunkel verschattet sind und alle höheren Berge einhüllen. Häufig genug decken die Berge oder benachbarte Haufenwolken die Sicht zur Gewitterwolke ab, so daß von ihr nur noch Teile voll erkennbar bleiben.

Schauer und Gewitter entstehen vorzugsweise zwischen Mittag und spätem Abend. Tageszeitliche Wärmegewitter haben eine typische Dauer von $^1/_2$–1 Stunde.

Rasch wie sie entstehen, lösen sich die Gewitterwolken anschließend wieder auf.

Der Zeitraum von der ersten Cumuluswolke bis zur ausgebildeten Gewitterwolke kann sehr unterschiedlich sein, in extremen Fällen geht die Entwicklung in nur $^1/_2$ Stunde vor sich.

Das einsetzende Gewitter bringt häufig neben Blitzentladungen starke, mitunter wolkenbruchartige Regen- und Hagelschauer sowie kurzzeitig kräftige bis stürmische Windböen. Während des Gewitters hüllen sich die Berge bis in mittlere Lagen im Nebel ein.

Planung von Tagestouren

Um die besseren Bedingungen der Frühstunden zu nutzen und der Gefahr der Sichtminderung besonders durch Wolkennebel auszuweichen, *sollten Berganstiege möglichst in die ersten Tagesstunden gelegt werden.*

Im Hintergrund über dem Gebirge rasche Haufenwolkenentwicklung, kurz vor dem Übergang in eine Gewitterwolke. Die hohen Berggipfel sind in Wolkennebel gehüllt. Später Nachmittag eines Sommertages in den Dolomiten.

Das Reifestadium einer Gewitterwolke erkennt man an einem breiten »Amboß« im oberen Wolkenbereich. Der linke Gewitterturm hat dieses Stadium schon erreicht, rechts ist die Umwandlung gerade im Gange.

Die meisten Schlechtwettereinbrüche bringen dem Hochgebirge Vernebelung. Folgt der Schlechtwetterfront ein Anstau feuchter Luftmassen, so reicht die Vernebelung bis zu den tiefen Berglagen hinab. Hier Wolkenstimmung am Lünersee, Vorarlberg.

Lange Anstiege machen einen Aufbruch noch vor Sonnenaufgang erforderlich. Die Hoffnung, daß sich Sicht- und Wolkenbedingungen schon vor dem Abend wieder bessern, ist nur dann erfüllt, wenn die Wolkenuntergrenze sich mittags und nachmittags weiter anhebt und dabei nach und nach die hohen Gipfelpartien freigibt.

- Der Tourenplan an den Tagen, an denen Wärmegewitter zu erwarten sind, sollte so ausgerichtet sein, daß man um die Mittagszeit wieder die Hütte erreicht hat.
- Insbesondere sollte die Schnelligkeit der Entwicklung von der normalen Haufenwolke bis zur reifen Gewitterwolke beobachtet und einkalkuliert werden.
- Befindet man sich bereits im oberen Gipfelbereich, muß jede rasche und anhaltende Vernebelung bei hohen Temperaturen als ungünstiges Zeichen gewertet werden.

Schlechtwettereinbrüche im Gebirge

Erscheinungsformen und Ursachen

Merkmale von Schlechtwettereinbrüchen im Gebirge
Schlechtwettereinbrüche im Gebirge erschweren stets einen Aufenthalt im Freien und bedeuten nicht selten *unmittelbare Gefahr für die persönliche Sicherheit.*

- Eine Schlechtwetterphase dauert im Mittel etwa 1–3 Tage an.
- Die häufigste Gefahr bei Schlechtwettereinbrüchen im Gebirge besteht in einer *Einschränkung der Orientierung.*
- Sie gehen fast immer mit Vernebelung der Hochlagen einher.
- Die bei ihnen auftretenden Niederschläge sind in der Regel sehr ergiebig.
- Auch im Sommer kann einsetzender Regen in Hochlagen unvermittelt in Schneefall übergehen.

- Häufiger als in den Niederungen bringen sie dem Hochgebirge stürmische Winde.

Ursachen von Schlechtwettereinbrüchen
Das Wetter im Gebirge kann von lokal ausgeprägten Unterschieden gekennzeichnet sein. Anhaltende Schlechtwettereinbrüche verwischen aber die örtlichen Unterschiede und haben regionale oder überregionale Ausmaße.
Sie werden stets von der allgemeinen Wetterlage ausgelöst.

Häufigste Ursache für eine generelle Wetterverschlechterung sind wie in den Niederungen die großräumigen, auf Wetterkarten erkennbaren Tiefdruckgebiete und ihre Fronten. Sie greifen in der Regel von West nach Ost auf die einzelnen Alpengebiete über.
Eine gebirgsspezifische Form der Schlechtwetterlage ist darüber hinaus durch einen ununterbrochenen Anstau feuchter Luftmassen gegeben.

Schema von Luftströmungen, Föhn und Stau beim Durchzug von Warmfront und Kaltfront eines nördlich der Alpen ostwärts wandernden Tiefs.

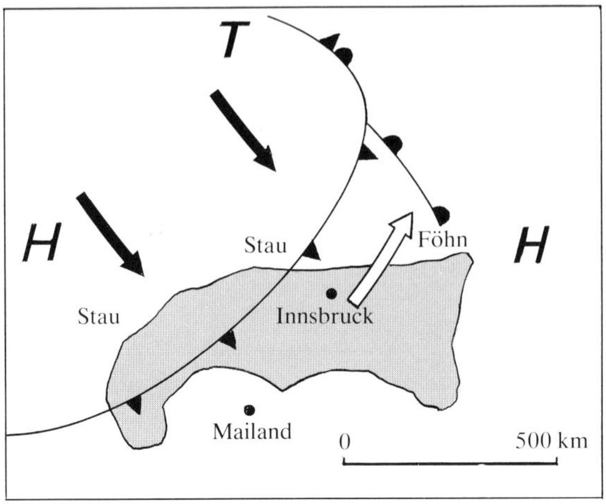

Kürzerfristige Staueffekte werden relativ oft im Zusammenhang mit den wandernden Tiefs und Fronten beobachtet. Sie modifizieren den Ablauf der allgemeinen Wetterentwicklung (Südstau bei Annäherung eines Tiefs oder von Fronten, Nordstau bei Abzug eines Tiefs und von Kaltfronten).

Mittelbare Anzeichen einer Wetterverschlechterung

Jeder Schlechtwettereinbruch führt zu einer Störung des für ruhigere Wetterlagen typischen Tagesgangs der Wettererscheinungen.
- Die Temperatur geht nachts kaum noch zurück oder steigt sogar an.
- Die periodischen Hang*- und Talwinde* schwächen sich deutlich ab.
- Der Wechsel von Haufenwolken (Cumulus) -Entstehung und -Auflösung zu bestimmten Tageszeiten wird unterbrochen.

Mittelbare Anzeichen eines kommenden Wettereinbruchs sind auch
- Fehlender morgendlicher Tau.
- Ausbleiben der Dunstschicht der Frühstunden in den Niederungen.
- Abnahme der Sichtweite in den Hochlagen mit einsetzender Dunsttrübung.
- Veränderung der Farbe der auf- oder untergehenden Sonne von rot in schmutziges gelbrot.

Warmfronten und ihre Anzeichen

Ein heranziehendes Tief kündigt sich häufig mit seiner Warmfront an, die im Sommer weniger ausgeprägt ist oder gänzlich fehlt. In diesem Fall zeigt sich der Wettereinbruch sofort mit den typischen Kennzeichen der sonst nachfolgenden Kaltfront.

Allgemeine Anzeichen
Die Warmfronten besitzen einen gleichmäßigen *schichtenförmigen Wolkenaufzug,* der auch über eine

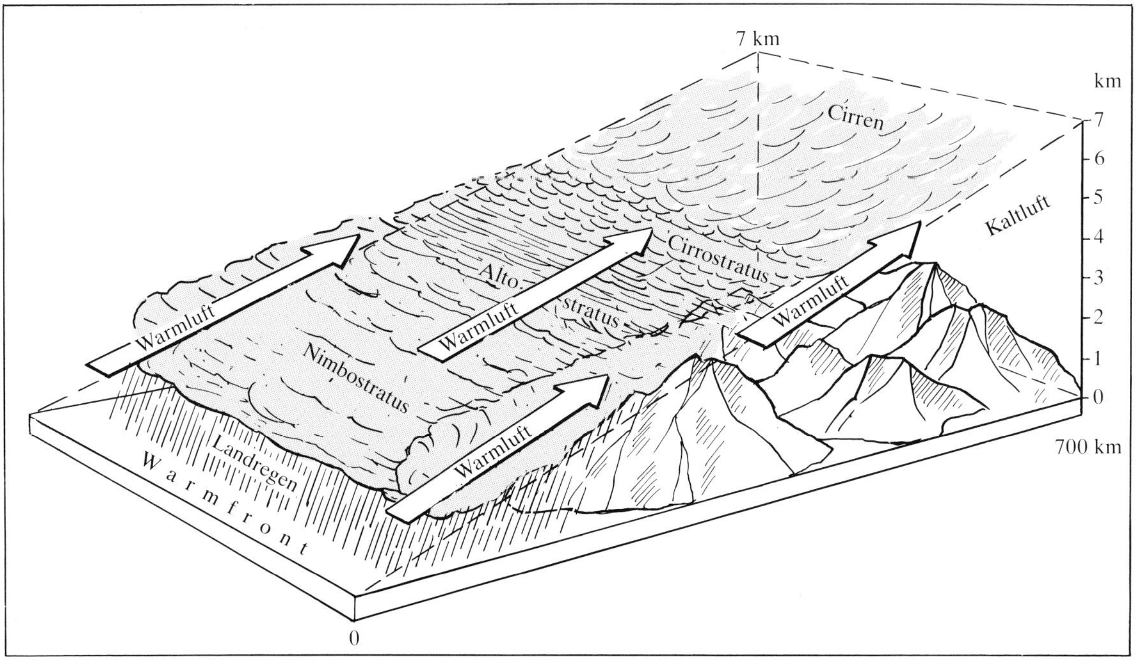

Das Blockbild einer Warmfront (gestrichelt). Auf dem Bild wandert die Warmfront von links nach rechts. Links die Schnittlinie der Warmfront mit dem Talniveau. Die Höhen- und Weitenangaben rechts sind ungefähre Mittelwerte. Die Warmluft gleitet in flachem Winkel auf die Kaltluft auf.

genügend lange Zeit (meist ½–1 Tag) verfolgt werden kann. Schwankungen im Ablauf der Wolkenentwicklung kann es auf der Alpennordseite durch Föhn geben, der die Wolken verformt und teilweise auflöst. Umgekehrt stellen sich auf der Alpensüdseite Stauerscheinungen ein. Dies ist eine Folge der bei Annäherung der Fronten meist herrschenden Winde.

- Die allgemeine Windrichtung dreht bei Annäherung einer Warmfront bzw. eines Tiefs oft auf Südwest bis Süd und die Windstärke nimmt dabei zu.
- Die Temperatur steigt wegen der herangeführten wärmeren Luftmassen besonders in Gipfelbereichen an.

Drei Entwicklungsphasen der Warmfront

Der Wolkenaufzug einer Warmfront zeigt drei charakteristische Entwicklungsphasen.

Phase 1: Im Vorfeld der Warmfront

- Aufzug der ersten faserigen hellen, sehr hohen *Feder- und Schleierwolken* (Cirrus bzw. Cirrostratus), durch die der Himmel und die Sonne noch durchscheinen. Der Wolkenaufzug ist meist aus Nordwest bis West. Die Fernsicht nimmt ab. Die bergsteigerische Aktivität wird noch in keinerlei Weise beeinträchtigt.
  Es entstehen manchmal farbige Lichterscheinungen im Umkreis der Sonne in Form einer Nebensonne (links oder rechts) oder des geschlossenen Lichtkreises des Halo* (symmetrisch in einigem Abstand um die Sonne, siehe Abb. Seite 74).
  Mit 70% Wahrscheinlichkeit lassen die Brechungs-* und Spiegelungserscheinungen des Sonnenlichts in den Wolken auf späteren Niederschlag schließen.

Phase 2: Die Annäherung der Warmfront

- Verdichtung der Wolkenfelder, die gleichzeitig ein kompakteres und mehr graues Aussehen erhalten. Es handelt sich um die in flachen Ballen angeordneten mittelhohen Schichthaufenwolken (Altocumulus) und die verwaschen, grau wirkenden mittelhohen Schichtwolken (Altostratus). Die Sonne ist nur noch teilweise wie durch eine Mattscheibe zu erkennen. Der Himmel ist weitgehend von der Wolkenschicht abgedeckt.
- Die Wolken ziehen jetzt mehr aus West bis Südwest. Die Untergrenze der Wolkenschicht liegt bereits tiefer als zu Beginn der Entwicklung, aber noch praktisch über allen Gipfeln. Nur einige hohe Drei- und Viertausender zeigen schon isolierte Wolkenhauben.
- Tritt mit Winddrehung auf Südwest bis Süd vorübergehend *Föhn* auf (Alpennordseite), so kann sich das Wolkenfeld nochmals auflockern und zu typischen linsenartigen Wolkenanordnungen (Altocumulus lenticularis) verformen. Die Sicht wird kurzzeitig wieder gut bis sehr gut. Der Bergsteiger sollte die weitere Entwicklung aus Westen jetzt genau beobachten und die föhnigen Aufhellungen

Erstes Anzeichen für eine herannahende Warmfront ist der Aufzug von hellen, hohen Federwolken (Cirrus). Häufig bringt aber erst die weitere Wolkenbeobachtung Klarheit darüber, ob und wie schnell die Schlechtwetterfront übergreift.

nicht als Zeichen einer generellen Wetterbesserung mißdeuten. Zur gleichen Zeit können sich auf der Alpensüdseite schon jetzt an den Hängen Wolkenbänke bilden *(Stau)*.

Phase 3: Das Übergreifen der Warmfront

- Es kommt tiefe Bewölkung auf. Die jetzt dunkelgraue Wolkenschicht erscheint meist in Form von zusammengewachsenen groben Schollen (*tiefe Schichthaufenwolken* [Stratocumulus]). Die Sicht wird nun zusehends schlechter.
- Alle hohen Berge vernebeln sich nach und nach, sie tauchen in die tiefe Wolkenschicht ein. Es bilden sich aber auch zusätzliche Wolkenhaufen und -fetzen an den Bergflanken. Sinkt die Vernebelung bis weit in den Zweitausender-Höhenbereich ab, so ist dies ein sicheres Zeichen für den nahen Beginn der Niederschläge, die aus einer *diffus-grauen Wolkenschicht* (Nimbostratus) fallen.
- Das diffus graue Aussehen des Nimbostratus ist eine Folge der »*Vorhangwirkung*« der Niederschläge, die die Sicht auf die dahinter befindlichen Wolken nimmt. Eine entsprechende Veränderung des Himmels aus der Richtung der Front läßt sich daher ebenfalls als gutes Indiz für den nahen Niederschlagsbeginn deuten.

Von Westen schieben sich mittelhohe Schicht- und Schichthaufenwolken (Altostratus bzw. Altocumulus) heran. In Verbindung mit vorangehenden Federwolken (Cirrus) sind sie relativ sichere Anzeichen einer Warmfront.

Die zunehmende Luftfeuchtigkeit und der einsetzende Regen haben die Berghänge mit einzelnen Wolkenballen und Wolkenfetzen (Cumulus, zerrissen) überzogen. Die Gipfellagen sind ganz in Regenschichtwolken (Nimbostratus) verschwunden. Schlechtwettereinbruch im Karwendel.

Niederschläge beim Durchzug einer Warmfront

- Die Warmfrontniederschläge können viele Stunden oder sogar einen Tag anhalten, wobei die Vernebelung bis tief hinabreicht; sie können im Sommer nach kurzer Zeit beendet sein oder ganz fehlen.
- Die *Niederschlagsintensität* an der Warmfront ist leicht bis mäßig, der Niederschlagsverlauf gleichmäßig.
- Eine Gefahr des Absinkens der *Schneefallgrenze* besteht höchstens kurzfristig, da mit der Front wärmere Luft einströmt. Die Temperatur steigt leicht bis mäßig an.
- Im Sommer wird Schneefall an Warmfronten nur selten unter 3000 m beobachtet.

Kaltfronten und ihre Anzeichen

Die Annäherung einer Kaltfront ist in der Entwicklung von Sicht, Wolkenbild und sonstigen Wettererscheinungen vielfältiger und daher schwieriger zu erkennen als das Herannahen einer Warmfront. Die Wolken können *aufgetürmt (cumuliform*)* oder *geschichtet (stratiform*)* sein, die Front langsam oder sehr rasch übergreifen. Bei einzelnen sommerlichen Kaltfronten erfolgt der *Wettereinbruch* so plötzlich, daß zwischen den ersten Anzeichen und der Ankunft der Front kaum eine Stunde vergeht. Auch Kaltlufteinbrüche nach Föhn (Alpennordseite) können unvermittelt zu einer Wetterverschlechterung führen.

Ähnlich wie bei Warmfronten zeigen Wind und Temperatur vor der Kaltfront typische Merkmale:

- Die Temperatur nimmt in allen Höhenlagen bis zur Ankunft der Kaltfront zu.
- Der Wind weht aus Südwest bis Süd und kann besonders im Spätherbst und Winter in Gipfelbereichen stürmisch auffrischen.

Häufiger noch als vor Warmfronten kann sich vor Kaltfronten in der kalten Jahreszeit auf der Alpennordseite *Föhn,* auf der Alpensüdseite *Stau* einstellen.

Zwei Entwicklungsphasen der Kaltfront

Zwei charakteristische Entwicklungsphasen kennzeichnen den Durchzug einer Kaltfront.

Phase 1: Im Vorfeld der Kaltfront

- Der Himmel ist teilweise mit Wolken bedeckt. Keine oder geringe Einschränkung bergsteigerischer Aktivitäten.
- Wenn der Kaltfront eine Warmfront vorausgegangen ist, lockert die Bewölkung besonders in ihren tiefen Schichten teilweise oder ganz auf, einzelne Berge werden nochmals nebelfrei. Es verbleiben mittelhohe Schichthaufenwolken (Altocumulus) und Reste der tiefen Schichthaufenwolken (Stratocumulus).
- Geht der Kaltfront keine Warmfront voraus, ist die noch aufgelockerte Bewölkung gegenüber dem vorher heiteren Wetter auf jeden Fall als Bewölkungszunahme zu erkennen. Die Wolkengattungen, die jetzt den Himmel überziehen, reichen von Federwolken (Cirrus) über mittelhohe Schichthaufenwolken (Altocumulus), mittelhohe Schichtwolken (Altostratus) bis hin zu Haufenbewölkung (Cumulus).

Das Blockbild einer Kaltfront (gestrichelt). Die Kaltfront rückt nach rechts vor. Auf der rechten Seite die Schnittlinie der Kaltfront mit dem Talniveau, links die Zone der Wetterbesserung hinter der Kaltfront. Höhen- und Weitenangaben sind ungefähre Mittelwerte. Die Kaltfront ist steiler als die Warmfront.

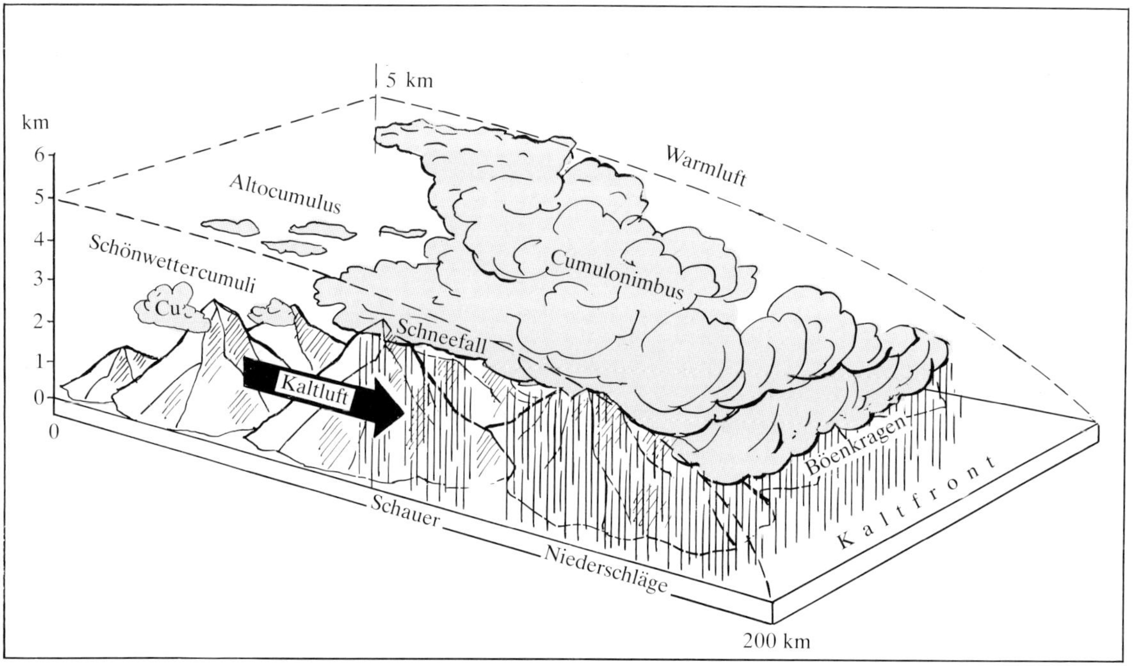

Im Vorfeld einer Kaltfront herrscht meist noch aufgelockerte Bewölkung. Typisch für die warme Jahreszeit die aufquellenden Haufenwolken (Cumulus, Cumulus congestus). Auf diesem Bild zusätzlich in größerer Höhe walzenförmige mittelhohe Schichthaufenwolken (Altocumulus) und hohe faserige Federwolken (Cirrus).

- Die Fernsicht wird vor der Kaltfront im Normalfall zusehends durch Dunst herabgesetzt. Nur wenn sich Föhn einstellt (Alpennordseite), kommt es nochmals zu einer merklichen Sichtbesserung. Es bilden sich linsenförmige mittelhohe Schichthaufenwolken (Altocumulus lenticularis) = »Föhnfische« aus. Mehr als bei der Warmfront kann gleichzeitig auf der Alpensüdseite ein Teil der Hänge schon durch Stau mit Wolkenbänken vernebelt sein. Der Grad der Vernebelung der hohen Berge fällt im einzelnen jedoch sehr unterschiedlich aus.
- Nach ausgesprochenen Wärmeperioden des Sommers dominieren bei Frontannäherung die Haufenwolken (Cumulus), die stark anwachsen können. *Aufkommende Gewitter sind jetzt in jedem Fall verläßliche Hinweise für die sich nähernde Kaltfront.*

Phase 2: Das Übergreifen der Kaltfront

- Von Westen her kommt es zu einer raschen Bewölkungsverdichtung. Die Wolkenlücken schließen sich.
- Bei winterlichen Kaltfronten hüllen dunkle, tiefe Schichthaufenwolken (Stratocumulus) die Berge meist rasch von oben her in Nebel ein. Wie bei der Warmfront ist Nebeleinfall bis weit ins Zweitausender-Höhenniveau hinab das Zeichen für den unmittelbar bevorstehenden Niederschlagsbeginn.

- Bei den Kaltfronten des Spätfrühjahrs und Sommers kündigt sich der Kaltlufteinbruch mehr in Form einer *vielgestaltigen Wolkenwand* an. Teilweise verdeckt durch vordere mittelgroße Haufenwolken (Cumulus) und mitunter nur schwer im allgemeinen Dunst erkennbar, quellen im Westen zunehmende Wolkentürme hoch in den Himmel (cumulus congestus und cumulonimbus). Anders als bei den isolierten Wolkentürmen der Wärmegewitter verschmelzen sie jetzt zu einer mehr oder weniger düster wirkenden Wolkenfront, die alle hohen Berge vernebelt. Unmittelbar vor dem Fronteinbruch erkennt man vor der kompakten Wolkenmasse manchmal eine fast schwarz aussehende Wolkenwalze *(»Böenkragen«)*.

Wettererscheinungen der Kaltfront
Mit Kaltfronteinbruch setzen mäßige, besonders in der warmen Jahreszeit *stärkere Niederschläge* ein. Sie sind von teilweise kräftigen Schauern durchsetzt.
Im Spätfrühjahr und Sommer beobachten wir häufig *Kaltfrontgewitter,* die an Intensität die meisten Wärmegewitter übertreffen.
Mit den Gewittern und Niederschlägen frischt der Wind in starken *Böen* auf, der nach vorangegangener hochsommerlicher Wärme Sturmesstärke erreichen kann. Der Wind springt von Südwest auf West oder Nordwest um. Im Spätherbst und Winter stellt sich im Gipfelbereich manchmal Dauersturm ein.
Mit Einsatz der Niederschläge vernebeln sich die Berge schlagartig auch bis in tiefere Lagen hinab.

Eine kompakte heranziehende Wolkenwand (Cumulus) – links – löst eine rasche Vernebelung der Berge aus. Der Moment des Übergriffs der Kaltfront ist gekommen. Kaltlufteinbruch in den Pyrenäen.

Bei Wetterstürzen vernebelt sich das Gebirge bis in die tiefen Täler hinab. Im Rauriser Tal.

Die Temperatur geht spürbar zurück, am stärksten in den ersten Stunden.

In Hochlagen der Zweitausender-Region verwandelt sich der Regen auch im Sommer in Schnee. Je nach Stärke des Kaltlufteinbruchs sinkt die Schneefallgrenze weiter ab.

Infolge der Winddrehung auf West bis Nordwest verändern sich die allgemeinen Wettererscheinungen der Kaltfront in den einzelnen Regionen. Auf der Alpennordseite werden Wolkennebel und Niederschläge durch *Anstau der feuchten Luft* verstärkt, während auf der Alpensüdseite sich durch *Föhneffekte** Niederschläge und Wolken abschwächen.

Wetterstürze in den Bergen

Kräftige sommerliche Kaltlufteinbrüche erzeugen regelrechte Wetterstürze im Gebirge. Extreme Wettereinbrüche sind aber auch in den anderen Jahreszeiten möglich. Beim Wettersturz kommt es in kürzester Zeit zu einer *radikalen Verschlechterung des Wetters.* Dazu können gehören:

- rascher und starker Temperaturabfall,
- plötzliche starke Niederschläge,
- Übergang von Regen in Schneefall über weite Höhenbereiche,
- starke Gewitter,
- einsetzender Sturm oder Sturmböen.

Bei diesem spätsommerlichen Wettersturz hatten sich Seiser Alm und Dolomitenberge innerhalb eines Tages in eine Schneelandschaft verwandelt.

Jeder Wettersturz hat sein eigenes Gepräge, und es gibt charakteristische Unterschiede in den einzelnen Jahreszeiten.

Winter

Im Winter fehlen die starken Gewitter. Dafür können *Stürme in Gipfellagen* gewaltige Ausmaße annehmen. Die Niederschläge fallen in Hochlagen grundsätzlich als Schnee, die Schneefallgrenze erreicht bei stärkeren Kaltlufteinbrüchen rasch die Tallagen. Bei diesen Wetterlagen gehen die Temperaturen z. B. in 3000 m Höhe ohne weiteres auf −15° C oder −20° C zurück. Bei extremen Situationen wurden schon Werte zwischen −25° C und −35° C gemessen.

Sommer

Sommerliche Wetterstürze treffen viele Bergsteiger unvorbereitet:
Der Temperatursturz kann innerhalb von 1–3 Tagen 15° C – 20° C betragen, da starken Kaltlufteinbrüchen manchmal eine überdurchschnittlich warme Periode vorausgeht.
Bei einem normalen sommerlichen Kaltlufteinbruch sinkt die Schneefallgrenze auf 2700–2400 m ab. Beim ausgesprochenen Wettersturz sinkt die Frostgrenze nicht selten auf 2000 m Höhe ab. Das bedeutet für eine Höhe von 2500 m etwa −3° C, für 3000 m Höhe etwa −7° C, für 4000 m Höhe etwa −14° C. Da der Schneefall noch etwa 300 m tiefer reicht, ist Schnee kurzfristig bis 1700 m möglich.
In extremen Sommern sind bei den stärksten zu beobachtenden Kaltlufteinbrüchen Schneefälle zwischen 1500 m und 1200 m festgestellt worden.

Im Hochsommer muß im langjährigen Mittel mit 1–2 Wetterstürzen pro Monat gerechnet werden. Je nach dem Witterungscharakter des Sommers kann die Zahl sehr unterschiedlich ausfallen.

Staulagen nach sommerlichen Wetterstürzen

Im Unterschied zu den normalen Kaltluft- und Schlechtwettereinbrüchen des Sommers strömt bei Wetterstürzen die Kaltluft direkt aus nördlichen Richtungen und somit aus dem Polargebiet ein.

- Eine anhaltende feuchte Nordströmung bedeutet für die Nordalpen und Teile der Zentralalpen eine niederschlagsreiche Staulage. Am meisten sind in der Regel die östlichen Nordalpen davon betroffen, wo sich *Neuschneedecken* von mehr als 1 m bilden können.
- Extreme Schlechtwetterphasen nach schweren Wetterstürzen halten bis zu 5 Tagen an. Der Neuschnee schmilzt an geschützten Lagen häufig erst mehrere Tage später ab.

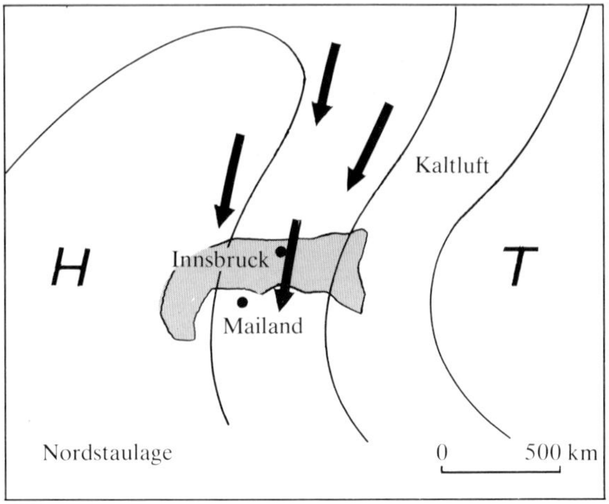

Schönwetterlagen im Gebirge

Schönwetterlagen bieten dem Bergsteiger für seine Unternehmungen in der Regel bestmögliche Voraussetzungen. Durch sie steigert sich der Erlebniswert der Bergtouren. Die Gefahr für die persönliche Sicherheit wird auf ein Minimum reduziert.

Merkmale der Schönwetterphasen im Gebirge

- Meist verhältnismäßig hohe, angenehme Temperaturen.
- Geringe Bewölkung, im Herbst und Winter wiederholt auch wolkenloser Himmel.
- Gute Fernsicht.
- Im allgemeinen schwache Winde.

Die *Andauer der Schönwetterlagen* kann sehr unterschiedlich sein. Während sie im Sommer meist nur 1–3 Tage währt, dehnt sie sich im Herbst und Winter manchmal auf viele Tage aus.
Schönwetterphasen sind nicht nur lokaler Natur, sondern werden wie die Schlechtwettereinbrüche von der großräumigen Wetterlage bestimmt.

Wetterbesserung nach Abzug einer Kaltfront (Zwischenhoch)

Der Abzug einer Kaltfront und die Annäherung eines Hochdruckkeils oder Zwischenhochs sind in den Nordalpen anders als im Süden nur in Ausnahmefällen von einer abrupten Wetterbesserung gekennzeichnet. Dies ist die Folge der hinter der Kaltfront zunächst wehenden westlichen bis nordwestlichen Winde. Dadurch kommt es auf der Alpennordseite zu einem Anstau der feuchten und kalten Luftmassen. Er verstärkt und verlängert die Niederschläge und die Vernebelung der Berge. Auf der Alpensüdseite kann sich dagegen nach Kaltfrontdurchgang durch einsetzenden Föhn rasche Wetterbesserung durchsetzen.

Entwicklungsphasen

Nach Wolkenbild, Sicht und sonstigen Wettererscheinungen spielt sich der Übergang zu den Verhältnissen des Hochdruckkeils in zwei Phasen ab.

Ein typisches Bild beim Abzug einer sommerlichen Kaltfront: Während die Gipfelbereiche noch teilweise in den Schichthaufenwolken (Stratocumulus) stecken, sind weite Hanglagen schon nebelfrei. Nur in mittleren Höhen halten sich noch einige Zeit in einem Wolkenkranz dichte Nebelschwaden (Stratus-Reste).

Wenn sich die Schlechtwetterschichtwolken (Nimbostratus, Stratocumulus) in einzelne Haufenwolken (Cumulus) auflösen, bedeutet dies erste größere Aufhellungen. Durch eine Lücke von Haufen- und mittelhohen Schichthaufenwolken (Altocumulus) wird der Himmel in voller Klarheit sichtbar. Die klare Luft ist charakteristisch für die hinter der Kaltfront einfließende Meeresluft.

Phase 1: Stau- und Schauerphase

- Die strukturlos graue, tiefe Wolkenschicht (Nimbostratus) lockert sich zu einzelnen Wolkenballen oder Wolkenfetzen auf. Es bilden sich dabei deutlich hellere Stellen in der Wolkendecke. Nachdem der Dauerniederschlag ganz nachgelassen hat, erscheinen erste stärkere Wolkenlücken über dem Tal. Die Berggipfel sind zu diesem Zeitpunkt noch in Wolken gehüllt, gleichzeitig zeigt sich an den mittleren Bergpartien ein charakteristischer, wallender Wolkennebelkranz bzw. entstehen einzelne Wolkenschwaden.

Über dem Gebirgsstock der Geislergruppe/Dolomiten entwickelt sich eine hochreichende Schauerwolke (Cumulonimbus), die alle oberen Bergregionen in Nebel einhüllt . . .

. . . Der Schauer ist jetzt in vollem Gange. Nur die unteren Berglagen der Geislergruppe sind sichtbar. Die Schauerwolke (Cumulonimbus) zeigt ihre dunkle Unterseite und den typischen »Böenkragen« rechts. In der Mitte der »Vorhang« des Niederschlages.

- Die über dem Tal weiter auflockernde Wolkenschicht verwandelt sich nach und nach in quellende Haufenwolken (Cumulus), durch deren Lücken der Himmel erstmals in typischer klarblauer Färbung sichtbar wird. In der Regel geht der Bewölkungsrückgang nicht gleichmäßig weiter. Die Haufenwolken steigern sich zu dunklen Schauerwolken (Cumulonimbus), deren obere hellen, blumenkohlförmigen Wolkenteile nur zeitweise sichtbar sind. Während nun Schauer niedergehen, hüllen sich besonders die oberen Bergpartien nochmals weitgehend in Wolkennebel ein.

Phase 2: Beruhigungsphase

- Die Bewölkungsauflockerungen zwischen den Schauern werden bald stärker, die Schauer lassen nach. Die Haufenwolken flachen zusehends ab, ihre charakteristisch glatte Untergrenze steigt an. Nur an einzelnen langgestreckten Bergzügen befinden sich noch Wolkenbänke, an markanten Berggipfeln vereinzelt Wolkenfahnen. Der Großteil der Berge ist jetzt aber nebelfrei. Der Wind dreht mehr und mehr auf West zurück und läßt an Stärke spürbar nach.
- Mit dem Bewölkungsrückgang nimmt die Fernsicht in der einfließenden klaren Luft mehr und mehr zu. Der Blick reicht manchmal mehr als 100 km weit. In den Niederungen breitet sich eine leichte Dunstschicht aus.
- Im Endstadium der Wetterbesserung befinden sich nur noch wenige Haufenwolken am Himmel, darüber ziehen in großer Höhe vereinzelte Federwolken (Cirrus) auf. Die Berge sind weitgehend frei von Wolkennebel. Die Temperatur beginnt nach dem Kaltlufteinbruch jetzt deutlicher anzusteigen.

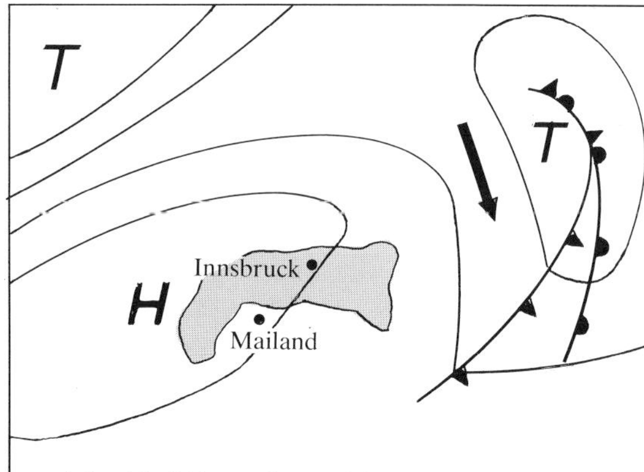

Hochdruckkeil hinter einer Kaltfront
Beruhigungsphase

Mit Heranrücken des Zwischenhochs bzw. Hochdruckkeils werden die Haufenwolken (Cumulus) kleiner und flacher. Der Himmel ist sehr klar, die Fernsicht ausgesprochen gut. Blick nach Norden im Karwendel.

Wetterverbesserung nach einem Wettersturz. Während sich in weiten Teilen des Gebirges die Wolken schon aufgelöst haben, bleiben an einigen Berghängen noch große Nebelschwaden (Cumulus) eine Zeitlang hängen. Blick von Nordwesten auf Gran Vernel/Marmolada.

Die klare Luft nach Wetterstürzen schafft manchmal eine fast unbegrenzte Fernsicht. Die oberen Bergregionen liegen noch unter einer dicken Neuschneedecke.

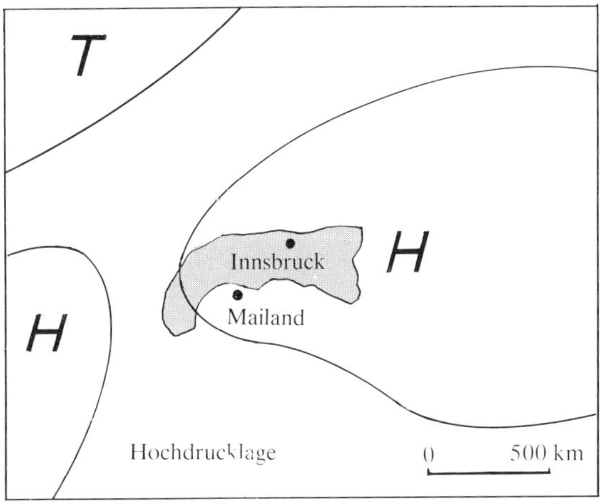

Die typischen Schönwetterhaufenwolken (Cumulus) einer Hochdrucklage sind verhältnismäßig flach und stehen am Nachmittag deutlich abgesetzt über den Bergen. Die linsenförmigen mittelhohen Schichtwolken (Altocumulus lenticularis), die sich noch über den Haufenwolken befinden, sind durch eine föhnige Südströmung entstanden. Blick von der östlichen Karwendelspitze nach Osten.

Wetterbesserung nach einem Wettersturz

Die Wetterbesserung nach einem mehrtägigen sommerlichen Wettersturz deutet sich als erstes in einem Nachlassen der nördlichen Winde im Gipfelbereich an. Gleichzeitig beginnen die Temperaturen leicht zu steigen.
Für den Bergsteiger besser zu verfolgen sind die Änderungen von Niederschlag, Nebel und Wolken.

- Mit dem Nachlassen der nördlichen Winde geht die Intensität der Niederschläge allmählich zurück. In mittleren Höhen verwandeln sie sich von Schnee wieder in Regen. Anders als bei den normalen Kaltfrontdurchgängen treten jetzt kaum oder gar keine Schauer auf.
- Die dichte, tief hinabreichende Wolkenmasse bleibt noch eine gewisse Zeit in großen Nebelschwaden an den Berghängen liegen. Nach einigen Stunden lichten sich die Wolken endgültig, der Himmel wird in tiefblauer Farbe sichtbar.
- Manchmal erfaßt die Nebel- und Wolkenauflösung zuerst die Gipfelbereiche. Die Berge sind dann schon ganz frei, während sich darunter noch ein Nebelmeer befindet. Die Temperatur der Höhenlagen ist seit dem Ende der Niederschläge weiter angestiegen.
- Am nächsten Morgen bietet sich manchmal eine unbeschreibliche Fernsicht, die keine Grenzen zu haben scheint. Die schneebedeckten Berge erscheinen mit ihrer tief hinabreichenden Schneegrenze nach unten hin wie abgeschnitten.

Stabile Hochdruckwetterlage

Die Entwicklung einer stabilen Hochdrucklage unterscheidet sich in ihren sichtbaren Anfängen im Gebirge nur wenig vom Aufbau einer vorübergehenden Zwischenhochphase. Erst die folgenden Beobachtungen sind anschließend Indizien für die Stabilisierung der Wetterlage.

- Die Temperaturen der Hochlagen steigen weiter an.
- Anzeichen für einen neuen Wolkenaufzug fehlen.

Besonders bei spätsommerlichen und frühherbstlichen Hochdrucklagen bildet sich in den Niederungen eine Dunstschicht, während die Luft der hohen Berge klar bleibt. Vorarlberg, Blick nach Westen. Links die Schesaplana.

Spätherbstliche und winterliche Hochdrucklagen beeindrucken besonders durch ihren Gegensatz von Nebelschicht bzw. Wolken in den Niederungen und unbeschreiblicher Fernsicht in den Hochlagen. Blick von der Zugspitze am Morgen eines Herbsttages.

- Der abgeflaute Wind bleibt in allen Höhenlagen schwach.
- Der Unterschied zwischen der Dunstschicht in den Niederungen und der klaren Luft in den Hochlagen bleibt auch am nächsten Morgen bestehen oder verstärkt sich sogar noch. Im Spätherbst und Winter bildet sich in einzelnen Tallagen eine Nebeldekke aus.
- Der Himmel zeigt unverändert eine tiefe bis samtene Blaufärbung. Die Sonne geht in klarem Rot auf und unter.
- Grasflächen an Hochplateaus neigen weiter zu morgendlichem Tau.
- Die tagsüber auftretenden Haufenwolken (Cumulus) bleiben flach mit einer relativ hohen Wolkenuntergrenze. Federwolken (Cirrus) sind nur verstreut zu sehen ohne Anzeichen einer Verdichtung nach Westen hin.

Bei einer Föhnlage herrschen auf der Lee-Seite des Gebirges relativ gute Wetter- und Sichtbedingungen. Im Hintergrund rechts die Föhnmauer über dem Zentralalpenkamm, im Vordergrund die weitgehend freien Berge der Nordalpenkette. Am Himmel einzelne Federwolken (Cirrus).

Föhnwetterlage

Hauptsächlich im Herbst kann sich eine Föhnlage mit guten Wetterbedingungen über mehrere Tage halten.

- Bei einer stabilen Föhnlage herrschen im Gipfelbereich des Gebirges beständige, teils starke Südwinde. Wolken und Sicht bieten im Einklang damit ein charakteristisches Bild.

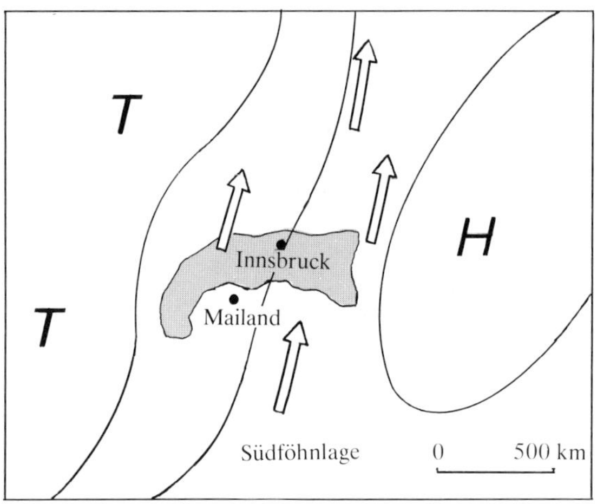

- Nördlich der Zentralalpen erstreckt sich über die ganzen Nordalpen hinweg eine Zone geringer Bewölkung. Größere und kleinere *linsenförmige flache Wolken (Altocumulus lenticularis)* stehen lokker verstreut über den Bergen. In größeren Höhen befinden sich zeitweise Federwolken (Cirrus). Haufenwolken fehlen weitgehend, nur vor den Alpen zeigen sich hin und wieder zerrissen wirkende Wolkenfetzen. Im Westen erscheinen nahe dem Horizont manchmal tiefere Schichthaufenwolken (Stratocumulus), die sich jedoch immer wieder auflösen. In dem ganzen Bereich herrscht eine verhältnismäßig gute Fernsicht. Über den Niederungen ist die Luft ungewöhnlich klar, so daß man im Alpenvorland Einzelheiten der Landschaft gut erkennen kann.
- Gleichzeitig liegt auf dem Alpenhauptkamm von Süden her eine kompakte Wolkenmauer (Föhnmauer). Sie überragt die dortigen Gipfel, läßt aber die Nordseiten der Berge weitgehend frei.

Wettergefahren in den Bergen

Bei der Planung einer Bergtour spielt die Berücksichtigung von Wettergefahren eine besonders wichtige Rolle, da sie den Bergsteiger starken physischen und psychischen Belastungen und Gefährdungen aussetzen. Ihnen kann er nur durch *vernünftiges, situationsgerechtes Handeln* entgehen. Situationsgerechtes Handeln bedeutet z. B.:

- Verzicht auf eine geplante Bergtour,
- Änderung von Zielgebiet und Route,
- Vorzeitige Umkehr nach bereits begonnenem Aufstieg,
- Ergreifung besonderer Schutz- und Sicherungsmaßnahmen.

Die Wettergefahren lassen sich in zwei Kategorien einteilen: unmittelbare Wettergefahren und mittelbare Wettergefahren.

Die *unmittelbaren Wettergefahren* entstehen aus der direkten Einwirkung des Wetters auf den Bergsteiger und seine Aktivitäten. Zu ihnen zählen die Gefährdung durch:

- Nebel,
- Kälte,
- Schneefall und Regen,
- Sturm,
- Blitzschlag,
- übermäßige Wärme,
- starke Sonnenstrahlung.

Die *mittelbaren Wettergefahren* ergeben sich aus den wetterbedingten Veränderungen des alpinen Geländes wie:

- Vereisung,
- Schnee,
- Erosion*,
- Nässe.

All diese Gefahren betreffen wichtige bergsteigerische Interessensbereiche, und zwar:

- Orientierung,
- Fortbewegung,
- persönliches Wohlbefinden,
- persönliche Sicherheit.

Auch bei einer relativen Schönwetterlage können am Nachmittag mächtige Haufenwolken (Cumulus congestus) die Berggipfel in Wolkennebel hüllen. Am frühen Nachmittag eines Spätsommertages, Langkofelgruppe am Sellapaß.

Unmittelbare Wettergefahren

Nebel

Nebel behindert als häufigste Wettergefahr hauptsächlich die *Orientierung.* Nebel in Eis und Schnee ist wegen des *diffusen Lichts* besonders gefährlich, und im Fels ist eine sichere Streckenführung in der Regel bei Nebel nicht mehr möglich.

Die *Sichtweiten* können räumlich und zeitlich sehr unterschiedlich sein. Zudem spielt die allgemeine Helligkeit eine große Rolle.

Am meisten nebelgefährdet sind im Mittel die Hochlagen des Gebirges. Wolkennebel behindert auf diesem Bild die Orientierung im Kletterfels des Karwendel.

- Bei Tag beträgt die Sichtweite im Bergnebel meist 50–100 m. Es sind aber auch Sichtweiten von weniger als 10 m möglich.
- Bei durchziehenden Nebelschwaden weitet sich der Blick zeitweise auf mehrere 100 m oder mehr.

Die Nebelverteilung ist je nach spezieller orographischer* Lage sehr verschieden. Es gibt typische Nebelberge, aber auch Gebirgsteile, die erfahrungsgemäß weniger Nebel aufweisen.

Nebel am Berg ist stets Wolkennebel. Er unterscheidet sich daher in seiner Entstehung vom Nebel in Niederungen und Tallagen und tritt am Berg bei den verschiedensten Wetterlagen auf.

Formen des Bergnebels

- Als vereinzelter Schönwetterwolkennebel (Cumuluswolke) an hohen Berggipfeln.
- Als vorübergehender Wolkennebel bei Schauern und Gewittern im oberen Gebirgsbereich.
- Als anhaltender Wolkennebel beim Durchzug von Tiefdruckgebieten und Schlechtwetterfronten bis hinab zu den unteren Berglagen.
- Als anhaltender und nicht selten sehr dichter Wolkennebel bei Stauwetterlagen meist in allen Höhenschichten, teilweise auch nur am Gipfel.

Jahreszeitliche Häufigkeit des Bergnebels

- In hohen Berglagen muß im Jahresdurchschnitt an mehr als 70% der Tage mit wechselndem oder anhaltendem Nebel gerechnet werden.
- Spätfrühjahr und Sommer bringen dem Hochgebirge die stärkste Vernebelung mit Nebelmaximum zwischen Mittag und der frühen Nacht und Nebelminimum am frühen Morgen.
- Im Herbst und Winter geht die Nebelneigung in den Hochlagen des Gebirges zurück, es gibt auch keine wesentlichen Unterschiede zwischen den Tages- und Nachtzeiten.

Verhalten bei Nebel:
Die wichtigste Vorsichtsmaßregel bei möglichem Nebeleinbruch ist eine ständige Beobachtung von Wetter und Gelände, und zwar von
Tageszeit,
Exposition* zum Wind,
Exposition* zur allgemeinen Wetterentwicklung,
Höhenlage,
Exposition* zur Sonne,
Veränderungen des Wolkenbildes.
Ist ein anhaltender Nebeleinbruch abzusehen, ist darüber zu entscheiden, ob man bei der zu erwartenden Sichtweite eine Tour vorzeitig abbrechen muß.
Wer sich länger in einem bestimmten Gebiet aufhält, sollte sich die Berge und Bergpartien merken, die zu schneller Vernebelung neigen.
Da die Zeit zwischen Morgen und Mittag am wenigsten von Nebel bedroht ist, sollten Touren besonders in hohe Gipfelbereiche frühzeitig angetreten werden.

Kälte, Schneefall und Regen

Bei niedrigen Temperaturen und ungenügender Kleidung ist der Mensch einem starken Wärmeverlust ausgesetzt. Dies kann sich bei Wind, Nässe und fehlendem Sonnenschein wesentlich steigern.
Durch tiefe Temperaturen erhöht sich der Wärmegegensatz zwischen Körper und Außenluft. Die Körperwärme wird schneller nach außen abgeführt. Besonders stark ist die Wärmeableitung bei unmittelbarem Berührungskontakt mit kaltem Kletterfels.
Der Körper verliert ständig Wärme durch Wärmeabstrahlung. Bei einem Schlechtwettereinbruch fehlt die kompensierende Wärme der Sonneneinstrahlung. Nässe an Körper und Kleidung schafft eine hohe Verdunstungskälte*. Starker Wind fördert die unmittelbare Wärmeableitung an die Außenluft. Er beschleunigt aber auch die Verdunstung und erhöht somit wesentlich die Verdunstungskälte*.
Subjektive* Faktoren (körperliche Konstitution, Gesundheit) und Bewegungsintensität (Ruhe, Bergansstieg) beeinflussen zusätzlich das Kälteempfinden.

Die bei Schönwetterlagen im Hochgebirge herrschende intensive Sonnenstrahlung täuscht häufig darüber hinweg, daß *Gefahren der Kältebelastung in den Hochlagen am größten* sind. Hinzu kommt, daß selbst bei relativ guten Wetterverhältnissen Schattenwurf und Wind unmittelbar neben Sonnenschein und Windstille liegen können.

Unter Schlechtwetterbedingungen liegen die Temperaturen im Gipfelbereich stets niedriger als in den Tallagen, und zwar um rund 0,7° C/100 m.

Beispiele:

1.	Höhe: 1600 m	Temperatur: 6° C
	Höhe: 3000 m	Temperatur: −4° C
2.	Höhe: 2400 m	Temperatur: 0° C
	Höhe: 3500 m	Temperatur: −8° C
3.	Höhe: 1500 m	Temperatur: −5° C
	Höhe: 2800 m	Temperatur: −14° C

Wetterlagen, die durch ihre Kältewirkungen dem Menschen zusetzen, sind jederzeit möglich. Bei starken *Schlechtwettereinbrüchen,* wie sie im Juli und August im langjährigen Mittel etwa zweimal monatlich auftreten können, sinkt die Temperatur innerhalb von 1–3 Tagen um 15–20° C ab. Die *Frostgrenze* kann kurzzeitig auf 2000 m oder tiefer absinken. Dies bedeutet für 3000 m Höhe mindestens −7° C, für 4000 m Höhe −14° C.
Anders als im Sommer bringen im Winter auch Hochdrucklagen teilweise große Kälte, besonders bei *nächtlichem Aufklaren.*
Die physischen Folgen wetterbedingter Kälte können für den Bergsteiger und Bergwanderer groß sein:

- Herabsetzung der körperlichen Gewandtheit und Leistungsfähigkeit,
- Beeinträchtigung der Gesundheit,
- allgemeine Auskühlung,
- Erfrierungen.

Verhalten bei Kälte:
Besonders sorgfältig muß die Planung vor Beginn der Tagestour sein.
Unter Beachtung der Jahreszeit, der Höhenlage, des Tagesziels, bestehender windexponierter* Stellen und der allgemeinen Wetterentwicklung sollte eine Tour im Zweifelsfalle erst gar nicht gestartet werden.
Kleidung und Ausrüstung müssen allen Eventualitäten gerecht werden.
Wird man während der Tour vom Schlechtwetter- und Kälteeinbruch überrascht, so sind für das weitere Verhalten die gegebenen meteorologischen* Verhältnisse zu beachten.
Falls klettertechnische Gründe nicht dagegen sprechen, direkt absteigen, um so rasch wie möglich ins wärmere Gebiet zu gelangen.
Windexponierte* Grate oder Bergflanken möglichst vermeiden.

Schlechtwetter- und Kälteeinbrüche bedeuten im Sommer im Hochgebirge für den Bergwanderer und Bergsteiger eine starke physische Belastung.
Innerhalb kurzer Zeit können in Höhenlagen über 2000 m bei kräftigen Kaltlufteinbrüchen nach sommerlich warmen Verhältnissen Schnee und Frost einkehren.

Sturm

Außer von der thermischen Wirkung starker Winde droht dem Bergsteiger auch von seiner *mechanischen Gewalt* unmittelbar Gefahr, die jede bergsteigerische Aktivität unmöglich machen kann.

- Stürmische Winde schränken die Stand-, Geh- und Klettersicherheit sehr ein.
- Der Seitendruck und somit die Kraft auf den Menschen erhöht sich mit dem Quadrat der Windgeschwindigkeit.
- Böen wirken wegen ihres plötzlichen Kraftstoßes besonders gefährlich. Spitzenböen erreichen in der Regel den doppelten Wert des momentanen mittleren Windes und somit dessen vierfache Kraft.

Im Gebirge sind, wie allgemein über Land, Starkwinde häufig mit ausgeprägten Böen verbunden. Sturmböen machen ein freies Gehen oder Klettern auch für den austrainierten Bergsteiger unmöglich.
Stärkere Windgeschwindigkeiten sind an bestimmte Wetterlagen gebunden. Auch wenn es im einzelnen größere Unterschiede geben kann, treten sie hauptsächlich bei Schlechtwettereinbrüchen und starken Föhnlagen auf. Im übrigen ist die Häufigkeit stärkerer Winde im Hochgebirge jahreszeitenabhängig. Man beobachtet *Stürme* besonders im *Spätherbst* und *Winter.* Im Winter kann es zu *Höhenstürmen* selbst bei relativ guten Wetterbedingungen kommen, besonders zu Beginn von kalten Hochdrucklagen.

Besonders gefährdete Bergregionen

Die vielfältige Struktur und die Höhenerstreckung des Gebirges schaffen Stellen sehr unterschiedlicher Windgefährdung. Die größten Windstärken findet man allgemein in Hochlagen.

- An langen Graten, besonders quer zu Windrichtung,
- an Scharten und Paßhöhen,
- an der Luvseite* der Berge.

Die Windverstärkung an Graten, Scharten und Pässen geht auf die Düsenwirkung zurück. Die Luftströmung wird verengt, die Luft zwängt sich unter Beschleunigung durch den kleiner gewordenen Luftraum.

Es gibt einige *Anzeichen für Höhenstürme* an hochgelegenen, ausgesetzten Stellen:

- weithin hörbares Rauschen und Heulen,
- Schneefahnen,
- isolierte Wolkenhauben am Gipfel bei sonst fehlender Bewölkung.

Wolkenhauben entstehen hauptsächlich im Lee* des Gipfels als *Sogwolken.* Bei klarem Himmel sind Schneefahnen weithin sichtbar.

Verhalten bei Sturm:
Bei Beginn einer Tour sollten alle Anzeichen für einen bereits bestehenden oder sich entwickelnden Höhensturm sorgfältig berücksichtigt werden.
Hohe Windstärken an exponierten* Stellen sind besonders dann zu erwarten, wenn bereits beim Einsetzen der Wetterverschlechterung allgemein der Wind deutlich auffrischt.
Die Entwicklung der Windgeschwindigkeit in Gipfelhöhe läßt sich angenähert mit dem Wolkenzug verfolgen. Die beste Abschätzung ergeben Wolken in ungefährer Gipfelhöhe.
Weitere Zeichen sind deutliche Wirbelbildung der Wolken nahe der windexponierten* Grate.
Da sich gefährliche Stürme fast nur an den besonders windgefährdeten Punkten des Gebirges einstellen, kann man Sturm durch geschickte Routenwahl weitgehend vermeiden, z. B. unter Ausnutzung leeseitiger* Streckenführung.

Gewitter und Blitzschlag

Gewitter bedeuten für den Bergsteiger eine hochgradige *Gefährdung von Gesundheit und Leben* durch Blitzschlag. Unabhängig von den mit Gewittern sonst noch verbundenen Wettergefahren erfordert die Gefahr eines Blitzschlags stets *besondere Schutzmaßnahmen.*

Gewitter in den Alpen zeigen eine deutliche Abhängigkeit von Jahreszeit, Wetterlage und Alpenregion. Gewitter sind am ehesten zu erwarten:

- Im Spätfrühjahr und Sommer zwischen Mai und August, in den Südalpen auch häufig im Herbst.
- Als Wärmegewitter beim Abbau einer warmen sommerlichen Hochdrucklage.
- Als Frontgewitter im Zusammenhang mit Kaltlufteinbrüchen.

Hohe Gipfelgrate werden selbst bei wolkenlosem Wetter teilweise von Höhenstürmen erfaßt. Isolierte Sogwolken am Berg (Cumulus) sind dann weit sichtbar. Höhensturm am Ortler.

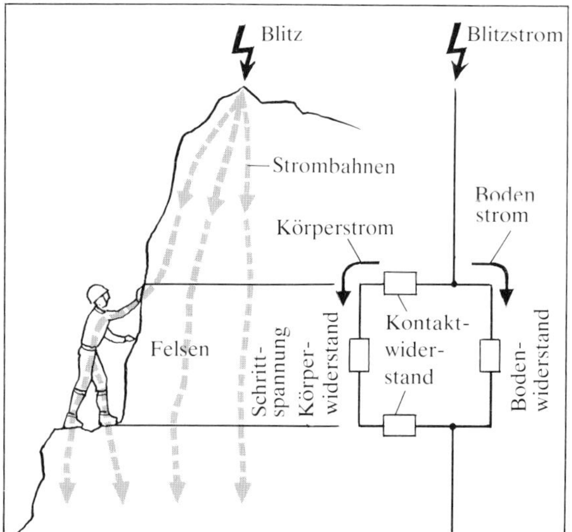

Gefährdung durch Erdströme nach einem Blitzeinschlag

- In Randgebieten der Alpen, speziell in den Kalkalpen. Dagegen erweisen sich die vergletscherten hohen Zentralalpen und Westalpen als deutlich gewitterärmer.

Entstehung der Blitze: Blitze sind Entladungen starker *elektrischer Spannungen in der Atmosphäre.* Sie führen zu kurzen, heftigen Stromstößen, die eine Stärke von 100–100 000 Ampere haben. Die Dauer eines Stromstoßes beträgt eine millionstel bis zu mehreren zehntel Sekunden. Große elektrische Spannungen bilden sich zwischen Wolke und Erde, Wolke und Wolke und innerhalb der Wolke.

Der Aufbau elektrischer Spannungen in einem Gewitter ist an die turbulenten Luftbewegungen und das Nebeneinander verschiedener Wolken- und Niederschlagselemente (Eiskristalle, Schneeflocken, Wolken- und Regentropfen, Graupel- und Hagelkörner) in einer Gewitterwolke (Cumulonimbus) gebunden. Es kommt zu Ladungstrennung mit negativer Ladung an den größeren Wolken- und Niederschlagselementen und positiver Ladung an den kleineren Teilchen. Die kleineren Teilchen werden eher hochgerissen als die größeren, die sich bevorzugt weiter unten sammeln. So bilden sich Zonen positiver und negativer elektrischer Ladungen übereinander und nebeneinander.

Arten des Blitzschlags: Es gibt zwei gleichermaßen gefährliche Arten des Blitzschlags für den Bergsteiger:

- den *direkten Blitzeinschlag,*
- den *indirekten Blitzschlag* infolge von Bodenströmen.

Die im Boden nach einem Blitzeinschlag abfließenden elektrischen Ströme erzeugen eine Spannung längs der Strombahn. Sie wird zur *»Schrittspannung«**, wenn der Bergsteiger in die Strombahn gerät.

- Die Schrittspannung* nimmt mit der Größe der Kontaktfläche und dem Abstand der Kontaktpunkte zu.

Orographische Verteilung der Blitzschläge:* Die Gestalt der Erdoberfläche ist mitbestimmend für die Häufigkeit des Blitzeinschlags. Im Jahresmittel zählt man in den Alpen 4–8 Blitze pro qkm, wobei die zentralen Alpen wegen ihrer selteneren Gewitter nur auf etwa einen Blitz pro qkm kommen.

Sicherheit gegen Blitzeinschlag gibt es im freien Gelände nirgends. Die Form der Erdoberfläche beeinflußt den Grad der Gefährdung.

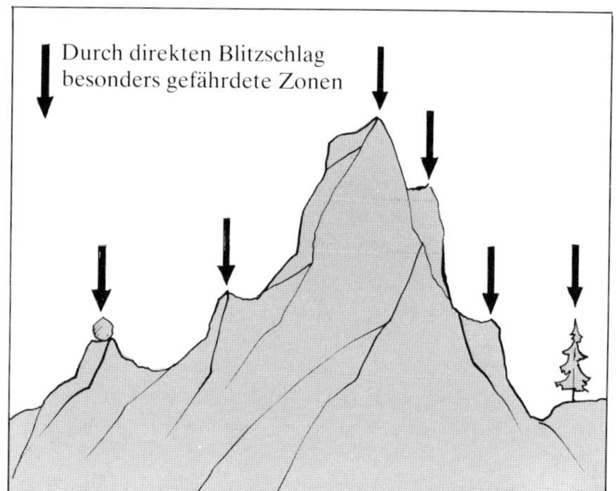

Im gegliederten Gelände sind *weit herausragende Punkte* am stärksten blitzgefährdet, z. B.:

- Bergspitzen,
- Grate,
- Felsaufbauten,
- Einzelbäume.

Besonders wichtig ist aber folgendes Ergebnis der Forschung:

- Der Blitz kann im Freien jeden Punkt treffen. Blitzsichere Orte neben den Erhebungen gibt es also nicht, wie manchmal behauptet wird.

Ob die physikalische Struktur des Untergrunds (z. B. feuchtes Gelände) auf die Zahl direkter Blitzeinschläge Einfluß hat, ist umstritten. Dagegen ist die Ausbildung der Erdströme auch eine Frage der *elektrischen Leitfähigkeit* des Bodens. Den größten Gefährdungsradius um eine Einschlagstelle finden wir bei:

- wasserführenden Rinnen,
- erdigen Moorflächen,
- Steigen mit Stahlseilsicherungen.

Anzeichen für unmittelbare Blitzschlaggefahr

Die Entfernung eines sich nähernden Gewitters läßt sich aus der *Zeitdifferenz zwischen Blitz und zugehörigem Donner* ableiten. Der Schall legt in der Sekunde rund 330 m zurück. Man erhält die Entfernung der Blitze in km, wenn man den Sekundenabstand durch 3 teilt.

Durch starke *Echo-Effekte* und Verschlucken des Donners im Wolkennebel lassen sich Blitz und Donner manchmal nicht eindeutig zuordnen.

Unmittelbare Blitzschlaggefahr wird ebenso von den *St.-Elms-Feuern* signalisiert. An Graten, Gipfeln und metallenen Gegenständen beobachtet man sie als kleine bläuliche Flämmchen. In ihnen entströmt in »stillen« Entladungen Elektrizität in die Atmosphäre. Teilweise verspürt man dabei auch ein Kribbeln der Gesichtshaut, oder die Haare stehen zu Berge. Mitunter beobachtet man auch ein Surren und Zischen an Gipfelkreuzen.

Verhalten bei Gewitter:

Den besten Schutz vor Blitzschlag bieten die Berghütten mit ihren Blitzableitern. Kleine Hütten und Zelte ohne Blitzableiter stellen keine Sicherheit dar. Vom Gewitter im Freien überrascht, sollte sich der Bergsteiger folgendermaßen vor Blitzschlag zu schützen versuchen:

Exponierte* Stellen (Gipfel, Grate, Felstürme, ausgesetzte Flächen) verlassen und sich auch nicht in ihrer unmittelbaren Nähe aufhalten.

Möglichst einen trockenen Unterstand im Fels (Höhle, Überhang) aussuchen, jedoch den Berührungskontakt mit dem Fels meiden.

Wasserführende Rinnen, Stahlseilsicherungen verlassen. Metallteile (z. B. Eispickel) vorsichtshalber genügend weit weglegen.

Blitze treffen bevorzugt die Gebirgserhebungen.

Eine hockende, zusammengekauerte Haltung einnehmen. Ein aufgerolltes, trockenes Seil bietet eine gute elektrische Isolierung gegen den Boden.
Sich notfalls standplatzsichern, um bei Schreckreaktionen und Verletzungen nicht abzustürzen.
In Waldgebieten sich möglichst zwischen den Bäumen aufhalten.
Gruppen sollten sich möglichst weit zerstreuen, damit man nicht als kompakte Erhebung wirkt. Auch ist das Risiko, daß gleich alle getroffen werden, geringer.

Starke Wärme und Sonnenstrahlung

Sonnenstrahlung und Wärme werden, wenn sie im Übermaß einwirken, ebenfalls zu einer Gefahr für den Bergsteiger, da sie sein Wohlbefinden einschränken und die Aktivität lähmen können. Bei extremer Wärme- und Strahlungsbelastung stellen sich Symptome von Sonnenstich und Hitzschlag ein.

- Typische Wärmebelastungssituationen treten dann auf, wenn eine sommerliche Hochdrucklage nach vorangegangener starker Erwärmung ihrem Ende zugeht.
- Neben hoher Lufttemperatur und starker Sonneneinstrahlung fördern Windstille und zunehmende Luftfeuchtigkeit das Gefühl der Wärmebelastung.
- Unter Berücksichtigung der Temperaturabnahme mit der Höhe ist mit Wärmebelastung hauptsächlich in den tiefen und mittleren Gebirgslagen zu rechnen.

Exposition* zur Sonnenstrahlung

Die Umsetzung der Sonnenwärme ist im Fels und Gelände um so größer, je senkrechter die Sonnenstrahlung einfällt.

- Steile Südost- und Südhänge können schon Mitte Vormittag unter starker Sonnenstrahlung stehen.
- Südseitige Hänge und Felswände befinden sich mittags und am frühen Nachmittag in der stärkstmöglichen Strahlungswärme des Tages. Das gilt besonders für südseitige Schluchten, Rinnen und Taleinschnitte.

Verhalten bei Wärme:
Schutz gegen starke Sonnenstrahlung und Wärmebelastung bieten eine gute Kopfbedeckung und leichte, luftige Kleidung. Besser ist eine Tagesplanung, die Klettertouren und Hüttenaufstiege auf ausgesetzten Südseiten zur Mittagszeit meidet.

Ultraviolettstrahlung*

Starke Sonnenstrahlung bedeutet im Gebirge stets auch starke Ultraviolettstrahlung (UV-Strahlung)*. Die kurzwellige Sonnenstrahlung erzeugt nicht nur die gewünschte Bräune, sondern ist auch für den *Sonnenbrand* und die *Schneeblindheit* verantwortlich.

- Die Intensität der UV-Strahlung* wächst mit der Höhe über dem Meeresspiegel.
- Reflexion* der UV-Strahlung* an Schneeflächen und sonnenbeschienenen Wolken verstärkt die Strahlung zusätzlich.

Frischer Schnee reflektiert* die UV-Strahlung* bis zu 90%, alter Schnee zu 40–70%. So steht man bei *Schnee- und Gletschertouren* unter allseitiger UV-Strahlung*. Wolken, die durch seitliche Reflexion (Strahlung) wirken, können z. B. am Berg liegende aufgelockerte Haufenwolken (Cumulus) sein.
Kompakte, den Himmel abdeckende Bewölkung läßt nur gestreute UV-Strahlung* nach unten durch. Es gilt:

- Die Gefährdung durch UV-Strahlung* nimmt mit der Dichte der Wolkendecke ab.

Die winterlichen Hochdrucklagen sind im Hochgebirge besonders strahlungsintensiv. Infolge der stabilen Schichtung* dieser Hochs ist der Grad der Luftverschmutzung in den Gipfelbereichen sehr gering. Das mindert zusätzlich die Absorption* und läßt die UV-Strahlung* nur wenig geschwächt einfallen.

Verhalten bei UV-Strahlung*:
Bei Hochtouren sollte die Ausrüstung mit der Hautverträglichkeit abgestimmt werden. Schutz gegen UV-Schäden* bieten Baumwollkleidung, Hautcreme und Gletscherbrille.

Wetterstürze erzeugen im Sommer im Hochgebirge durch Schnee und Eis eine dramatische Verschlechterung der Geländebedingungen für den Bergsteiger. Wie nach diesem spätsommerlichen Wettereinbruch im Langkofel-Gebiet kann der frischverschneite und vereiste Fels zur höchsten Gefahr für Orientierung und Fortbewegung werden.

Mittelbare Wettergefahren

Schnee und Eis

Schnee und Eis verändern nachhaltig das Gelände. Wo aufgrund der extremen Höhenlage und Exposition* (Nordseiten) ganzjährig Schnee und Eis vorhanden sind, wird sich der Bergsteiger mit Steigeisen, Pickel und der übrigen Ausrüstung von vornherein auf die besonderen Verhältnisse einstellen. Unterhalb der Grenze ewigen Schnees, im sommerlichen Tourengebiet und Kletterfels, sind zeitweilige Eis- und Schneeverhältnisse um so gefährlicher.

Schnee und Eis in sommerlichen Tourengebieten sind die Folge schwerer *Wetterstürze.* Selbst im Juli und August muß man bei starken Kaltlufteinbrüchen kurzfristig mit Schneefall bis weit unter 2000 m hinab rechnen. Der Neuschnee kann in Gipfelbereichen auf mehr als 1 m anwachsen. Eine Kombination von Schnee und Eis ist nach Wetterstürzen durchaus schon in Höhenlagen von 2000 m möglich.

- Starke Felsvereisung mit Schnee kann die Fortbewegung unmöglich machen und ist eine häufige Absturzursache.
- Wenn während des Temperaturrückgangs Regen in Schnee übergeht, entsteht eine Mischung von Eis und verharschtem Schnee. Neu hinzukommender Schnee führt zu einer tückischen Abdeckung des eisglatten Untergrunds.

Anhaltender Schneefall birgt in zweierlei Hinsicht weitere gravierende Gefahren:

- Farbmarkierungen, Pfadspuren und die ganze Oberflächenstruktur des Felses werden vom Schnee überdeckt. Dies beeinträchtigt außer der Trittsicherheit besonders die Orientierung, die auf diese Weise sogar ganz unmöglich gemacht werden kann.
- An steilen Felsplatten kommt es zu zeitweiligen Schneerutschen, die einen tiefer im Fels befindlichen Bergsteiger mitreißen können.

Felsvereisung beschränkt sich nicht nur auf die Fälle heftiger Schlechtwettereinbrüche.

- Nässe nach Regen kann bei anschließendem nächtlichem Aufklaren zu Eis werden. Bei starker Strahlungsabkühlung sinkt die Temperatur des Felses auf unter 0° C, selbst wenn die Lufttemperatur noch wenige Grade über 0° C liegt.
- In gemischtem Schnee-Fels-Gelände bildet sich tagsüber bei höheren Temperaturen und Sonnenschein leicht Schmelzwasser, das nachts dann gefriert.
- Zu einer Art Rauhfrost- und Rauhreifansatz am Fels kommt es, wenn Nebel, starker Wind und Frost gleichzeitig herrschen. Die trotz Frost nicht gefrorenen Nebeltröpfchen gefrieren erst beim Aufprall auf den Fels.

Die Erfahrung lehrt, daß enge nordseitige *Kamine und Schluchten* ihre Vereisung an trockenen, klaren Tagen gern beibehalten, auch wenn die Lufttemperatur auf über 0° C ansteigt. Der Wärmeverlust durch Wärmeabstrahlung und Verdunstungskälte überwiegt in diesem Fall den Wärmegewinn aus der Luft.
Glatteisbildung wie in den Niederungen gibt es in den Höhenlagen praktisch nicht, da die hierfür typische vertikale Temperaturverteilung (bei einsetzendem Regen obere warme Schicht, untere Frostschicht) dort kaum auftritt.

Verhalten auf Schnee und Eis:
Vorausschauende Einschätzung der Wetterlage ist der beste Schutz vor den gefährlichen Situationen von Schnee und Eis im Fels. Bei einsetzendem Schneefall schnellstmöglicher Abstieg, um Standsicherheit und Orientierung zu bewahren. Ein unbedachtes Warten kann den Tod bedeuten.
An Stellen, wo leicht Felsvereisung möglich ist, sollte bei der Fortbewegung das Gelände besonders aufmerksam beobachtet werden.

Nässe
Unbewachsener, sauberer Fels beeinträchtigt die Griffigkeit des Schritts selbst bei Regen kaum.
Zur Gefahr wird *feuchter, rutschiger Untergrund* besonders dann, wenn ein ansonsten trockenes Gelände ein falsches Gefühl allgemeiner Trittsicherheit suggeriert. Schlechten Halt bietet bei Nässe ein mit *Flechten, Moos und Erde überzogenes Gestein.* Gleiches gilt für *feuchte Schrofen- und Grashänge.*
Unter folgenden Bedingungen ist rutschige Nässe in Gras und im unsauberen Fels noch längere Zeit nach Regenende zu beobachten:

- Bei wolkigem, windschwachem und kühlem Wetter.
- In windgeschützten Schluchten und Kaminen.
- An nordseitigen Steilhängen, die von der Sonne nicht erreicht werden.

Verhalten bei Nässe:
Die Unterschätzung feuchten Schrofengeländes ist schon manchem Bergsteiger zum Verhängnis geworden. Gutes Schuhwerk und reaktionsbereiter Gang helfen, ein Ausrutschen zu vermeiden.

Steinschlag
Die wetterbedingte Erosion* des Gebirges schafft die natürlichen Voraussetzungen für Steinschlag, und zwar durch:

- Temperaturschwankungen,
- Frostwechsel,
- Schneeschmelze.

Zur akuten Auslösung des Steinschlags kommt es vornehmlich, wenn das Wetter stark auf das Gelände einwirkt. Dazu gehören:

- starker Regen,
- Sturm,
- plötzlicher Temperaturanstieg,
- Spaltenfrost.*

Durch Spaltenfrost* wird festes Gestein gelockert, durch Sturm und Regen wird lockeres Gestein abgetragen und gefährdet den Bergsteiger in *Rinnen, Schluchten und Kaminen,* wo sich die Steine leicht ansammeln. Plötzlicher Temperaturanstieg geht mit *Wärmeeinbrüchen* oder der *Tageserwärmung* bei Sonnenschein einher.

- Aufgrund der jahreszeitlichen Temperaturentwicklung ist in den Kalkalpen das späte Frühjahr und der Frühsommer, in den Zentralalpen der Hochsommer besonders steinschlagreich.

Verhalten bei Steinschlaggefahr:
Die Tourenplanung muß Wetterwechsel, Sonnenexposition*, Jahres- und Tageszeit gleichermaßen berücksichtigen, um die Gefährdung durch Steinschlag zu reduzieren. Bei Sturmlagen sich möglichst von steilen Berghängen fernhalten. Das Mitführen des Steinschlaghelms sollte eine Selbstverständlichkeit sein.

Allgemeine Gesetzmäßigkeiten des Wetters

Höhenabhängigkeit wichtiger Wetterelemente

Zusammensetzung der Luft

Luft ist ein Gemisch verschiedener Gase, zu denen auch der Wasserdampf gehört. *Der Anteil des Wasserdampfes ist starken wetterbedingten Schwankungen unterworfen.* Das Verhältnis der übrigen wesentlichen Bestandteile des Luftgemisches bleibt aber bis zu einer Höhe von etwa 80 km konstant. Ohne Berücksichtigung des Wasserdampfes gilt für die einzelnen Volumenprozente

Stickstoff:	78%
Sauerstoff:	21%
Argon:	0,93%

Vertikale Luftdruckverteilung

Der Luftdruck ist eine für die Entstehung des Wetters besonders wichtige Größe. Als Maßeinheit des Luftdrucks gilt das Millibar (mbar). Die Umrechnung in die früher übliche Einheit mm Quecksilbersäule erfolgt über den Faktor 0,75.

Beispiel:
1000 mbar entsprechen 750 mm Quecksilbersäule.
Physikalisch ist der Luftdruck eine auf die Flächeneinheit wirkende Kraft. Vergleichbar den Verhältnissen in einer Wasserschicht gibt er das Gewicht der über dem Meßpunkt lastenden Atmosphäre wieder. Daraus folgt eine *Abnahme des Luftdrucks mit der Höhe.*

- Der höchste Luftdruck herrscht an der Erdoberfläche in Meereshöhe. Dort werden im Mittel 1013 mbar gemessen.
- Der Luftdruck nimmt nach oben hin stetig ab, da sich die über uns befindliche Luftsäule entsprechend verkleinert.

Für die Luftdruckverhältnisse bestimmter Höhen gelten im Mittel folgende Werte, die gleichzeitig die Abnahme des Sauerstoffangebots mit der Höhe widerspiegeln.

Höhe (m)	Luftdruck (mbar)	% gegenüber Druck in Meereshöhe	Jahresmitteltemperatur (°C)
0	1013	100	15,0
1000	899	89	8,5
2000	795	78	2,0
3000	701	69	– 4,5
4000	616	61	– 11,0
5000	540	53	– 17,5
6000	472	47	– 24,0
7000	411	41	– 30,5
8000	356	35	– 37,0
9000	307	30	– 43,5

Vertikale Temperaturverteilung

Die sichtbaren Wettererscheinungen wie Wolken und Niederschläge haben ihren Sitz in der untersten Schicht der Atmosphäre, der *Troposphäre**. Sie wird durch die »*Tropopause*«* gegen die darüberliegende Stratosphäre* abgegrenzt. Die Troposphäre* reicht im Mittel am Pol rund 7 km, in unseren Breiten 11 km und am Äquator 16 km hoch.
Ein besonderes Merkmal der Troposphäre* ist der *Temperaturrückgang mit der Höhe.*
Die Maßzahl für die vertikale Temperaturänderung (°C/100 m) wird als vertikaler Temperaturgradient* bezeichnet.

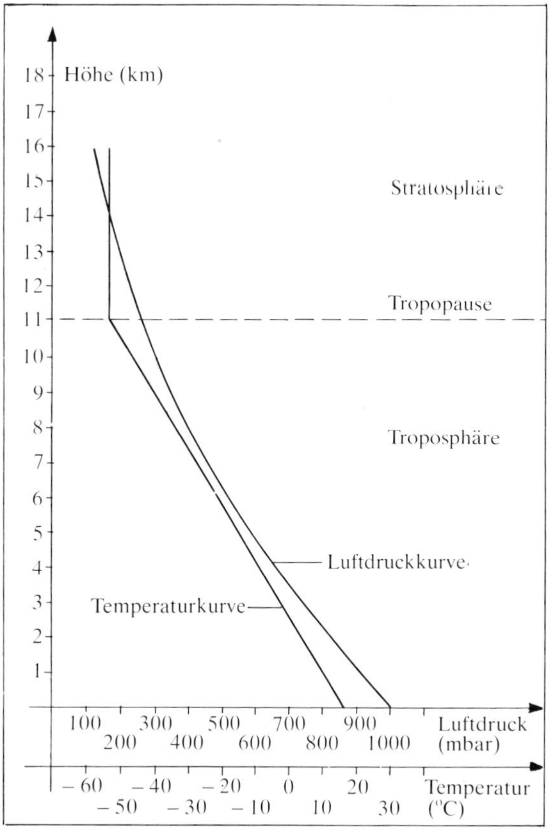

Mittlere vertikale Temperatur- und Luftdruckverteilung der »freien« Atmosphäre.

- Im Jahresmittel beträgt die Temperaturabnahme etwa 0,65° C/100 m. Das mittlere Temperaturgefälle längs der Gebirgsoberfläche schwankt dagegen zwischen 0,5° C und 0,6° C/100 m.

Für die Temperaturabnahme in der freien Atmosphäre sind im wesentlichen zwei Gründe verantwortlich:

a) Die eingestrahlte Sonnenenergie wird hauptsächlich nur an der Erdoberfläche in Wärme umgesetzt.
b) Beim Austausch von Luft zwischen den Atmosphärenschichten stellen sich adiabatische* Temperaturänderungen ein: aufsteigende Luft kühlt sich ab, absteigende Luft erwärmt sich.

Vertikale Feuchtigkeitsverteilung

Neben der Temperatur nimmt auch die in einer Volumeneinheit befindliche *Wasserdampfmenge (absolute Luftfeuchtigkeit)* deutlich mit wachsender Höhe ab. Ursache für den Rückgang der absoluten Luftfeuchtigkeit in höheren Schichten ist die starke Abhängigkeit der maximal möglichen absoluten Luftfeuchtigkeit von der Temperatur. Der Hauptteil der Wasserdampfmenge konzentriert sich auf die untersten 3–5 km. In der Stratosphäre* gibt es praktisch keine Feuchtigkeit mehr.

Vertikale Windverteilung

In unseren Breiten nimmt die Windgeschwindigkeit mit der Höhe zu. Eine feste Gesetzmäßigkeit für die Zunahme besteht aber nicht. Sie zeigt sich besonders bei Schlechtwettersituationen, kaum jedoch bei Hochdrucklagen. Die Windzunahme mit der Höhe liegt in der stark bremsenden Reibung in Bodennähe und in horizontalen Temperaturunterschieden begründet.

Luftfeuchtigkeit

Absolute und relative Luftfeuchtigkeit

Die Menge des gasförmigen Wassers (Wasserdampf) in der Luft läßt sich als absolute und relative Luftfeuchtigkeit erfassen.

- Die absolute Luftfeuchtigkeit gibt die Wasserdampfmenge an, die sich momentan in einer Volumeneinheit Luft befindet, gemessen in Gramm pro Kubikmeter (gr/m^3).
- Die relative Luftfeuchtigkeit ist das prozentuale Verhältnis von absoluter Luftfeuchtigkeit zur maximal möglichen Luftfeuchtigkeit (Sättigungsfeuchtigkeit).

Beispiel:

absolute Luftfeuchtigkeit:	6,5 gr/m^3
Sättigungsfeuchtigkeit:	10,3 gr/m^3
relative Luftfeuchtigkeit:	63,1%

Bei 100% relativer Luftfeuchtigkeit ist die absolute Luftfeuchtigkeit so hoch wie die Sättigungsfeuchtigkeit.

Wolken sind in ihrer Vielfalt Ausdruck wechselnder Feuchtigkeit in der Atmosphäre. Von der Morgensonne angestrahlt: Auf den Bergen aufliegende Staubewölkung (Cumulus), über den Bergen linsenförmige Föhnwolken (Altocumulus lenticularis) und in großen Höhen faserige Federwolken (Cirrus). Blick von der Zugspitze nach Osten.

Dampfdruck

Ein häufig benutztes Feuchtigkeitsmaß stellt auch der Dampfdruck dar. Wie die Luft, so übt der Wasserdampf einen Druck aus. Er kann wie die absolute Luftfeuchtigkeit einen Sättigungswert erreichen, den *Sättigungsdampfdruck.* Die relative Luftfeuchtigkeit ist auch das prozentuale Verhältnis von Dampfdruck und Sättigungsdampfdruck:

Beispiel:

Dampfdruck:	11,1 mbar
Sättigungsdampfdruck:	14,4 mbar
relative Luftfeuchtigkeit:	77,1 %

Sättigungsdampfdruck

Die maximal mögliche absolute Luftfeuchtigkeit und der Sättigungsdampfdruck werden von der jeweiligen Lufttemperatur bestimmt.

- Bei tiefen Lufttemperaturen ist der Sättigungsdampfdruck bzw. die Sättigungsfeuchte gering, bei hohen Lufttemperaturen groß.

Die größere Wasserdampfaufnahmefähigkeit der Luft bei wachsenden Temperaturen ist eine der Ursachen dafür, daß *im Sommer die Bereitschaft zu Starkniederschlägen deutlich höher ist als im Winter.*

Taupunktsdifferenz, Taupunktstemperatur

Ein besonders anschauliches Feuchtigkeitsmaß bildet die Taupunktsdifferenz.

- Die Taupunktsdifferenz gibt den Unterschied von aktueller Lufttemperatur und Taupunktstemperatur an.

  Beispiel:

Temperatur:	25,0° C
Taupunktstemperatur:	13,0° C
Taupunktsdifferenz:	12,0° C

- Die Taupunktstemperatur ist jene Temperatur, bei der der momentan vorhandene Wasserdampf durch Tau-, Nebel oder Wolkenbildung in den flüssigen Zustand übergeht (kondensiert*).

Je größer die Taupunktsdifferenz, desto weiter befindet sich die Luft vom Zustand der Feuchtigkeitssättigung bzw. Kondensation* der Feuchtigkeit weg. *Bei einer relativen Luftfeuchtigkeit von 100% fallen Temperatur und Taupunktstemperatur zusammen.*

Nebel

Nebel ist seiner Natur nach nichts anderes als eine Wolke in Bodennähe, seine Entstehungsbedingungen unterscheiden sich jedoch von denen der eigentlichen Wolken.

Nebelarten

Nach seinem Auftreten unterscheiden wir folgende Nebelarten:

- Bodennebel
- Talnebel
- Hochnebel
- Bergnebel

Von ihnen tritt nur der Bergnebel in größeren Höhen auf, alle anderen Nebelarten sind auf die Niederungen und tiefen Lagen beschränkt. Der Bodennebel ist häufig nur wenige Meter hoch, er bildet sich meist über Wiesengelände.

Talnebel kann bis zu mehreren hundert Metern hoch anwachsen und ist die klassische Form des Nebels in den Niederungen.

Der Hochnebel ist ein Talnebel, dessen unterste, bodennahe Schicht sich aufgelöst hat.

Der Bergnebel ist ganz von den Niederungen abgesetzt, er wird daher mehr den eigentlichen Wolkenerscheinungen zugeordnet, zumal auch seine Entstehung nach den Gesetzmäßigkeiten der Wolkenbildung verläuft. Nur er hat für den Bergsteiger größere Bedeutung.

Nebelentstehung

Bodennebel, Talnebel und Hochnebel verdanken ihre Entstehung fast ausschließlich der *Abkühlung feuchter Luft durch Wärmeabstrahlung bzw. Kontakt mit kaltem Boden.*

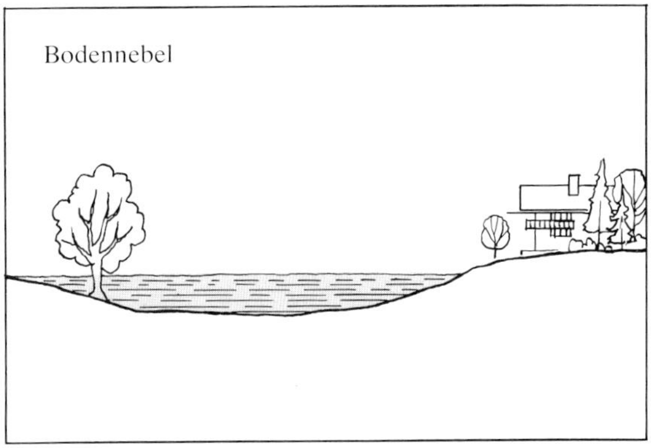

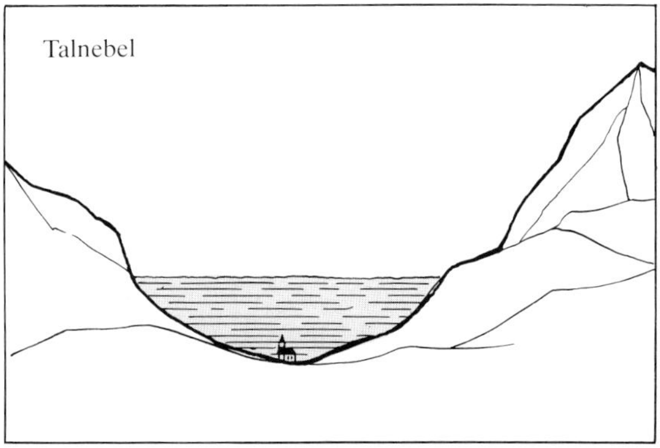

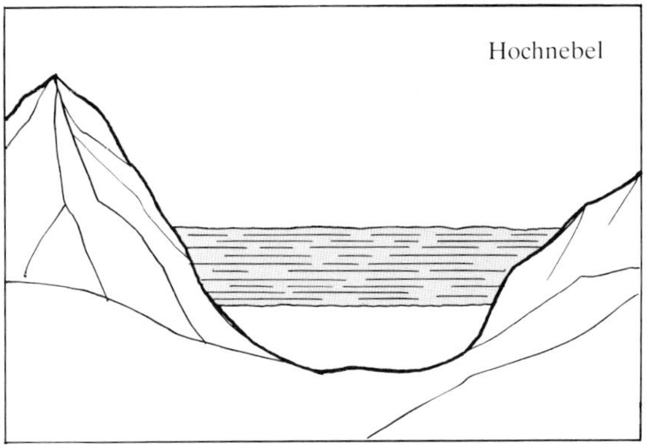

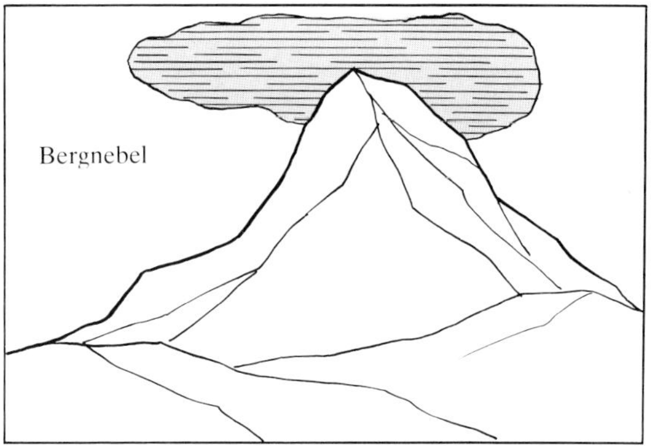

Im Frühherbst beginnt die Zeit der Talnebel. Die sich nachts im Talgrund ansammelnde Kaltluft bildet in den Frühstunden ein lang hingezogenes, flaches Nebelmeer. Isarwinkel am frühen Morgen eines Herbsttages.

Zeiten mit stärkerer strahlungsbedingter Abkühlung sind besonders nebelgefährdet, soweit die Luft von vornherein feucht genug ist.

- Die Luft kühlt sich bei Bildung von Nebel bis zum Taupunkt ab. Beim Erreichen von 100% relativer Luftfeuchtigkeit kondensiert* der Wasserdampf zu Nebeltröpfchen.
- Nebel beobachten wir hauptsächlich im Herbst und Frühwinter jeweils besonders in den Nacht- und Frühstunden.

Frühjahr und Frühsommer erweisen sich als relativ nebelfrei, ebenso die Mittags- und Nachmittagsstunden.

Da Kaltluft schwerer als Warmluft ist, sammelt sich ausgekühlte Nebelluft in Mulden und Tälern. Dort tritt auch stets die größte strahlungsbedingte Abkühlung der Luft ein. *Die Nebelschicht ist mit kalter Luft identisch.* Sie grenzt sich deutlich gegenüber der wärmeren Luft darüber ab. Die Temperaturübergangsschicht stellt eine *Temperaturinversion** dar.

Wolkenbildung

Ursachen der Wolkenbildung

Adiabatische Abkühlung:* Luft kühlt sich durch Aufsteigen ab. Man nennt die Abkühlung adiabatisch*, da sie ohne Wärmeaustausch mit der Umgebung vor sich geht. Wolken bilden sich, wenn die Feuchtigkeit der aufsteigenden Luft kondensiert*.

Aufsteigende Luft gerät wegen der allgemeinen Luftdruckabnahme mit der Höhe unter geringeren Luftdruck. Infolgedessen dehnt sie sich aus, das Volumen der einzelnen Luftpakete wird größer. Energetisch kommt dies einer Ausdehnungsarbeit durch Verdrängen anderer Luft gleich, was auf Kosten der eigenen thermischen Energie und somit der Temperatur geht.

Kondensationsniveau:* Die Höhe über dem Boden, in der die Taupunktstemperatur erreicht ist und die Luftfeuchtigkeit der aufsteigenden Luft zu kondensieren* beginnt, heißt Kondensationsniveau*. Sie ist identisch mit der Untergrenze der entstehenden Wolken.

Kondensationskerne:* Eine weitere Voraussetzung für die Kondensation* des Wasserdampfes ist die Existenz von mikroskopisch kleinen, festen oder flüssigen Partikelchen (Kondensationskerne*), um die herum sich der Wasserdampf legt. In der Atmosphäre

Modellhafte Darstellung aufsteigender Luftkörper bei adiabatischer Abkühlung.

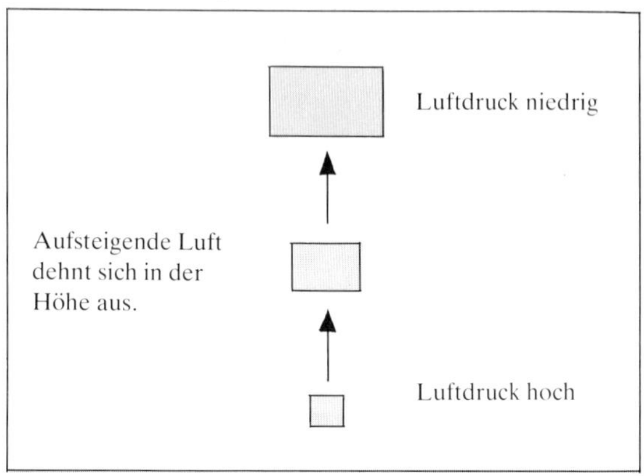

schwebt stets eine genügende Zahl von Kondensationskernen*. Sie gelangen von der Erdoberfläche oder vom Meer in die Luft und sind sowohl natürlichen als auch anthropogenen* Ursprungs.

Mischwolken – Eiswolken

Bei Temperaturen unter 0° C genügen die Kondensationskerne* noch nicht, um Eiskristalle und Schneeflocken zu erzeugen. Dazu sind *Gefrierkerne** erforderlich, die in weit geringerer Zahl als die normalen Kondensationskerne* vorhanden sind. Die ersten Eiskristalle können sich unter diesen Verhältnissen normalerweise erst unterhalb −10° C bilden.

- Wolken mit einer Temperatur zwischen 0° C und −10° C sind weitgehend unterkühlte Wasserwolken.
- Mischwolken (Tröpfchen + Eiskristalle) und reine Eiswolken treten erst in mittleren bzw. größeren Höhen auf.

Entstehung der Wolkenformen und ihre Ursachen

Formenreichtum sowie horizontale und vertikale Erstreckung der Wolken sind ein Spiegelbild der in der Troposphäre* vorhandenen Luftfeuchtigkeit und Vertikalbewegungen. Trockene Luft behindert die Wolkenbildung ebenso wie absinkende Luftbewegung.

Je nach der Größenordnung und dem Umfang von Aufwärtsbewegungen der Luft lassen sich *zwei Grundformen* der Wolken unterscheiden:

- Schnelles, engbegrenztes Aufsteigen feuchter Luft resultiert in haufenförmiger Bewölkung *(cumuliforme* Wolken)*.
- Langsames, ausgedehntes Aufsteigen feuchter Luft erzeugt schichtenförmige Bewölkung *(stratiforme* Wolken)*.

Haufenwolken: Die Größenordnung der zu Haufenwolken führenden Vertikalbewegungen liegt in dem Bereich von mehreren m/s, im Extremfall bei über 30 m/s.

- Die Ursachen für Haufenwolken sind meist thermische Aufwinde aufgrund engräumiger horizontaler Temperaturdifferenzen.

Bevorzugte Orte thermischen Auftriebs* sind Stellen starker Aufheizung bodennaher Luft durch die Sonne, im Gebirge besonders die sonnenausgesetzten Hänge.

- Ausgeprägte Haufenwolken bilden sich auch durch dynamisch erzwungene Hebung warmer Luft beim Einbruch kalter Luftmassen (Kaltfront).

Schichtwolken: Die Größenordnung der Vertikalbewegungen in Schichtwolken erreicht nur wenige cm/s.

- Schichtwolken entstehen hauptsächlich durch langsames großflächiges Aufgleiten von Warmluft auf Kaltluft.

Vertikalschnitte der Haufenwolkenbildung. Links: Haufenwolken an einer Kaltfront. Rechts: Haufenwolken durch rein thermischen Auftrieb.

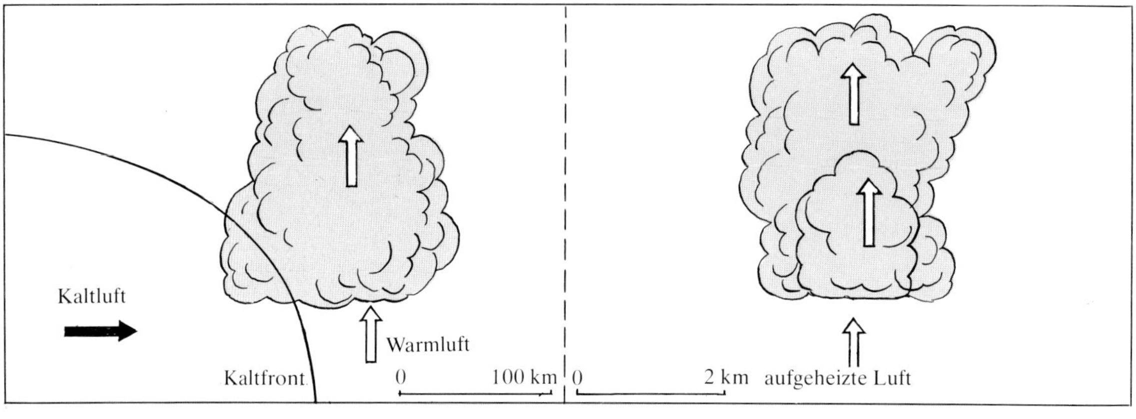

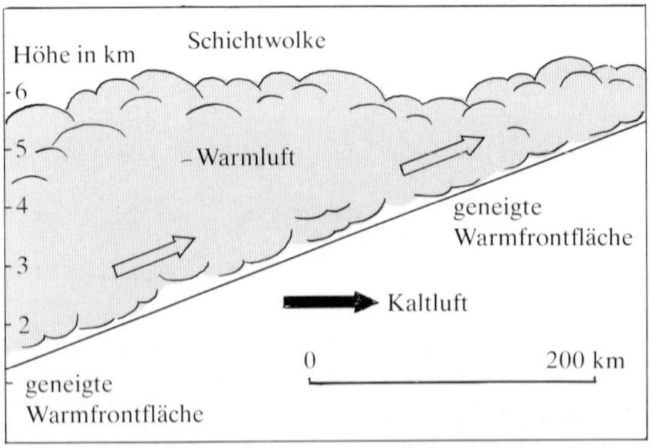

Vertikalschnitt der Luftmassenanordnung (Warmfront) bei Schichtbewölkung.

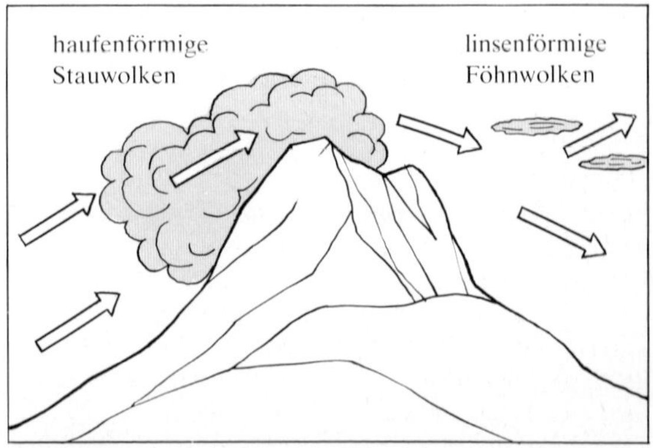

Orographische Wolkenbildung im Vertikalschnitt. Staubewölkung im oberen Luvbereich, im Lee isolierte linsenförmige Föhnwolken.

Schichtenförmige Bewölkung finden wir daher vorwiegend im Bereich der Warmfront von Tiefdruckgebieten.

Orographische Wolken:* Im Gebirge existieren Vertikalbewegungen der Luft auch infolge eines unmittelbaren Eingriffs der Oberflächengestalt in die atmosphärische Strömung.

- Bei Strömungen quer zum Gebirge oder Berg wird Luft durch Barrierewirkungen angehoben. Es bilden sich daraufhin meist ortsfeste orographische* Wolken.

Man beobachtet sowohl haufenförmige als auch schichtförmige orographische* Wolken, teilweise auch Sonderformen. Ihre stärkste Ausprägung finden sie bei Stauwetterlagen an der Luvseite* des Gebirges.

Wolkenklassifikation

Klassifikationsmerkmale

Wolken werden primär nach ihrem äußeren Erscheinungsbild klassifiziert. Über die zwei Hauptformen freier Wolkenentwicklung hinaus – Haufenwolken und Schichtwolken – lassen sich eine Reihe weiterer Wolkenmerkmale ableiten, die es uns erleichtern, Wolken in die allgemeine Wetterentwicklung einzuordnen.

Eine der Voraussetzungen einer richtigen Klassifikation und Interpretation von Wolken ist ihre Einordnung nach Höhenlage und Grundform. Im Vordergrund und am Horizont haufenförmige Cumuluswolken, die die höchsten Bergpartien (Karwendel) leicht einhüllen. Der Höhenunterschied zwischen eigenem Standort und diesen Wolken beträgt etwa 1000 m. Die Haufenwolken im Vordergrund quellen mehrere hundert Meter hoch. Im oberen Bildteil erkennt man eine hautpsächlich schichtenförmige Altocumulusdecke geringerer Mächtigkeit. Ihr vertikaler Abstand von den Bergspitzen mißt rund 1500 m.

Die Klassifikationsmerkmale sind:
- Wolkenhöhe,
- Vertikale Wolkenerstreckung,
- Grobform,
- Feinform,
- Anordnung von Wolkenteilen,
- Lichtdurchlässigkcit,
- Wolkenfarbe,
- Zusammensetzung der Wolke.

Wolkenstockwerke
Eine erste grobe Höheneinteilung der Wolken ergibt sich aus drei Wolkenstockwerken. Da sie typische Temperaturen aufweisen, zeigt die Zusammensetzung der Wolkenelemente in ihnen jeweils ähnliche Strukturen. Für unsere geographische Breitenlage gilt im Mittel:

Stockwerk	Höhenbereich	Zusammensetzung der Wolke
Oberes Wolkenstockwerk (Hohe Wolken)	6–11 km	Eiswolken
Mittleres Wolkenstockwerk (Mittelhohe Wolken)	2–6 km	Eis- und Wasserwolken (Mischwolken)
Unteres Wolkenstockwerk (Tiefe Wolken)	0–2 km	Wasserwolken

Wolkengattungen
Auf der Grundlage der obigen Klassifikationsmerkmale spricht man bei der weiteren Einteilung der Wolken von zehn Wolkengattungen. Man erfaßt damit alle von der Erdoberfläche abgehobenen Wolkenarten. Am Berg aufliegende oder anliegende Wolken können zwar auch den zehn Wolkengattungen zugeordnet werden, werden aber ansonsten als Sondergruppen behandelt.

Die Wolkengattungen tragen nach internationaler Gepflogenheit lateinische Namen mit folgenden Wortbestandteilen:

Cirrus	Federbusch, Haarlocke
Stratus	geschichtet
Cumulus	Haufen
Alto	hoch
Nimbus	Regen

Der nachfolgenden Aufstellung sind die gebräuchlichsten deutschen Bezeichnungen beigegeben.

Oberes Wolkenstockwerk:	
1. Cirrus (Ci)	Federwolke
2. Cirrocumulus (Cc)	hohe Schäfchenwolke
3. Cirrostratus (Cs)	Schleierwolke
Mittleres Wolkenstockwerk:	
4. Altocumulus (Ac)	mittelhohe Schäfchenwolke (mittelhohe Schichthaufenwolke)
5. Altostratus (As)	mittelhohe Schichtwolke
Tiefes Wolkenstockwerk:	
6. Stratocumulus (Sc)	tiefe Schichthaufenwolke
7. Stratus (St)	tiefe Schichtwolke
Tiefes bis mittelhohes Wolkenstockwerk:	
8. Cumulus (Cu)	Haufenwolke
9. Nimbostratus (Ns)	Regenschichtwolke
Tiefes bis hohes Wolkenstockwerk:	
10. Cumulonimbus (Cb)	Gewitter- und Schauerwolke

Von den Wolkengattungen gehören Cirrostratus, Altostratus, Nimbostratus und Stratus zur Familie der stratiformen* Wolken, während Cumulus und Cumulonimbus Vertreter der cumuliformen* Wolken sind. Die anderen Wolkengattungen zeigen nach Aussehen und Anordnung entweder Mischformen (Cirrocumulus, Altocumulus, Stratocumulus) oder eigenständige Form (Cirrus).

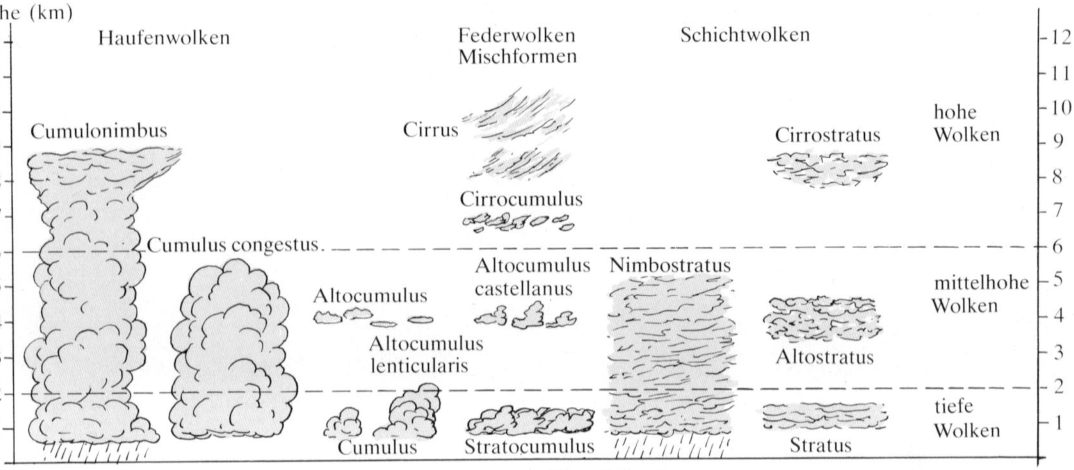

Wolkengattungen und ihre Höhenlagen

Beschreibung der Wolkengattungen

Durch Vergleich der Beschreibung der Wolkengattungen mit den vielfältigen Wolkenbildern am Himmel läßt sich die Klassifikation am besten einprägen.

Cirrus: Helles faserig-seidiges Aussehen. Zarte, weiße Fäden, Flecken oder Bänder mit haarähnlicher Struktur. Eiswolke.

Über den Bergen in der Mitte (Karwendel) stehen in ungefähr 2500 m Höhe bzw. 200 m über dem Gipfel schollenförmige Stratocumuluswolken. Ihre klare Umrandung verrät ihre Wasserwolkenstruktur. In mehr als 8000 m Höhe die faserigen Eiswolken des Cirrus. In halber Höhe des Tales Rest einer nächtlichen Stratus-Schicht.

Die haufenförmigen Cumuluswolken verändern ihr Bild häufig sehr schnell und können bis zu großen Höhen anwachsen. Hier ein Beispiel unterschiedlicher Höhenerstreckung der Haufenwolken. Am oberen Bildrand und links zusätzlich eine relativ hoch gelegene Stratocumulus-Schicht. Blick über die Karwendelberge.

Geschlossene, tiefe Stratocumulus-Wolkenschichten sind die Begleiterscheinung vieler Schlechtwetterlagen. Am linken Berghang zusätzlich Cumuluswolken. Blick nach Osten zum Großen Ahornboden/Karwendel.

Cirrocumulus: Felder mit kleinen, hellen Bällchen, teils gerippelt angeordnet oder miteinander verwachsen. Weitgehend Eiswolke.
Cirrostratus: Durchschimmernder weißlicher, oft ausgedehnter Schleier. Eiswolke.
Altocumulus: Weiße oder graue, mittelgroße Ballen, Walzen, Flecken. Teils faserig, teils diffus, teils zusammengewachsen. Unterkühlte Wasserwolke.
Altostratus: Graue Wolkenfelder von einförmigem, teils streifigem, faserigem Aussehen, den Himmel weitgehend bedeckend. Sonne manchmal noch wie durch Milchglas zu erkennen. Mischwolke.
Nimbostratus: Graue, häufig dunkle Wolkenschicht. Sonne nicht sichtbar. Erscheint sehr diffus, mit Dauerniederschlag verbunden. Unter der Wolke teilweise Wolkenfetzen. Wolkenschicht den Himmel ganz bedeckend. Unterkühlte Wasser- und Mischwolke.
Stratocumulus: Grobe Schollen, Walzen, Ballen mit dunklen und helleren Stellen. Wasserwolke. Häufig als geschlossene Schicht auftretend.
Stratus: Tiefe, einförmig graue Wolkenschicht. Wasserwolke.
Cumulus: Dichte, meist von der Sonne beschienene, helle isolierte Haufenwolke. Scharfe, blumenkohlartige Umrandung. Relativ dunkle, fast horizontale Untergrenze. Wasserwolke, teils unterkühlt.
Cumulonimbus: Massige, dichte Wolke mit beträchtlicher vertikaler Erstreckung, bis ins hohe Niveau reichend. Dunkle Wolkenuntergrenze mit Wolkenfetzen. Im Mittelteil scharfe, blumenkohlartige helle Umrandung. Im oberen Teil faserig, streifig hell, häufig sich in typischer Amboßform ausbreitend. Oben Eiswolke, in der Mitte Mischwolke, unten teils Wasserwolke.

Wichtige Sonderformen
Die Wolkengattungen besitzen wichtige, teilweise mit dem Gebirge zusammenhängende Sonderformen:
Altocumulus castellanus: Zinnenförmiger Altocumulus. Aus der Oberseite wachsen Türmchen empor. Vorzeichen für spätere Cumulonimbusbildung.
Altocumulus lenticularis: Verformung der Altocumulusballen und -flecken in typischer Linsenform. Flach und scheinbar unbeweglich, teilweise übereinander angeordnet. Sogenannte »Föhnfische«.
Cumulus congestus: Cumulus von großer vertikaler Ausdehnung, bis ins mittelhohe Niveau reichend. Zeigt scharfe, blumenkohlartige Umrandung. Meist hell angestrahlt.

Optische Erscheinungen an Wolken
Durch Reflexion*, Brechung* (Farbzerlegung) und Beugung* des Sonnenlichts in den Wolken entstehen charakteristische Lichterscheinungen. Sie lassen sich bestimmten Wolkengattungen zuordnen.
Nebensonne: Isolierter, farbiger Lichtfleck, meist horizontal in einiger Entfernung von der Sonne weg. Meist in Cirruswolke. Brechung* und Reflexion*.
Halo:* Farbiger Lichtring in einigem Abstand um die Sonne. Meist in Cirrostratus. Brechung* und Reflexion*.
Irisieren: Farbige Lichterscheinung an Rändern von Altocumulus lenticularis und Cirrocumulus. Beugung*.
Corona (Kranz): Um Sonne oder Mond anliegender Lichtkranz, farbig. In Altocumulus und Stratocumulus, Beugung*.
Regenbogen: Der Regenbogen ist nicht unmittelbar eine Lichterscheinung der Wolken, sondern des Niederschlags. Doppelte Lichtbrechung* bei einfallendem Sonnenlicht.

Entstehung der Niederschläge

Unterscheidungsmerkmale der Niederschläge sind *Aggregatzustand*, Größe und Form der Niederschlagselemente* sowie *zeitlicher Verlauf* und *Niederschlagsintensität.*

Aggregatzustand, Größe und Form der Niederschlagselemente
Die flüssigen Niederschläge beobachten wir als kleintropfigen Sprühregen oder als größertropfigen Dauerregen (Landregen) bzw. Regenschauer. Feste Niederschläge treten in Form von Schneefall, Graupel oder Hagel auf.
Nieseltröpfchen bleiben in ihrem Durchmesser unter 0,5 mm, während normale Regentropfen sich zwischen 0,5 und 5 mm bewegen. Schneeflocken errei-

Zu den häufigsten optischen Erscheinungen an Wolken gehört die Nebensonne, hier links von der Sonne über dem schrägen Berghang zu erkennen.
Das Sonnenlicht bricht sich in den Eiskristallen des Cirrus. Im Zusammenhang mit einem dichten Cirrus-Aufzug gilt die Nebensonne als Schlechtwetterzeichen (Siehe »Drei Entwicklungsphasen der Warmfront«, Seite 36).

Der Halo ist eine mit der Nebensonne verwandte Lichterscheinung. Auf dem Bild ein Teil des Lichtrings um die Sonne in einer Cirrostratus-Wolkenschicht. Für die Wettervorhersage gilt ähnliches wie bei der Nebensonne.

chen eine sehr unterschiedliche Größe von 1–20 mm. Sie sind immer dann groß, wenn in den unteren Luftschichten Temperaturen nahe 0° C und hohe Luftfeuchtigkeit herrschen.

- Graupel erkennt man an den weitgehend runden, aber etwas rauhen weißen oder halbdurchsichtigen Körnern. Ihre Größe liegt zwischen 2 und 5 mm.
- Hagelkörner tragen meist ein Graupelkorn als Kern mit mehreren durchsichtigen, teilweise kantigen Schalen drum herum. Dadurch sind sie deutlich größer, im Extremfall haben sie einen Durchmesser von 5 cm.

Zeitlicher Verlauf und Niederschlagsintensität
Zeitlicher Verlauf und Niederschlagsintensität sind häufig miteinander gekoppelt.

- Dauerniederschläge (Stunden bis Tage) haben in der Regel leichte bis mäßige Intensität.
- Schauerniederschläge (Minuten bis Stunde) sind normalerweise von mäßiger bis starker Intensität.

Niederschlag und Wolkenform
Sprühregen, Dauerniederschläge und Schauer sind jeweils an ganz bestimmte Wolkenformen gebunden. Daher läßt auch die Wolkenentwicklung stets Rückschlüsse auf die Art des zu erwartenden Niederschlags zu.
Wolken mit vorwiegend horizontaler Erstreckung bewirken Sprühregen oder Dauerniederschläge, Wolken mit hauptsächlich vertikaler Erstreckung erzeugen Schauer. Aufgegliedert nach den Wolkengattungen finden wir:

- Sprühregen aus Stratus,
- Dauerniederschlag (Regen oder Schneefall) aus Nimbostratus, Altostratus und Stratocumulus,
- Regen-, Graupel- und Hagelschauer aus Cumulonimbus.

Niederschlagsbildung
Die kleinen Tröpfchen und Eiskristalle der Wolken müssen, um zu Niederschlagselementen zu werden, stark anwachsen. Niederschläge bilden sich durch Vereinigung bestehender Wolkenteilchen, die dann schwer genug sind, um aus großen Höhen zu Boden zu fallen.

Eisphase
Alle *großtropfigen* Regenformen (Dauerregen, Regenschauer) sowie *Schneefall, Graupel* und *Hagel* bilden sich meist in mittelhohen bis hohen Mischwolken. Das dortige Nebeneinander von unterkühlten Wolkentröpfchen und Eiskristallen führt zu einem Wachstum der Eisteilchen auf Kosten der Tröpfchen. Die Tröpfchen verdunsten, der in die Luft gelangende Wasserdampf schlägt sich an den Eisteilchen als Eis nieder.
Je nach Geschwindigkeit und Dauer des Anwachsens der Eiskristalle entsteht aus den ursprünglich sehr einfachen hexagonalen* Teilchen ein großer Formenreichtum von *Schneekristallen, z. B. Nadeln, Säulchen, Plättchen, Schneesterne* und räumlich verzweigte Formen. Auf ihrem Fall zur Erde verändern sich die Schneekristalle je nach den Feuchtigkeits-, Temperatur- und Windverhältnissen.

Vergraupelung
Treffen Eiskristalle und Wolken- bzw. kleine Regentropfen aufeinander, so verschmelzen sie zu Graupelkörnern.

- In der turbulenten Luftbewegung innerhalb von Gewitterwolken (Cumulonimbus) werden Graupelkörner noch mehrfach nach oben gerissen. Es legen sich nach und nach durch Vereinigung mit vielen Tröpfchen durchsichtige Schalen um das ursprüngliche Korn. Das Graupelkorn wächst zum Hagelkorn heran.

Schneefallgrenze
Da auch im Sommer fast alle Niederschläge über die Eisphase gehen, ist großtropfiger Regen nichts anderes als umgewandelter Schneefall, Graupel, Hagel. Das Schmelzen der festen Niederschlagselemente beginnt beim Fallen durch die Frost- oder 0°-Grenze.

- Die Schneefallgrenze, bei der Schnee endgültig in Regen übergeht, liegt etwa 300 m unterhalb der Frostgrenze. Sie entspricht etwa der Höhenlage der Temperatur von 2° C.

Gesetzmäßigkeiten der atmosphärischen Schichtung*

Stratiforme* und cumuliforme* Bewölkung sowie Dauerniederschlag, Schauer und Gewitter verkörpern unterschiedliche Größenordnungen der Vertikalbewegungen. Ursachen sind unter anderem wechselnde vertikale Luftschichtungen.

Art der Schichtungen*
Luft kann vertikal stabil, indifferent oder labil geschichtet sein.

- Bei einer *stabilen Schichtung** werden Vertikalbewegungen eines Luftkörpers gebremst oder unterdrückt.
- Bei einer *labilen Schichtung** steigern sich einmal in Gang gekommene Vertikalbewegungen.
- Bei einer *indifferenten Schichtung** tritt weder eine Bremsung noch eine Verstärkung der Vertikalbewegungen ein.

Temperaturgradienten* und thermische Auftriebskräfte*
Bestimmend für die jeweilige Schichtung* ist der vertikale Temperaturgradient*, durch den es zu unterschiedlich starken *Auftriebskräften** kommt. Die thermische Auftriebskraft* eines Luftkörpers wächst mit der Temperaturdifferenz zwischen der vertikal aufsteigenden und der ruhenden Luft.
Ein warmer Luftkörper hat eine geringe Luftdichte, ist leicht und steigt in kalter Umgebung mit hoher Luftdichte ähnlich Luftblasen im Wasser auf. Je größer der Temperaturunterschied zwischen aufsteigender Luft und Umgebung ist, um so schneller bewegt sich die Luft nach oben. Man unterscheidet zwischen dem trockenadiabatischen* und feuchtadiabatischen* Fall (vgl. Abb. Seite 76).

Trockenadiabatischer Fall*
Trockene Luft kühlt sich beim Aufsteigen adiabatisch* mit 1° C/100 m ab.

- Die vertikale Luftschichtung ist trockenlabil, wenn ihr Temperaturgradient* größer als der trockenadiabatische* ist. In diesem Fall erhält aufsteigende

Luft bald eine Übertemperatur gegenüber der Umgebung und beschleunigt sich nach oben.

- Dagegen liegt eine trockenstabile Schichtung vor, wenn der Temperaturgradient* der Umgebung kleiner als der trockenadiabatische* ist, so daß die aufsteigende Luft kälter als die Umgebung wird und Abtriebskräfte die Bewegung bremsen.

Feuchtadiabatischer Fall, Kondensationswärme**
Aufsteigende Wolkenluft kühlt sich als Folge freiwerdender Kondensationswärme* mit weniger als 1°C/100 m ab. Die Kondensationswärme* entsteht beim Übergang von Wasserdampf in Wolkentröpfchen. Sie ist entgegengesetzt gleich der Verdunstungsabkühlung beim Verdunsten von Wasser. Der vertikale Temperaturabfall der unter Kondensation* aufsteigenden Wolkenluft schwankt zwischen 0,5°C/100 m und 0,7°C/100 m und wird als feuchtadiabatischer* Gradient bezeichnet.

Labilität und Stabilität der Luftschichtung im Falle der Wolkenbildung orientieren sich am feuchtadiabatischen* Temperaturgradienten*.

- Die vertikale Luftschichtung heißt feuchtlabil*, wenn die Luftschichtung einen größeren Temperaturgradienten* aufweist als der feuchtadiabatische* Temperaturgradient*.
- Umgekehrt besteht eine feuchtstabile Schichtung*, wenn der Temperaturgradient* kleiner als der feuchtadiabatische* ist.

Der Grad der feuchtlabilen* Schichtung bestimmt das Ausmaß der Haufenwolkenentwicklung.

Isothermie und Inversion*
Isothermie (mit der Höhe gleichbleibende Temperatur) und Inversion* (Temperaturzunahme mit der Höhe) sind ausgeprägte Formen stabiler Schichtung*. Eine Inversion* verhindert fast jeden vertikalen Luftaustausch.

Vertikale Temperaturverteilung bei stabiler und labiler Schichtung. Rechts: Stabilität und Labilität im Falle trockener, wolkenfreier Luft. Links: Stabilität und Labilität im Falle der Wolkenbildung.

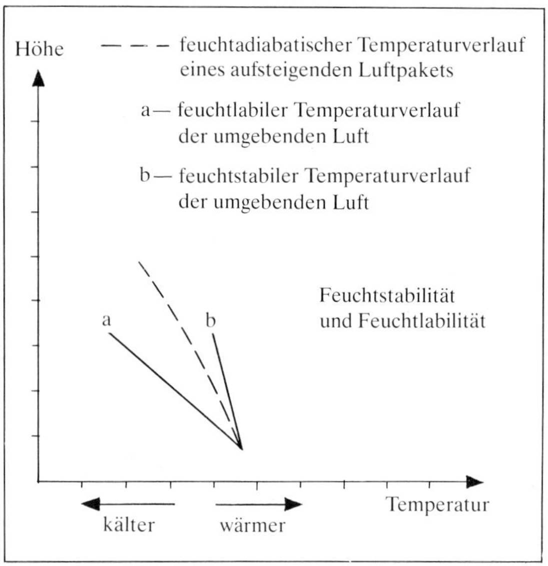

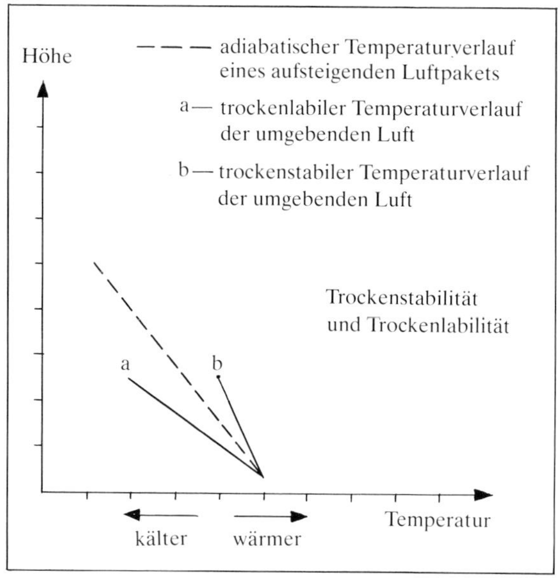

Wettererscheinungen bei stabiler Luftschichtung

Stabile Luftschichtungen sind ein Kennzeichen von Hochdrucklagen.

Winterliche Hochdrucklage
Die für eine winterliche Hochdrucklage typische tiefe *Absink-* und Strahlungsinversion** liegt meist zwischen 500 m und 1500 m Höhe. Sie ist besonders kräftig ausgeprägt. Diese Schichtung* erzeugt ein Wetter in zwei Etagen. Während in den unteren Regionen teilweise Nebel herrscht und der Grad der Luftverschmutzung hoch ist, sind die mittleren und höheren Lagen wolkenarm und von einer großen Trockenheit und Klarheit der Luft bestimmt.

Sommerliche Hochdrucklage
Bei der sommerlichen Hochdrucklage befindet sich die charakteristische stabile Schicht (Inversion*) meist zwischen 1500 m und 3500 m Höhe. In den unteren Schichten beobachtet man besonders tagsüber einen labilen Temperaturgradient*, ausgelöst von der jahreszeitlich großen Strahlungserwärmung. Diese Schichtungsverhältnisse geben die Erklärung für die typischen sommerlichen Schönwetterhaufenwolken (Cumulus). Mit der vormittäglichen Erwärmung kommt es an einzelnen Stellen, hauptsächlich an sonnenausgesetzten Hanglagen, zu einer Überhitzung. Der thermische Auftrieb* läßt die Luft aufsteigen. Wegen des labilen Temperaturgradienten* in den unteren Schichten gelangt die aufsteigende Luft ungehindert bis zum Kondensationsniveau* (glatte Wolkenuntergrenze).
Oberhalb des Kondensationsniveaus* geht der weitere Aufstieg unter feuchtadiabatischer* Abkühlung vor sich. Die stabile Temperaturschichtung der mittleren Höhen bewirkt, daß die Wolkenluft schon nach wenigen hundert Metern nicht wärmer, sondern kälter als die Umgebung ist. Die Aufstiegsbewegung in der Wolke wird gebremst. Die Cumuluswolke bleibt somit nach oben begrenzt. Die blumenkohlförmige Wolke zeigt unten ihre charakteristische glatte Unterseite in Höhe des Kondensationsniveaus*.

Sichtungsverhältnisse in winterlichen und sommerlichen Hochs.

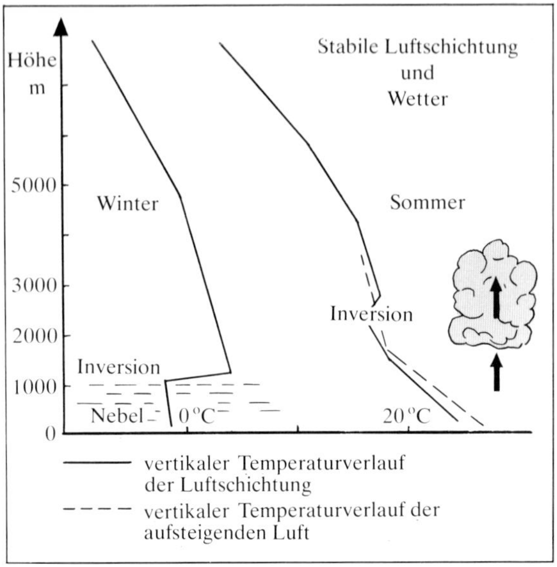

Gewitter als Folge labiler Schichtung

Gewitter verkörpern den Fall starker labiler Luftschichtung mit zwei besonderen Merkmalen:

- Großer vertikaler Temperaturgradient* über alle Höhenschichten der Troposphäre*.
- Hohe absolute Luftfeuchtigkeit und hohe Temperaturen besonders in den unteren und mittleren Schichten.

Infolge der hohen Luftfeuchtigkeit bilden sich während der Gewitter starke Schauer aus. Bezüglich der Auslösung der Gewitter muß zwischen reinen Wärmegewittern und Frontgewittern unterschieden werden.
Wärmegewitter entwickeln sich, wenn im Zuge der Tageserwärmung thermische Aufwinde einsetzen. Stärker als bei den Aufwinden der Schönwettercumuli steigt bodennah erhitzte Luft über sonnenausgesetzten Hängen und erreicht das Kondensationsniveau*.

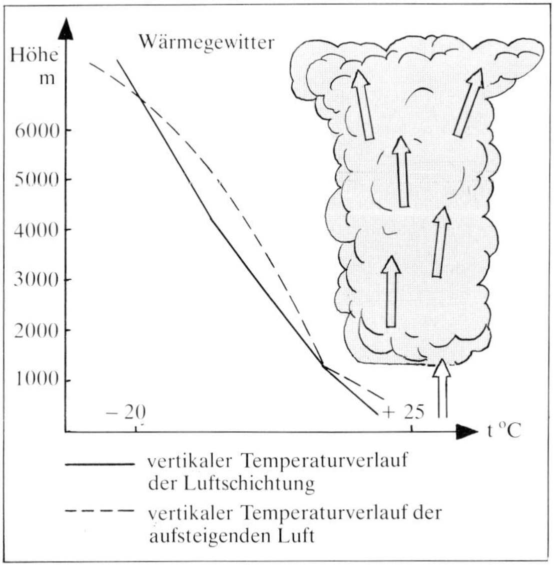

Vertikale Temperaturschichtung und Wolkenentwicklung bei Wärmegewittern.

Vertikalschnitt durch eine Kaltfront mit Gewitterwolke.

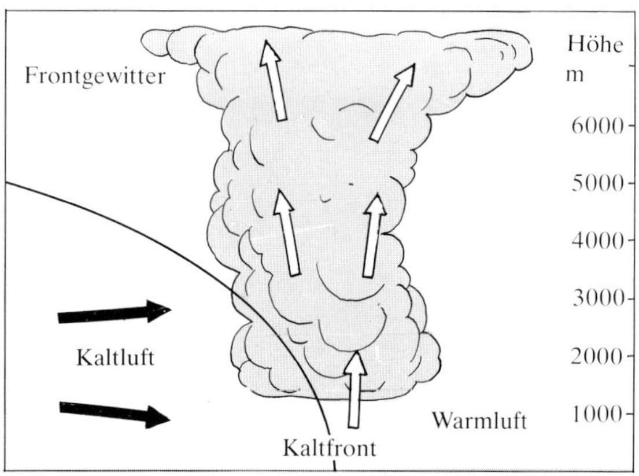

- Oberhalb des Kondensationsniveaus* beginnt ein beschleunigtes Aufsteigen der Wolkenluft. Im Gegensatz zur stabilen Hochdrucklage ist die Temperatur im Inneren der Wolke infolge einer feuchtlabilen* Schichtung jetzt durchweg höher als in der Umgebungsluft.. Das bedeutet aber anhaltenden Auftrieb mit einer stetigen Zunahme der Aufwärtsbewegung. Die Wolke quillt unaufhaltsam höher. Im turbulenten Aufwindfeld der Gewitterwolke entwickeln sich teilweise Aufwärtsgeschwindigkeiten von deutlich über 50 km/h, in extremen Fällen bis 100 km/h.
- Erst in der hohen Troposphäre*, in Höhenlagen von häufig über 8 oder 10 km, sinkt infolge der dort veränderten Temperaturgradienten* die Wolkenlufttemperatur unter die Außenlufttemperatur, so daß die Thermik* abgebremst wird. An der Tropopause* breitet sich die Gewitterwolke amboßförmig aus.

  Wegen der sehr tiefen Temperaturen in diesen Höhenlagen verwandelt sich der Cumulonimbus im oberen Bereich in eine Eiswolke, die leicht an ihrem charakteristischen faserigen Aussehen zu erkennen ist.

Frontgewitter werden durch die erzwungenen starken Aufwärtsbewegungen bei der Annäherung einer sommerlichen Kaltfront ausgelöst. **Kaltfrontgewitter** sind in der Regel heftiger als reine Wärmegewitter, da sich in ihnen die Labilität der vertikalen Luftschichtung mit der Dynamik und Wucht des Kaltlufteinbruchs verbindet. Die Stärke der Kaltfrontgewitter kann sich bis zum Unwetter steigern.
Die Gewitterwolken bilden sich in linienartiger Anordnung unmittelbar vor der einbrechenden Kaltluft.

- An der im Vertikalschnitt keilförmigen Frontfläche wird die davor liegende Warmluft unter schnellem Aufsteigen nach oben verdrängt.
- Die Phasen der Gewitterwolkenentwicklung gleichen denen der Wärmegewitter. Die im Cumulonimbus auftretenden Vertikalbewegungen sind aber eher noch größer.

Während Wärmegewitter im allgemeinen örtlich verteilt sind, wandern Kaltfrontgewitter meist über alle Teile der Alpen hinweg. Da das Übergreifen der Fronten nicht an bestimmte Tageszeiten gebunden ist, haben Kaltfrontgewitter auch einen weniger ausgeprägten Tagesgang als die Wärmegewitter.

- Auch in den Nacht- bis Vormittagsstunden können Kaltfronten Gewitter auslösen. Gewitter zu diesen Zeiten sind also gute Erkennungszeichen für einen allgemeinen *Schlechtwettereinbruch.*

Spezielle Wolken- und Wettererscheinungen im Gebirge

Stau und Föhn

Geographische Verteilung
Stau und Föhn sind zwei besonders bekannte und eindrucksvolle Wettererscheinungen, die das Wetter in den Alpen häufig in zwei gänzlich unterschiedliche Bereiche einteilen. Im Bereich des Staus herrscht kompakte, dichte Bewölkung mit Niederschlägen vor. Im Einflußbereich des Föhns bestimmen Aufheiterungen, Trockenheit, gute Fernsicht und relativ hohe Temperaturen das Wetter. Beide Wettererscheinungen sind ursächlich miteinander verbunden und zeigen den Einfluß der Alpen auf das Wetter.

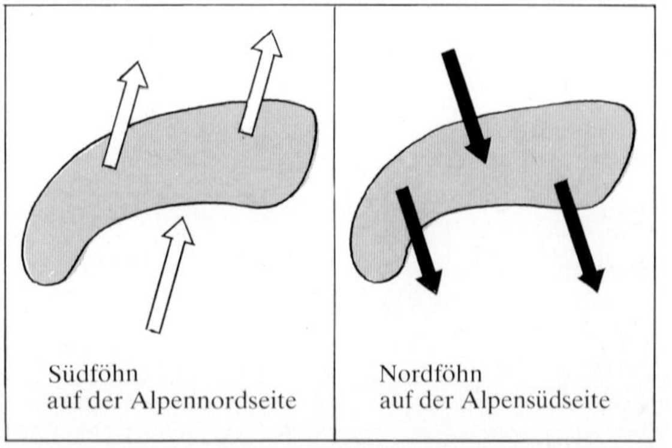

In der Regel treten Föhn und Stau großräumig auf, kurzfristig können sie auch nur regionalen oder lokalen Charakter haben. Wegen der West-Ost-Erstreckung der Alpen beobachtet man hauptsächlich *Nord- und Südstau, Nord- und Südföhn.* Ihre Bezeichnung wird nicht von der geographischen Lage, sondern von der

Stau und Föhn. Nord-Süd-Schnitt durch die Alpen mit Wolken- und Wettererscheinungen bei einer Südföhn/Südstaulage. Die Zahlenkolonnen geben in der Reihenfolge 1–4 die meteorologischen Werte eines die Alpen von Süd nach Nord überquerenden Luftpakets an. (Nach J. van Eimern, Wetter- und Klimakunde, Verlag Eugen Ulmer Stuttgart 1971.)

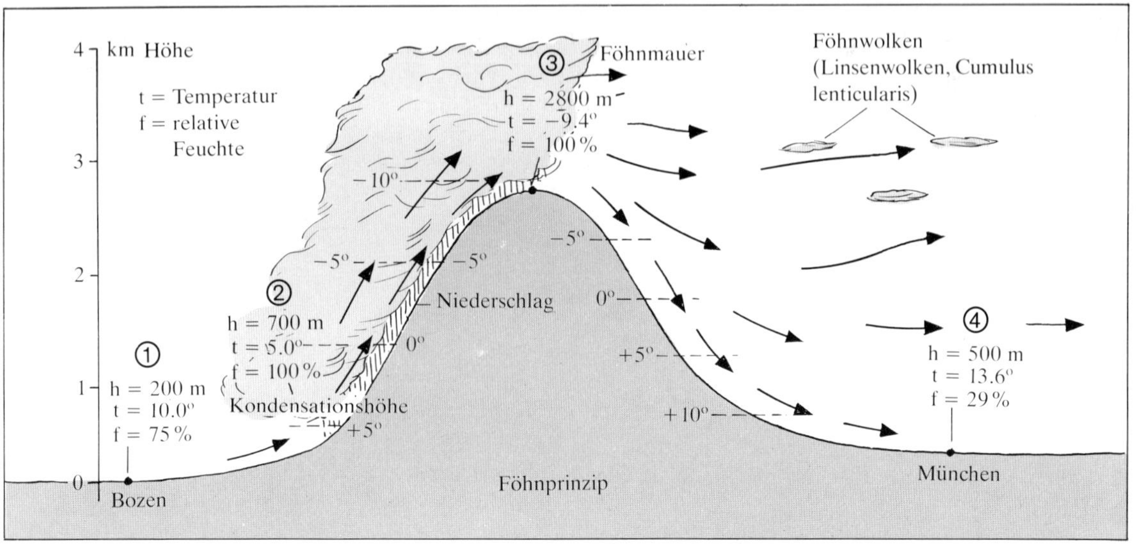

Blick bei Südföhn vom Südschwarzwald auf die 150 km entfernten Westalpen. Deutlich zu erkennen eine langgestreckte alpenparallele Wolkenlücke als Folge des Föhns.

Die über dem Bergland ortsfest stehenden Föhnwolken (Altocumulus lenticularis) sind das Abbild von Luftschwingungen auf der Leeseite der Föhnströmung. Föhn über dem Karwendel.

Richtung der diese Wetterlage auslösenden allgemeinen Luftströmung bestimmt. Bei Nordstau und Nordföhn besteht eine allgemeine Luftströmung aus dem Norden, bei Südstau und Südföhn eine Luftströmung aus dem Süden.

- Auf der Alpennordseite ist Föhn ein Südföhn, dem auf der Alpensüdseite ein Südstau gegenübersteht.
- Auf der Alpensüdseite bedeutet Föhn Nordföhn, gekoppelt mit Nordstau auf der Alpennordseite.

Föhnprinzip
Alle Wettererscheinungen bei Stau und Föhn sind die unmittelbare Folge einer *erzwungenen Überströmung des Gebirges.* Die Wettersituation sei am Beispiel einer Südstau/Südföhnlage näher erläutert. Es ergeben sich vier Phasen der Entwicklung beim Überströmen der Luft von der Alpensüdseite bis zur Alpennordseite.

1. Von Süden steigt die Luft zunächst trockenadiabatisch* auf, d.h. mit einer Abkühlung von 1° C/100 m. Sie erreicht in den unteren bis mittleren Hanglagen der Alpen das Kondensationsniveau*.
2. Von hier aus strömt die Luft unter ständiger Wolken- und Niederschlagsbildung weiter aufwärts. Es entsteht eine dichte, aufliegende Bewölkung, aus der es zu ununterbrochenem Regen oder Schneefall kommt. Durch die beim Aufsteigen freiwerdende Kondensationswärme* verringert sich dann die Abkühlung auf 0,5° C–0,7° C/100 m (feuchtadiabatischer* Gradient*). Beim Erreichen des Alpenhauptkamms hat die Luft einen größeren Teil ihres Wasserdampfes durch Ausregnen verloren, gleichzeitig ist sie nicht so kalt, als wenn sie ohne Kondensation aufgestiegen wäre.
3. Nach dem Überschreiten des Alpenkamms sinkt die Luft ab und erwärmt sich feuchtadiabatisch* bis zur Auflösung der Wolken. Es entsteht eine mächtige, häufig etwas über den Alpenhauptkamm nach Norden überhängende »Föhnmauer«.
4. Beim weiteren Absinken erwärmt sich die Luft trockenadiabatisch* mit 1° C/100 m. Mit der Erwärmung geht die relative Luftfeuchtigkeit rasch zurück, und die Luft kommt sehr trocken und relativ warm am Fuß der Nordalpen an. Sie hat jetzt, obwohl das Ausgangsniveau südlich der Alpen niedriger liegt, eine höhere Temperatur und deutlich geringere relative Luftfeuchtigkeit als zu Beginn. Die größere Wärme resultiert aus der beim Aufstieg freigewordenen Kondensationswärme*, die geringere relative Luftfeuchtigkeit ist zusätzlich das Ergebnis des Ausfällens des Wasserdampfes in den Niederschlägen der Luvseite*. Bei Föhneinbruch auf der Alpennordseite steigt die Temperatur an Ort und Stelle manchmal abrupt um über 10° C an, während die relative Luftfeuchtigkeit auf unter 20% sinken kann.

Begleiterscheinungen des Föhns
Charakteristisch für die Föhnseite der Alpen ist neben hohen Temperaturen und geringer Luftfeuchtigkeit meist eine *gute Fernsicht.* In der klaren Luft sind die Berge weithin in scharfen Konturen zu erkennen. Von den Bergen der Randketten aus sieht man deutlich die wulstige Föhnmauer des Hauptkamms.
Die absteigende Luftbewegung hat im Lee* alle Wolken bis auf einige alpenparallel angeordnete, scheinbar still stehende mittelhohe Wolkenfelder aufgelöst. Sie zeigen eine charakteristische Linsenform (*»Föhnfische«,* Altocumulus lenticularis) und sind somit wichtiges optisches Erkennungszeichen für eine Föhnsituation. Sie sind die Folge der im Lee* in größeren Höhen häufig eintretenden Luftschwingungen.
Die Windstärke des Föhns kann teilweise große Werte erreichen. An der Föhnmauer und den vorgelagerten freien Bergen steigert sich der alpenüberquerende Wind manchmal zum *Sturm.* Er bleibt auf seinem Abstieg bis zum Alpenrand böig und stark. Dies ist besonders dann der Fall, wenn er sich in quer aus den Alpen herausführende Täler ergießt (»Föhngassen«).

Begleiterscheinungen des Staus
Das Wetter auf der Stauseite ist aufgrund der *Dauerniederschläge* und der dichten, aufliegenden Wolkendecke besonders ungünstig. Die Wolken hüllen die Berge tief hinab in *Nebel* ein. Sind die Temperaturen in größeren Höhen genügend niedrig, so verwandelt sich dort der Regen in Schneefall. Anders als auf der Föhnseite sind die Windstärken im Luv* meist nur gering.

Ein von rechts nach links über das Gebirge streichender Luftstrom hat im Luv des Bergkamms zu lokaler Staubewölkung geführt. Im Lee-Vordergrund löst sie sich durch Föhneffekte wieder auf.

Lokalwinde der Alpen

Lokale Luv*- und Lee*-Effekte

Neben den großräumigen Stau- und Föhnerscheinungen spielen sich im Gebirge Luv* und Lee* auch im kleinräumigen Maßstab ab. Jedes Tal, jeder Gebirgszug kann für sich je nach Windverhältnissen und Luftfeuchtigkeit betroffen sein.

Wenn z. B. nach einem Schlechtwettereinbruch erste Aufhellungen auftreten, wird die lokale Wolkenverteilung an oberen Hängen und im Gipfelbereich von *kleinräumig erzwungenem Auf- oder Absteigen der Luft bestimmt.* Über steilen Talabschlüssen hält sich bei Anstau die teils zerrissene oder wulstartige, teils kompakte Bewölkung länger als in der Umgebung, wo Lee*-Effekte schon teilweise den Himmel freigeben.

Kanalisierung der Windrichtung

Durch steilwandige Täler und Bergzüge werden Winde in die Streichrichtung des Gebirgszuges »kanalisiert«.

Die Windstatistik zeigt stets eine starke *Bündelung der auftretenden Windrichtungen* in Richtung der Talachse. Aber auch im Gipfelniveau gibt es teilweise solche Windablenkungen.

- Der Wolkenzug in den verschiedenen Höhen und die lokalen orographischen* Verhältnisse ermöglichen dem Bergsteiger eine richtige Interpretation der örtlichen Windrichtung.

Düseneffekt

Teilweise noch bedeutsamer sind die dynamischen* Wirkungen des Gebirges auf die lokale Verteilung der Windgeschwindigkeit.

- Strömt Luft durch einen verengten Querschnitt, so beobachtet man im Bereich der engsten Stelle eine erhöhte Windgeschwindigkeit, teilweise sogar Sturm. Dieser Düseneffekt ist die Folge der Massenkontinuität der Luftströmung, die bewirkt, daß durch einen kleinen Durchlaß in der gleichen Zeit die gleiche Luftmenge hindurchströmt wie durch den stromaufwärts liegenden Luftraum.

■ Düseneffekte zeigen sich besonders an Scharten, Pässen und langen Graten oder Rücken. Jeder Gebirgsteil hat seine charakteristischen und teilweise gefährlichen Windecken. Vorherrschende Windrichtung und Gelände ermöglichen jeweils eine Abschätzung der windigsten Stellen.

Düseneffekte im Gebirge (Pfeilrichtung und Länge).

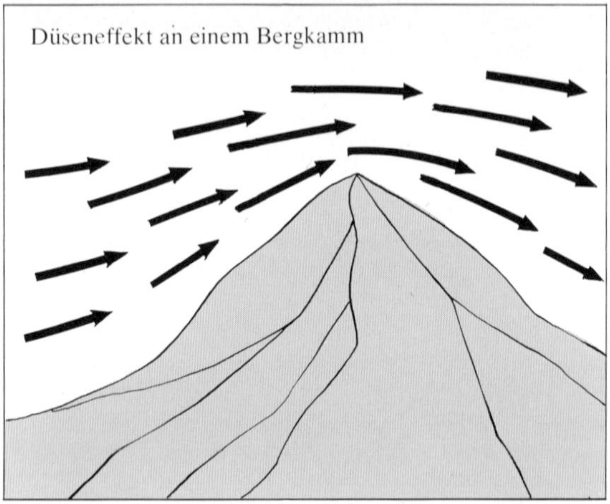

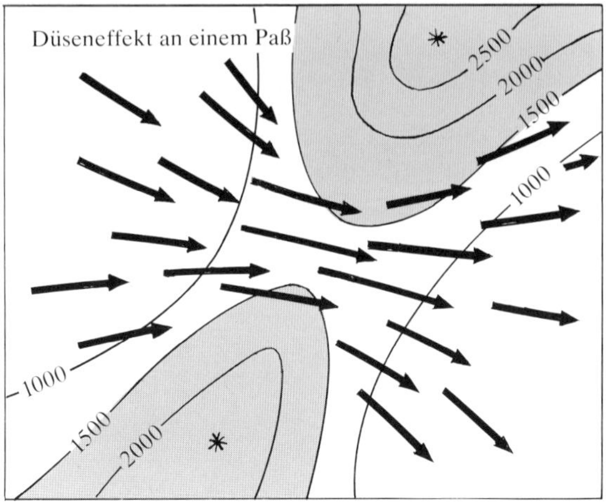

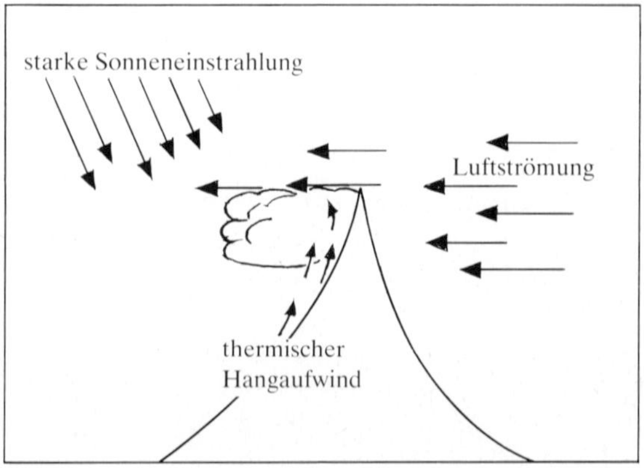

Die Entstehung von Sogwolken (»Rauchender Berg«).

Sogwolken

Weitgehend auf dynamische* Windwirkungen geht die Ausbildung von Sogwolken im Lee* steil abfallender Berge und Bergkämme zurück. Hier entsteht bei größeren Windstärken ein Unterdruck, der Luft von weiter unten ansaugt. Bei genügender Luftfeuchtigkeit führt dies zur Kondensation* und Ausbildung

Das Matterhorn als »rauchender Berg«. An seiner Südseite verschmelzen thermische Aufwinde und dynamischer Sogeffekt. Der auslösende Wind weht aus Nord.

unterschiedlich großer Wolkenfahnen *(»Rauchender Berg«)*. Wehen die Winde aus Nord, so verbindet sich der dynamische* Sogeffekt manchmal mit der durch Thermik* ausgelösten Wolkenbildung an der Südflanke des Berges.

Thermische Hangwinde

Thermisch ausgelöste lokale Winde entstehen an sonnenscheinreichen, ruhigen Tagen. Ihr Motor ist die im *Tag-/Nacht-Rhythmus* vor sich gehende Aufheizung und Abkühlung hangnaher Luft.

- Am Tag wird die hangnahe Luft mehr erwärmt als die in gleicher Höhe befindliche Talluft. Die höheren Temperaturen erzeugen eine geringere Luftdichte und somit einen Auftrieb. Die Warmluft steigt auf, es bildet sich ein *Hangaufwind**.
- Umgekehrt reagiert die Hangluft, wenn abends starke Abkühlung einsetzt. Die gegenüber der Umgebung jetzt schwerere Luft beginnt abwärts zu fließen, ein *Hangabwind** setzt ein.

Die bei Hochdrucklagen zwischen Mittag und Abend über den Hängen stehenden Haufenwolken (Cumulus) gehen auf die thermischen Hangaufwinde* zurück.

Berg*- und Talwinde*

Ebenfalls im Tag-Nacht-Rhythmus entwickeln sich die für das Gebirge typischen Berg*- und Talwinde*, die sich im Gegensatz zu den thermischen Hangwinden in ihrer Flußrichtung auf den Talgrund und den inneren Talquerschnitt beschränken. Ihre unmittelbare Ursache ist nicht die thermische Auftriebskraft*, sondern es sind die wechselnden horizontalen Luftdruckunterschiede zwischen Talschluß und Talausgang als Folge der im Tag-/Nacht-Rhythmus eintretenden Erwärmung der Luft.

- Tagsüber wird der insgesamt engere Talschluß stärker erwärmt als in gleicher Höhe der Talausgang, so daß sich im oberen Tal ein thermisches Tief herausbildet. Es saugt die Luft talaufwärts (Talwind*).
- Nachts dreht sich das Luftdruckgefälle um, die Luft fließt aus dem Tal heraus (Bergwind*).

Der Talwind* kann wie der Hangaufwind* zu Cumuluswolken führen. Laufen mehrere Täler an einem Gebirgsstock zusammen, so besteht hier eine verstärkte Neigung zur Haufenwolkenbildung. Solche Stellen sind gleichzeitig bevorzugte Gebiete für die Entwicklung von Wärmegewittern.

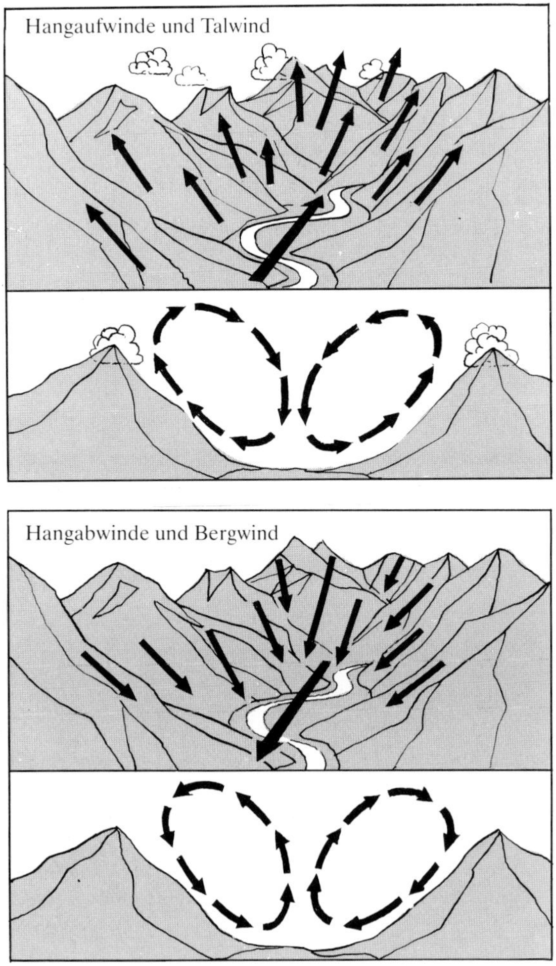

Thermische Hangwinde und Berg- und Talwinde als periodisch im Tag-/Nacht-Rhythmus wechselndes Zirkulationssystem. Frontalansicht und Querschnitt. Oben: Verhältnisse bei Tag. Unten: Verhältnisse bei Nacht.

Gletscherwinde

Über Gletschern und Schneefeldern beobachtet man häufig anhaltende Hangabwinde*. Der Luft wird durch den Kontakt mit der kalten Oberfläche ständig Wärme entzogen. So erneuert sich stets die flache Kaltluftschicht und sorgt für einen fortgesetzten Nachschub der abgleitenden Kaltluft.

Fernsicht im Gebirge

Grundbegriffe

Sieht man von *Erdkrümmung und Gebirgsgestalt* ab, wird die Sichtweite im Gebirge von drei Faktoren bestimmt: *Niederschlag, Wolkennebel und Dunsttrübung.*

Erdkrümmung und Gebirgsgestalt sind rein geometrische Gegebenheiten, die die Grenzen der möglichen Fernsicht abstecken. Herausragende Berge und relativ niedriges Gelände in der weiteren Umgebung sind Voraussetzungen für sehr weite Sicht. In der Regel sind Gipfel in über 200 km Entfernung bereits außerhalb des Sichtfelds.

- Der Sichtrückgang bei fallenden *Niederschlägen* wird von deren Art und Stärke bestimmt. Starker Dauerregen oder Schauer können die Sicht auf etwa 1 km herabsetzen. Schneefall bringt die größte Einschränkung der Sichtweite.
- Durch *Wolkennebel* kann die Sicht auf 50–100 m verringert werden. In extremen Fällen liegt die Sichtweite unter 10 m. Dies hängt von der Zahl und Größe der Nebeltröpfchen ab.
- Die Sichtminderung durch *Lufttrübung* ist im wesentlichen eine Frage der Menge der in der Luft befindlichen Dunstpartikelchen. Sie kann beträchtliche Schwankungen aufweisen. Von Einfluß ist auch hier die veränderliche Größe der einzelnen Teilchen. So sind Sichten von nur wenigen Kilometern möglich. Der Sichtrückgang durch Lufttrübung geht auf die *Streuung des Lichts an winzigen Partikeln* zurück. Das von einem entfernten Punkt kommende Licht wird von ihnen abgeschwächt und gleichzeitig vom gestreuten Licht der Umgebung, dem »*Luftlicht*«, überlagert.

Wolkenverteilung und Lufttrübung bestimmen wesentlich den Grad der Fernsicht im Gebirge. Auf diesem Bild ist die Luft außerhalb des Wolkennebels außerordentlich klar.

Lufttrübung und Fernsicht

Eine wichtige Rolle beim Zustandekommen unterschiedlicher Dunsttrübung spielen die *großräumigen Vertikalbewegungen der Luft.*

- Herrscht eine *allgemeine Absinkbewegung,* so bleiben die Dunstpartikelchen auf die Niederungen und tiefen Lagen konzentriert, die Sicht wird dort zunehmend schlechter. In der Höhe erzeugt die saubere, von oben absinkende Luft gute Sicht.
- *Steigt die Luft allgemein auf,* so dringen die trübenden Luftbeimengungen auch in die Gipfelbereiche des Gebirges vor. Die Sichtweite geht zurück, während sie in den Niederungen besser wird, da sich nun die Trübungsteilchen auf einen größeren Raum verteilen.

Bei Hangab*- und Bergwinden*, besonders aber bei Föhn ist die Fernsicht auch in den tiefen Lagen gut.

Entscheidenden Einfluß auf die Fernsicht hat auch die vertikale Luftschichtung.

- Bei *labiler Luftschichtung* oder starker Erwärmung bodennaher Luft infolge Sonneneinstrahlung gelangt die Luftverschmutzung mit der Thermik* in die Höhenlagen, was *Sichtverschlechterung* mit sich bringt. In den Niederungen nimmt die Sicht gleichzeitig zu.

Gesetzmäßigkeiten der Fernsicht

Zustand bzw. Vorgang	Gebirge	Niederung
großräumige Absinkbewegung der Luft	gute bis sehr gute Fernsicht	mäßige bis schlechte Fernsicht
großräumiges Aufsteigen der Luft	mäßige bis schlechte Fernsicht	mäßige bis gute Fernsicht
stabile Luftschichtung	gute bis sehr gute Fernsicht	mäßige bis schlechte Fernsicht
labile Luftschichtung	mäßige Fernsicht	mäßige bis gute Fernsicht
trockene Luft	gute bis sehr gute Fernsicht	mäßige bis gute Fernsicht
feuchte Luft	mäßige bis schlechte Fernsicht	mäßige bis schlechte Fernsicht
kalte Meeresluft, Polarluft	gute bis sehr gute Fernsicht	gute bis sehr gute Fernsicht
Festlandsluft, Warmluft	mäßige bis schlechte Fernsicht	mäßige bis schlechte Fernsicht
regional begrenzte Absinkbewegung (Föhn)	gute bis sehr gute Fernsicht	gute bis sehr gute Fernsicht

- Bei *stabiler Luftschichtung* oder einer ungenügenden Erwärmung bodennaher Luft unterbleiben die thermischen Aufwinde. *Die Sicht der Niederungen vermindert sich, in der Höhe bleibt die Sicht gut.* Besonders ausgeprägt sind diese Verhältnisse, wenn in der unteren Atmosphäre eine kräftige Temperaturinversion* besteht, die jeglichen vertikalen Luftaustausch unterbindet.

Vertikalbewegungen verändern die relative Luftfeuchtigkeit. Aufsteigen bedeutet adiabatische* Abkühlung und Zunahme der relativen Luftfeuchtigkeit, Absteigen adiabatische* Erwärmung und Abnahme der relativen Luftfeuchtigkeit.

- Eine eindeutige Änderung der relativen Luftfeuchtigkeit ist im Gebirge häufig ein Indikator für die sichtbestimmenden Vertikalbewegungen.
- Mit wachsender relativer Luftfeuchtigkeit quellen die Dunstpartikelchen außerdem auf, die Streuung des Lichts verstärkt sich. Umgekehrt verkleinert die relative Austrocknung die Trübungsteilchen und schwächt die Sichtminderung ab.

Zwei weitere atmosphärische Vorgänge bzw. Merkmale spielen eine größere Rolle beim Zustandekommen unterschiedlicher Fernsicht: *der Transport von Luftmassen aus anderen Gebieten* und die Veränderungen des Umfangs der *Luftbeimengungen durch fallende Niederschläge.*

- *Meeresluftmassen,* die ohne längere Landstrecke auf direktem Weg aus West bis Nord zu uns gelangen, sind aufgrund ihrer Herkunft relativ sauber und gleichzeitig verhältnismäßig kalt. Sie ermöglichen eine überdurchschnittlich gute Sicht.
- *Kontinentale und warme subtropische bzw. tropische Luftmassen* weisen von vornherein einen großen Gehalt von Trübungsteilchen auf, so daß ihre Sicht insgesamt geringer ist.
- Anhaltender und starker *Dauerniederschlag* sowie *Schauer* waschen Beimengungen der Atmosphäre aus und reinigen auf diese Weise die Luft.

Die Fernsichtverhältnisse im Gebirge

Jahresgang

Von Oktober bis Februar ist wegen vorherrschender stabiler Schichtung* die Zahl der Tage mit sehr guter Fernsicht rund viermal so hoch wie zwischen Mai und September. Charakteristisch für das Spätfrühjahr und die warme Jahreszeit ist eine häufige Dunsttrübung, die von einer labilen Schichtung* ausgelöst wird.

Tagesgang

Im Spätfrühjahr und Sommer hat die Fernsicht morgens infolge stabiler Schichtung* ihr Maximum erreicht und sinkt mit der Labilisierung und Erwärmung der Luft bis zum Mittag ab. Sie bessert sich erst wieder

Bei Hochdrucklagen wird das morgendliche Fernsichtmaximum und Bewölkungsminimum besonders deutlich. Eine Gipfelbesteigung zu früher Stunde ist dann ein großes Erlebnis. Blick auf die Rote Wand/Vorarlberg an einem Julimorgen.

Hier reicht das charakteristische Nebelmeer spätherbstlicher/winterlicher Hochdrucklagen noch bis in mittlere Höhenlagen. Darüber herrscht eine weite Fernsicht. Am Himmel Cirrus-Wolken. Blick von der Zugspitze nach Westen bei Sonnenuntergang.

gegen Sonnenuntergang. Im Spätherbst und Winter besteht wegen geringer Temperaturschwankungen fast kein Tagesgang der Sicht. Die bevorzugte Sicht in diesen Jahreszeiten bleibt auch tagsüber erhalten.

Hochdrucklage
Die Sichtverhältnisse werden in erster Linie durch die Absinkbewegungen innerhalb des Hochs beeinflußt. Die Sicht ist in den Höhenlagen des Gebirges gut bis sehr gut und wird in den tieferen Lagen durch eine Dunstschicht eingeschränkt.
Bei frischer Hochdrucklage befindet sich eine schwache *Dunstgrenze* meist noch in über 2000 m Höhe. Sie sinkt dann bis knapp unter das Hüttenniveau ab und verstärkt sich. *Spätherbstliche und winterliche Hochs* ermöglichen mit ihrer extrem stabilen Schichtung zusammen mit den noch kräftigeren und tiefer hinab reichenden Absinkbewegungen außergewöhnlich klare und anhaltende Fernsichten, während sich in den Niederungen der Dunst teilweise zu Nebel verdichtet.

Tiefdrucklage
Die aufsteigenden Luftbewegungen im Tief erzeugen bei dessen Annäherung einen charakteristischen *Sichtrückgang.* Die unteren Dunstschichten lösen sich auf, gleichzeitig wird das obere Sichtfeld zunehmend trüb. Dieser Vorgang wird nur bei vorübergehendem Föhn von erneuter Sichtbesserung unterbrochen. Im Kernbereich des Tiefs herrschen sichtbehindernde Bewölkung, Niederschläge und Dunst. *Rasche Sichtbesserung tritt auf der Rückseite des Tiefs ein,* wo absinkende Luftbewegung einsetzt und in der Regel kältere Meeresluftmassen einströmen. Schauer und vorangehende Dauerniederschläge unterstützen den Vorgang der Sichtbesserung ebenso wie die anschließende Abtrocknung der Luft.

Föhnlage
Die gute Fernsicht während einer Föhnlage ist das Ergebnis von zwei sichtverbessernden Faktoren: Auf der Luvseite* des Gebirges wird die aufsteigende Luft infolge der Dauerniederschläge ausgewaschen, auf der Leeseite* sinkt sie von der Kammhöhe herab und wird dabei zunehmend trockener. In den mittleren und tieferen Berglagen ist dieser Lee*-Effekt wegen der kräftigen abwärts gerichteten Föhnströmung am ausgeprägtesten, weshalb die Sicht hier auch am besten ist und dazu führt, daß man bei Föhn das Gebirge besonders von den Niederungen aus sehr klar erkennen kann.

Das Wetter im Wetterkartenmaßstab

Grundkenntnisse zum Verständnis der großräumigen Wetterentwicklung

Das folgende Kapitel vermittelt die Grundkenntnisse, die zum Verständnis der allgemeinen Wettervorhersage und zur Interpretation einer *Wetterkarte* notwendig sind.
Die Wetterentwicklung wird auch im Gebirge wesentlich von der großräumigen, aus der Wetterkarte ablesbaren *Wetterlage* bestimmt. Zu den wichtigsten Merkmalen einer Wetterlage gehören *Hoch- und Tiefdruckgebiete, Luftströmungen, Luftmassen und Luftmassenfronten.*

Luftdruck und Luftströmungen

Zwischen Luftdruckverteilung und Luftströmungen bestehen enge Verknüpfungen. *Luftströmungen sind an die horizontale Verteilung des Luftdrucks gebunden,* dessen Verteilung und Veränderung wiederum eng mit dem Verhalten des Windfeldes zusammenhängt.

Die Ursachen hohen und tiefen Luftdrucks
Hoch- und Tiefdruckgebiete zeigen eine unterschiedliche *Massenverteilung der Atmosphäre* an. Bei hohem Luftdruck ist das Gewicht der auf der Erde lastenden Luftsäule größer als bei niedrigem Luftdruck. *Die Ursachen hierfür können thermischer oder dynamischer* Natur sein.*

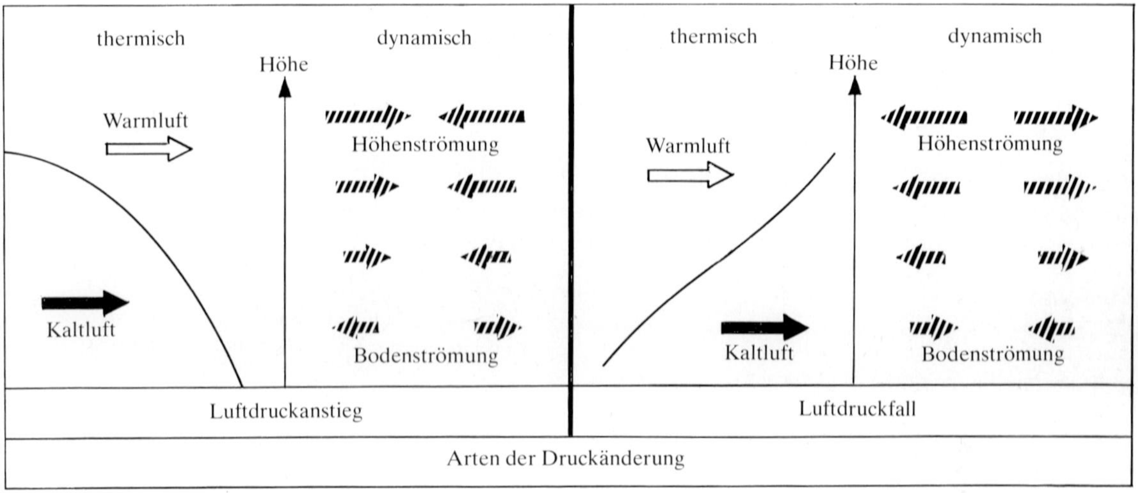

Die Luftdrucktendenz und ihre Ursachen.

- Kalte Luft besitzt eine große Luftdichte. Vom Wind herangeführte Kaltluft läßt also den Luftdruck ansteigen, während einfließende Warmluft durch ihr geringeres Gewicht Luftdruckfall erzeugt.
- Der Aufbau hohen oder tiefen Luftdrucks ist auch dadurch möglich, daß die Luftströmungen Luft in einem Gebiet anhäufen oder abtragen, vergleichbar der Entstehung von Wellenbergen und -tälern im Meer. Hier spielt also die Lufttemperatur keine Rolle.

Großräumige Wetterbeobachtungen zeigen, daß *Hoch- und Tiefdruckgebiete hauptsächlich dynamisch** verursacht werden und somit eher dem Bild großflächiger Wellenberge und Wellentäler entsprechen, die mit ausgedehnten wirbelartigen Luftströmungen verbunden sind, deren Winde sich aus den einwirkenden Kräften ergeben.

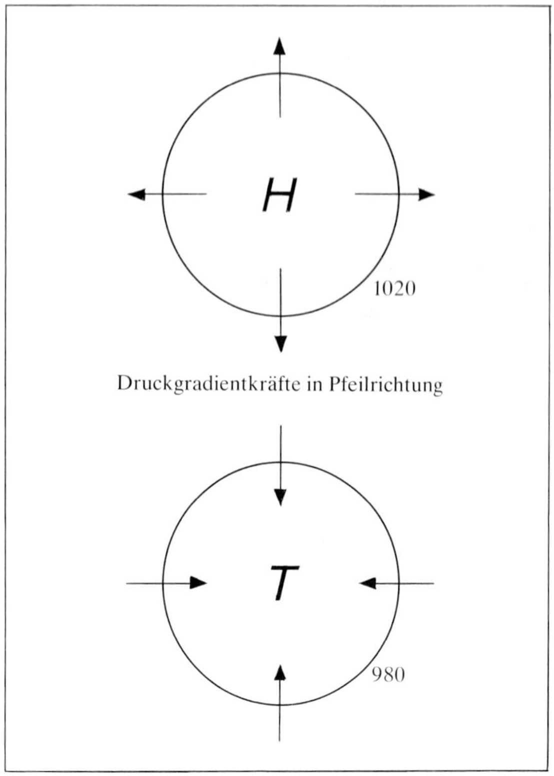

Druckgradientkräfte bewegen die Luft in Richtung des Druckgefälles.

Entstehung der Winde

An der Entstehung von Winden und Luftströmungen sind hauptsächlich drei verschiedene Kräfte beteiligt:

- Druckgradientkraft*,
- Corioliskraft*,
- Reibungskraft.

Druckgradientkraft*

Luft hat das Bestreben, vom Gebiet hohen Luftdrucks zum tiefen Luftdruck zu fließen und somit einen *Ausgleich der Druckunterschiede* herbeizuführen. Die in dieser Weise zutage tretende Kraft wird als Druckgradientkraft* bezeichnet.

- Die Größe der Druckgradientkraft* wächst mit dem horizontalen Druckgefälle: Ihre Richtung steht senkrecht zu den *Isobaren** und zeigt in den tiefen Luftdruck hinein.

Corioliskraft*

Jeder Körper, so auch ein Luftkörper, versucht aufgrund der Trägheit der Masse, Geschwindigkeit und Richtung der Bewegung beizubehalten (Trägheitskraft*).

Deutung der Corioliskraft auf der rotierenden Erde.

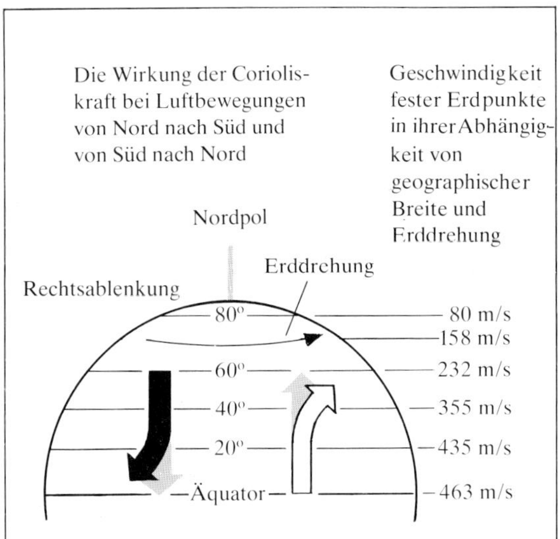

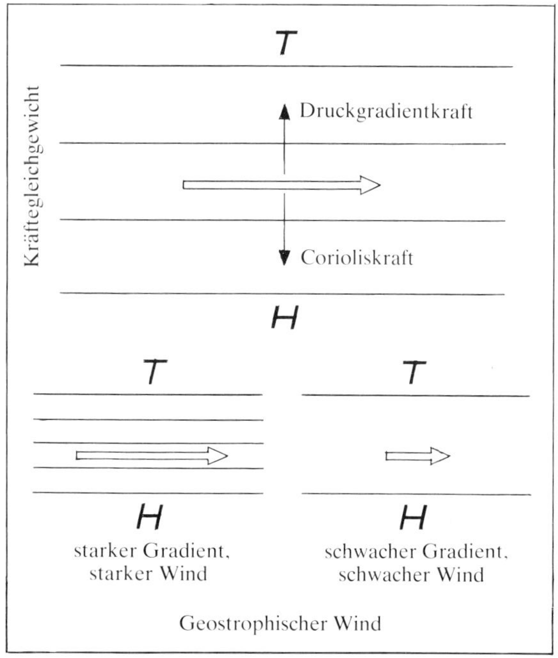

Der geostrophische Wind als Kräftegleichgewicht von Druckgradient- und Corioliskraft. Der Zusammenhang von Isobarenabstand und Windgeschwindigkeit.

Bewegt sich z. B. Luft vom Äquator nordwärts, so nimmt sie infolge der Trägheit die hohe Geschwindigkeit des Äquators (463 m/s) nach Norden mit. Wegen der Abnahme der Oberflächengeschwindigkeit zum Nordpol hin scheint sie nach Osten vorzulaufen. Sie wird nach rechts abgelenkt. *Die rechtsablenkende Kraft der Erdrotation* wird als Corioliskraft* bezeichnet.

Geostrophischer Wind*, Gradientwind*

Druckgradientkraft* und Corioliskraft* streben in der Atmosphäre ein Kräftegleichgewicht an, das in einer geradlinigen, *isobarenparallelen Luftströmung* resultiert. Der so entstehende Wind heißt geostrophischer* Wind. Annähernde Gleichgewichtsströmungen beobachten wir in der von der Reibungskraft unbeeinflußten mittleren und höheren Troposhäre* (»freie Atmosphäre«). Bei krummlinigen Isobaren spielt im Kräftegleichgewicht die Zentrifugalkraft zusätzlich eine gewisse Rolle. In diesem Fall heißt der Wind Gradientwind*. Allgemein gilt für die höheren Luftschichten:

- Der Wind weht parallel zu den Isobaren*, und zwar so, daß in Windrichtung gesehen der hohe Luftdruck rechts und der tiefe Luftdruck links liegt. Die Windstärke wächst mit zunehmendem horizontalen Druckgradienten* bzw. mit Verkleinerung des Isobarenabstands.
- Ein Hoch wird von der Luft im Uhrzeigersinn, ein Tief entgegengesetzt dem Uhrzeigersinn umströmt.

Der Gradientwind als Kräftegleichgewicht von Druckgradient-, Coriolis- und Zentrifugalkraft. Das Windgesetz in Hochs und Tiefs.

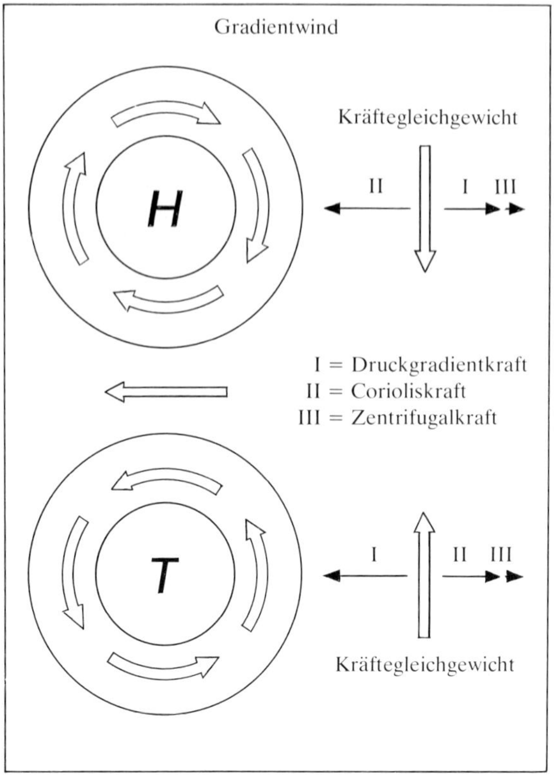

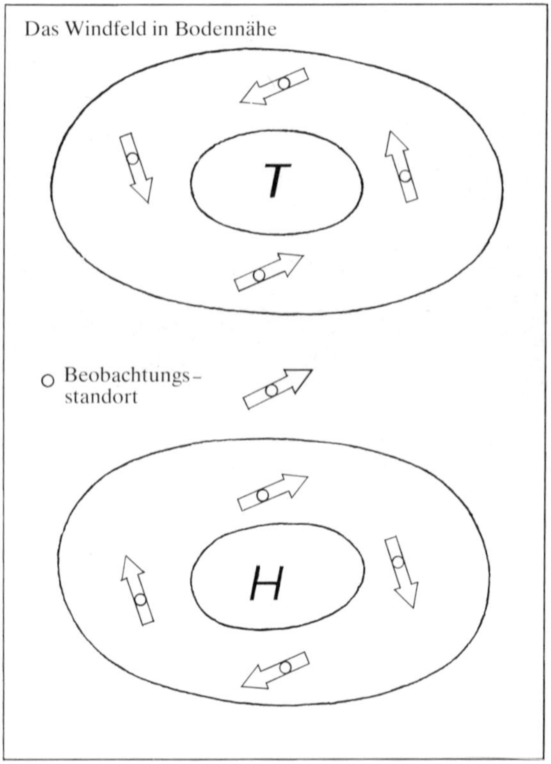

Strömungsverhältnisse in Erdbodennähe. Windrichtung und Lage von Hochs und Tiefs aus der Sicht eines Beobachters.

Tiefs und Hochs sind demnach von einem großräumigen Luftdruckwirbel begleitet, den man beim Tief Zyklone*, beim Hoch Antizyklone* nennt.

Reibungskraft, Bodenwind

Die Bodenreibung bewirkt in den unteren 500–1500 m über der Erde eine gewisse Ablenkung des Windes von der isobarenparallelen Strömung und eine Abnahme der Windgeschwindigkeit. *Die Luft strömt im flachen Winkel über die Isobaren* hinweg in den tiefen Luftdruck hinein.* Die großräumigen Windfelder von Hoch und Tief erhalten durch die Reibungskraft in den unteren Luftschichten eine leicht spiralige Form der Wirbelbewegung.

Aus Wind- und Wolkenzugsbeobachtungen kann der Bergsteiger die Lage von Hochs und Tiefs ableiten:
Bei südlichem bis südöstlichem Wind liegt das Hoch im Osten oder das Tief im Westen.
Bei westlichem bis südwestlichem Wind befindet sich das Hoch im Süden oder das Tief im Norden.
Bei nördlichem bis nordwestlichem Wind ist das Hoch im Westen oder das Tief im Osten.
Bei östlichem bis nordöstlichem Wind ist das Hoch im Norden oder das Tief im Süden.

Luftströmungen und Luftmassen
Infolge des großen Umfangs der meisten Hoch- und Tiefdruckgebiete verfrachten die Luftströmungen Luftmassen über große Entfernungen hinweg. Im Ursprungsgebiet der Luftmassen, meist im Bereich der windschwächeren Hochs, prägen sich ihre Eigenschaften, die sie dann als Warmluft oder Kaltluft, feuchte oder trockene Luft, kennzeichnen.
Für den Alpenraum und Mitteleuropa wichtig sind hauptsächlich vier verschiedene Luftmassen:

Meeresluft
Sie ist feucht und gelangt aus westlichen Richtungen zu uns. Wegen der jahreszeitlich wechselnden thermischen Verhältnisse von Meer zu Land – das Meer ändert seine Temperaturen wenig, das Land sehr stark von Winter zu Sommer – ist *Meeresluft im Sommer relativ kühl, im Winter relativ mild.*

Herkunft und Weg prägen den Charakter der für Mitteleuropa wichtigen Luftmassen.

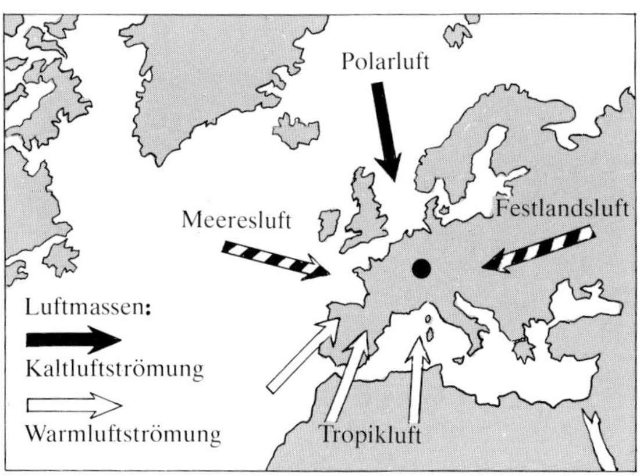

Polarluft
Sie strömt mit nördlichen Winden ein und ist zu allen Jahreszeiten eine *Kaltluftmasse.* Ihr Feuchtigkeitsgehalt ist mäßig hoch.

Festlandsluft
Sie erreicht uns aus östlichen Richtungen. Ihr Feuchtigkeitsgehalt ist relativ gering. Im Gegensatz zu den Meeresluftmassen sind sie *im Sommer warm, im Winter extrem kalt.*

Tropikluft
Sie stammt aus südlichen Breiten (Mittelmeer, Azoren) und ist daher stets *Warmluft.* Ihr Feuchtigkeitsgehalt schwankt je nach aktueller Wetterlage.

Tiefdruckgebiete

Entstehung eines Tiefs
Die großräumigen Tiefdruckgebiete verdanken ihre Entstehung der *Verwirbelung nebeneinander lagernder kalter und warmer Luftmassen.* Die meisten Tiefs bilden sich an der Grenzlinie zwischen polaren und tropischen Luftmassen, der sogenannten *Polarfront.*
Die Entwicklung aus kleinen Anfängen bis zum ausgewachsenen *Tiefdruckwirbel (Zyklone*)* durchläuft mehrere Phasen in einem Zeitraum von ca. 3–4 Tagen. Es lassen sich nach dem Zyklonenmodell* im wesentlichen vier Entwicklungsphasen unterscheiden:

Phase 1
Ausbildung einer wellenförmigen Deformation der Polarfront, die in der Regel in eine westliche Strömung eingebettet ist. Die Warmluft dringt im vorderen Teil der Welle nordostwärts gegen die Kaltluft vor, wo sich eine *Warmfront* formiert. Im hinteren Teil der Welle bricht die Kaltluft längs einer *Kaltfront* in den Warmluftbereich ein. Am Scheitel der Welle beginnt der Luftdruck zu fallen.

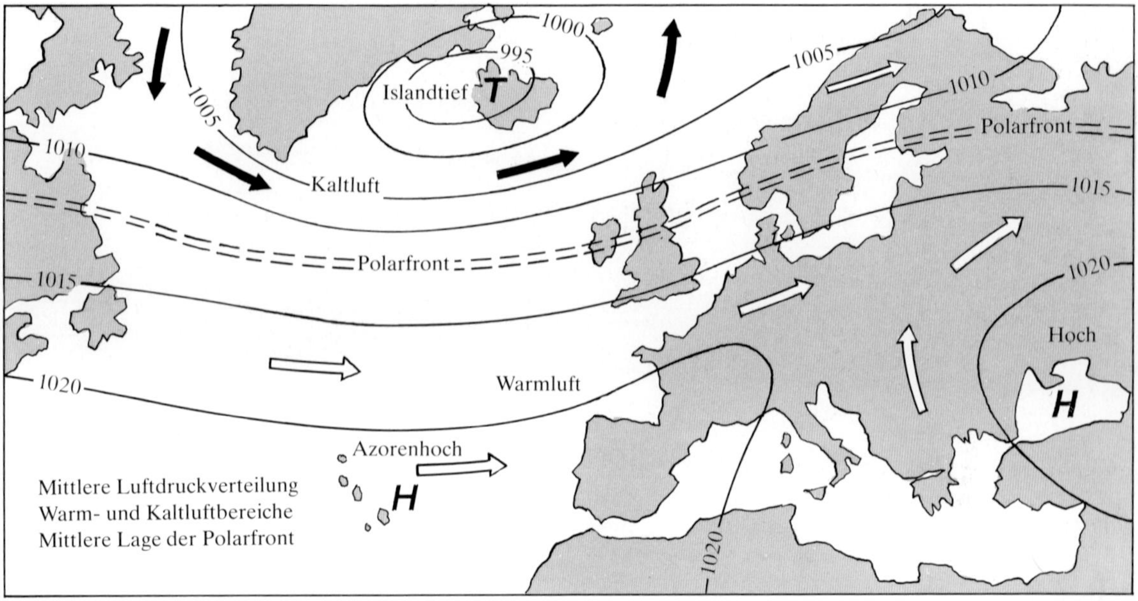

Im Mittel befindet sich die Grenze zwischen polarer Kaltluft und tropischer bzw. subtropischer Warmluft (»Polarfront«) über Nordeuropa und dem Nordatlantik. Sie ist eingebettet in das Feld der mittleren Luftdruckverteilung von Azorenhoch im Süden und Islandtief im Norden. Die aktuelle Wetterlage kann von dieser Normalverteilung aber wesentlich abweichen.

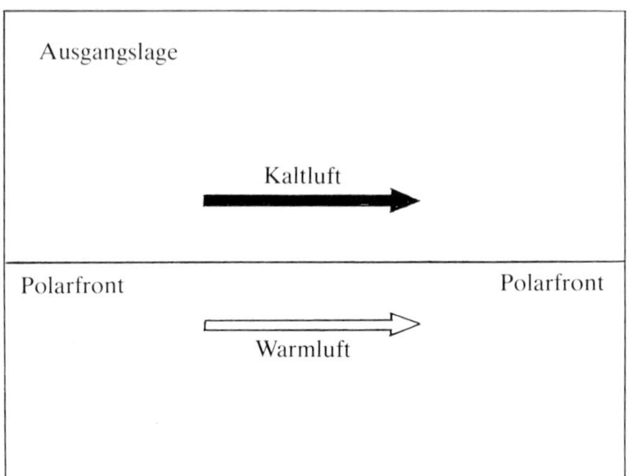

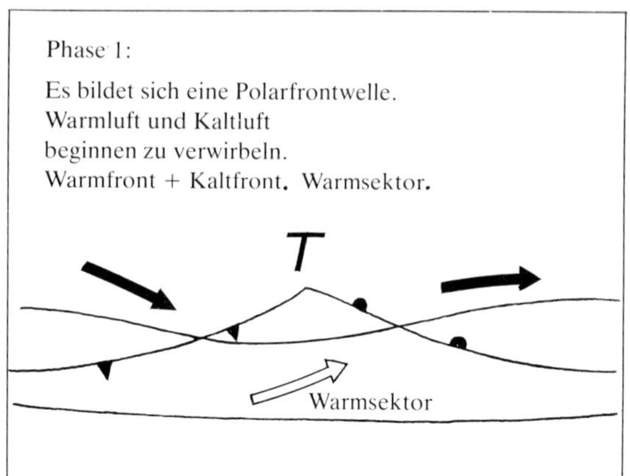

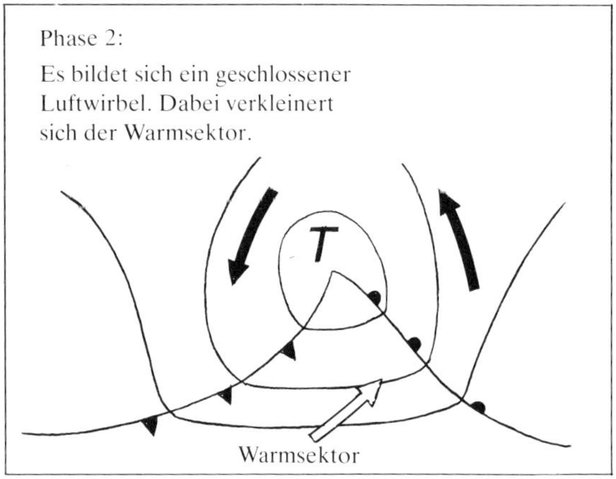

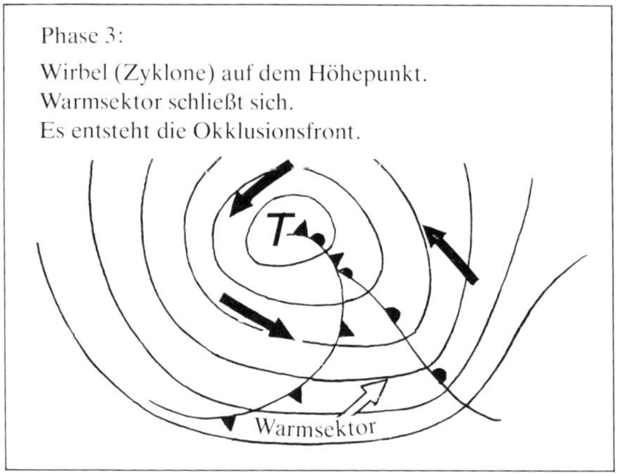

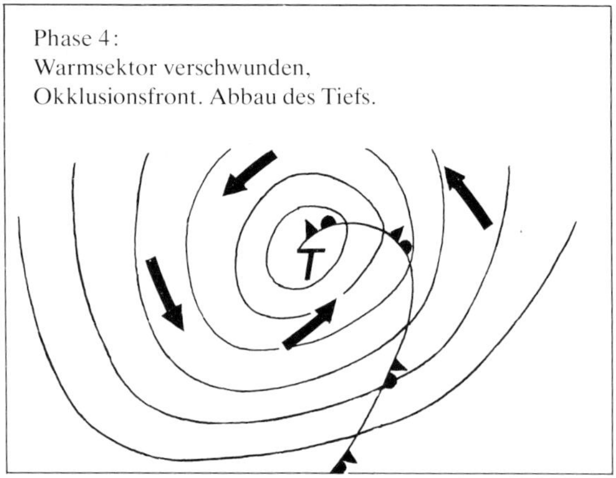

Phase 2
Die Polarfront steilt sich weiter auf. *Zwischen Warmfront und Kaltfront bildet sich ein deutlicher Warmsektor heraus.* Der Luftdruck am Scheitel der Welle fällt weiter, es erscheint im Wetterkartenbild *ein abgeschlossenes Tief,* erkennbar an den umlaufenden Isobaren*. Das Tief wandert in dieser Phase rasch ostwärts.

Phase 3
Tief bzw. Zyklone gewinnen im Druck- und Strömungsfeld mächtig an Umfang.* Ihre Wanderungsgeschwindigkeit wird nun aber langsamer. Die im Tief befindliche Kaltfront holt die vor ihr liegende Warmfront nach und nach ein, beginnend im Kernbereich des Tiefs. Durch diesen Zusammenschluß von Kaltfront und Warmfront (Okklusionsprozeß*) entsteht eine *Okklusionsfront**. Der Warmsektor verkleinert sich dadurch weiter.

Phase 4
Das Tief hat seinen Höhepunkt erreicht und wird nun ortsfest. Mit dem weiteren Okklusionsprozeß* verschwindet der Warmsektor völlig. Somit gleichen sich die horizontalen Temperaturgegensätze, die zur Tiefdruckentwicklung geführt haben, weitgehend aus. Unterstützt durch die Wirkung der Reibungskräfte setzt jetzt der *Abbau des Tiefs* ein, der sich unterschiedlich lange hinziehen kann.

Aufbau eines Tiefs
Die Wetterverteilung eines Tiefs sei anhand eines Querschnitts durch Warmfront, Warmsektor und Kaltfront näher erläutert.

- Warmfront und Kaltfront teilen ein Tief in drei Bereiche: die Vorderseite vor der Warmfront, den Warmsektor zwischen Warmfront und Kaltfront und die Rückseite hinter der Kaltfront.

Vorderseitenwetter und Warmfront
Im Bereich der Vorderseite spielen sich alle Wettererscheinungen ab, die mit der Annäherung einer Warmfront verbunden sind.

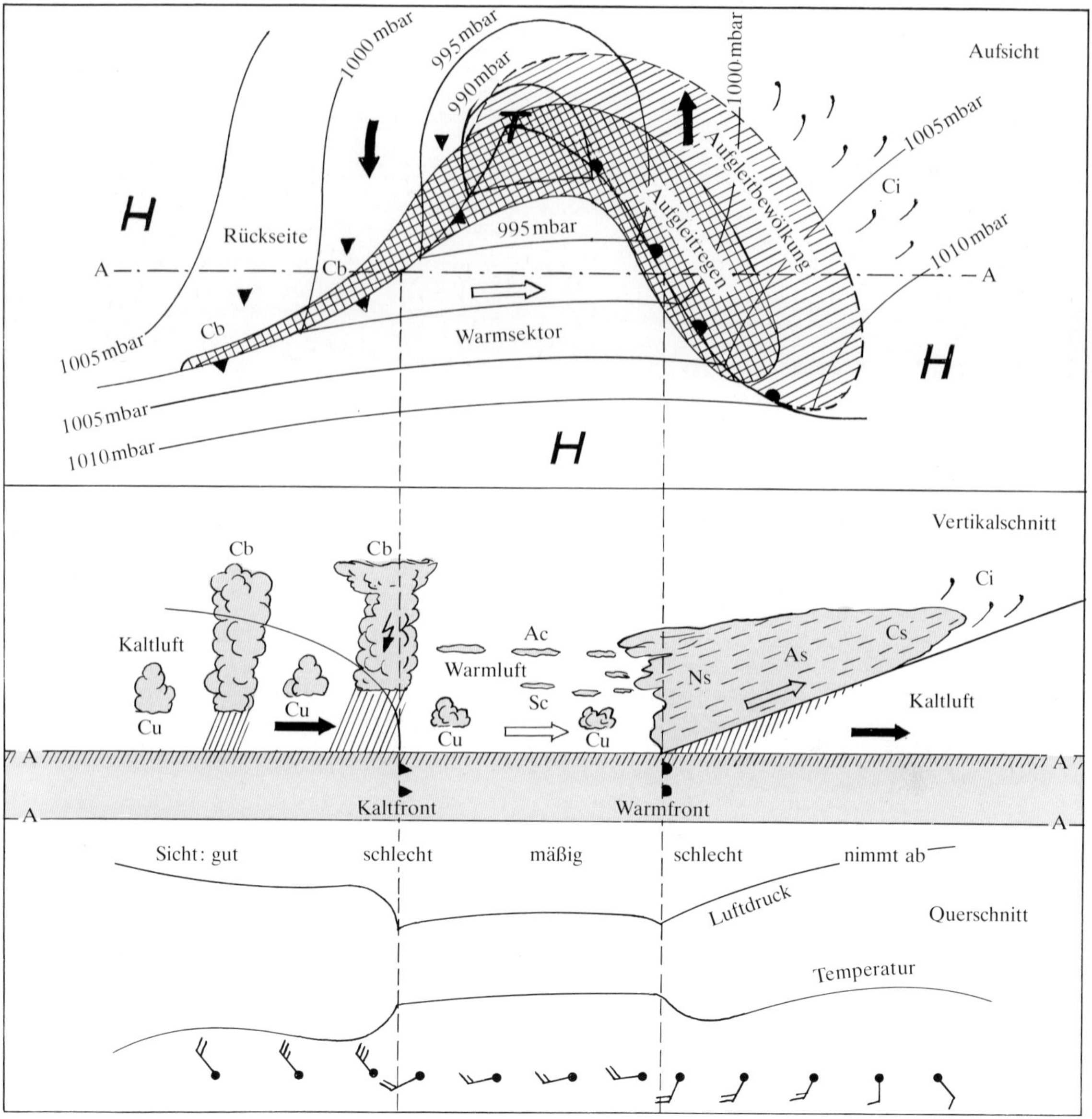

Schema des Aufbaus eines Tiefs (Zyklone) im Warmsektorstadium. Oben: Aufsicht Warmfront, Warmsektor, Kaltfront, Frontbewölkung und Frontniederschläge (Rasterung) sowie Isobaren und Rückseitenschauer. Mitte: Vertikalschnitt längs der Linie A. Unten: Verlauf von meteorologischen Größen längs der Linie A: Sichtweite, Luftdruck, Temperatur, Wind. (Nach Allgemeine Meteorologie, Leitfäden für die Ausbildung im Deutschen Wetterdienst.)

- Charakteristisch für die Warmfront ist die *schichtenförmig angeordnete Aufgleitbewölkung* (stratiforme* Bewölkung). Dem keilförmigen, bis zu 1000 km vorgreifenden *Wolkenschirm,* der an seinem Rand eine Höhe von 8–12 km aufweist und sich zum Warmsektor hin verdickt, entspricht eine typische Reihenfolge der Wolkenform. Dem dünnen, faserigen *Cirrus* folgt der schleierförmige, etwas dickere Cirrostratus, der kompakte Altostratus und schließlich die mächtige Schicht des Nimbostratus.
- Rund 100–300 km vor der Frontlinie setzt *Dauerniederschlag* ein, der hauptsächlich aus dem Nimbostratus fällt. Der Niederschlag *(»Landregen«)* erstreckt sich als *breites Band* östlich der ganzen Warmfront bis hin zum Tiefkern.
- *Der Luftdruck erniedrigt sich vom Rand des Tiefs bis zur Warmfront,* und zwar um so stärker, je näher man sich an der Warmfront befindet.
- Die Temperatur zeigt in Bodennähe zunächst keine stärkeren Änderungen, sie erhöht sich erst mit Übergreifen der Warmfront.
- *Der Wind dreht auf südliche bis südwestliche Richtungen und frischt allmählich auf.*
- *Die Fernsicht verringert sich* und wird mit einsetzendem Niederschlag ausgesprochen schlecht.

Wetter im Warmsektor

Der Warmsektor ist weitgehend niederschlagsfrei. Am Himmel erscheinen außer den tiefen Stratocumulus und Cumulus einzelne mittelhohe Altocumulus- und Altostratusfelder, mitunter auch hoher Cirrus. Die Temperatur ist in Bodennähe angestiegen, der Wind weht mit mittlerer Stärke aus Südwest. Der Luftdruck zeigt nur geringe Tendenzen, die Sichtweite ist mäßig.

Rückseitenwetter und Kaltfront

Die Wettererscheinungen der Kaltfront sind auf ein relativ schmales, manchmal weniger als 100 km breites Band beschränkt. Dafür sind sie heftiger und intensiver. *Die Kaltfront ist die wettermäßig aktivste Zone des Tiefs.*

- Die Kaltfront ist hauptsächlich durch stark quellende Haufenwolken (cumuliforme* Bewölkung) gekennzeichnet. An der deutlich steileren (aktiveren) Kaltfrontfläche bricht die Kaltluft in die Warmluft ein und verdrängt sie unter raschem Aufsteigen nach oben. *Die Kaltfrontbewölkung erscheint als Wolkenwand mit Cumulus und Cumulonimbus.*
- Aus den Cumulonimbuswolken kommt es zu kräftigen, häufig schauerartigen Niederschlägen. Im Sommer sind sie teilweise von starken *Gewittern* begleitet.
- Der *Luftdruck,* der unmittelbar vor der Kaltfront nochmals absinkt, beginnt mit Einbrechen der Kaltluft steil anzusteigen.
- Die *Temperatur* fällt abrupt um manchmal mehrere Grade ab.
- Der *Wind* frischt böig, teilweise stürmisch auf und dreht sprunghaft auf West bis Nordwest.

Hinter der Kaltfront, im Bereich der Rückseite des Tiefs, reißt die Bewölkung schnell auf.

- Es folgen rasch wechselnde Cumulus- und Cumulonimbuswolken. Aus ihnen entwickeln sich noch einzelne *Schauer.* Der Grad der Wolkenbedeckung schwankt ständig. Im weiteren Verlauf verflachen die Cumuluswolken zusehends.
- Die *Temperatur* sinkt teilweise noch weiter ab.
- Der *Luftdruck* steigt jetzt weniger rasch an, unterbrochen von kurzfristigen Druckschwankungen.
- Die *Sichtweite* ist mit Ende des Kaltfrontniederschlags und Aufbrechen der Bewölkung schlagartig besser geworden.

Vertikalbewegungen im Tief

Die allgemeine Regel, daß in einem Tiefdruckgebiet Wolken und Niederschläge vorherrschen, ist hauptsächlich auf die Wirkung der Luftmassenfronten zurückzuführen. Warmfront und Kaltfront sind die eigentlichen Schlechtwetterzonen des Tiefs. *In ihrem Bereich beobachtet man verbreitetes Aufsteigen der Luft mit Kondensation* der Feuchtigkeit.* Dieses Bild wird allerdings im Gebirge durch *Stau* und *Föhn* modifiziert. Die *Schauer* der Rückseite des Tiefs, die je nach spezieller Wetterlage unterschiedlich ausgeprägt sein können, verkörpern räumlich begrenzte Aufwärtsbewegungen, ausgelöst von der dortigen labilen Luftschichtung.

Einen gewissen Anteil an den Schlechtwetter produzierenden Luftbewegungen des Tiefs hat auch die spiralige Struktur der Luftströmung. Das reibungsbedingte Einfließen von Luft in das Tief verursacht in den unteren Schichten einen Luftstau. Luft weicht nach oben aus und erzeugt zusätzliche schwache Aufwärtsbewegungen.

Hochdruckgebiete

Entstehung eines Hochs

Im Gegensatz zur raschen Entwicklung eines Tiefs verläuft *die Entstehung eines Hochs in ruhigeren Bahnen* und ist nicht das Ergebnis einer aktiven Verwirbelung unterschiedlich temperierter Luftmassen, sondern mehr das passive Folgeprodukt der allgemeinen Luftzirkulation. Hochs entwickeln sich in der Regel aus *Hochdruckkeilen,* die jeweils den wandernden Tiefs nachfolgen. Da sie die kalte Rückseite der Tiefs nach Westen hin begrenzen, sind die Hochdruckkeile teilweise thermischer Natur. In der Entwicklung zum abgeschlossenen Hoch tritt der dynamische* Luftdruckanstieg als Folge eines horizontalen Luftstaus in den höheren Troposphärenschichten* immer mehr in den Vordergrund.

Winde und Temperaturverteilung

Hochs zeigen fast durchweg einen größeren Abstand der Isobaren* und geringere Windstärke als die Tiefs. Das Fehlen hochdruckspezifischer Luftmassenfronten spiegelt sich in relativ geringen horizontalen Temperaturgegensätzen wider.

- In einem voll entwickelten Hoch sind die Temperaturunterschiede gleitend, ohne jegliche Sprünge. Die tiefsten Temperaturen herrschen meist an der Ostflanke in der nördlichen Strömung, die höchsten Temperaturen an der Westflanke in der südlichen Strömung. Für die Nord- und Südflanke eines Hochs gelten keine festen Temperaturregeln.

Vertikalbewegungen im Hoch

Die Schönwetterverhältnisse des Hochs sind die unmittelbare Folge der Absinkbewegungen der Luft. Die mit ihnen verbundene adiabatische* Erwärmung (Luftpumpeneffekt) löst die Wolken weitgehend auf und verringert die relative Luftfeuchtigkeit.
Verantwortlich für die Absinkbewegungen ist vor allem der horizontale Luftstau der höheren Troposphärenschichten*. Die Luft weicht nach unten aus und erzeugt die Vertikalbewegung.
Die Vertikalbewegungen werden durch reibungsbedingte Luftströmungen über die Isobaren* hinweg innerhalb der unteren Luftschichten verstärkt. Luft fließt aus dem Hoch heraus und saugt im Inneren des Hochs Luft aus der Höhe an.

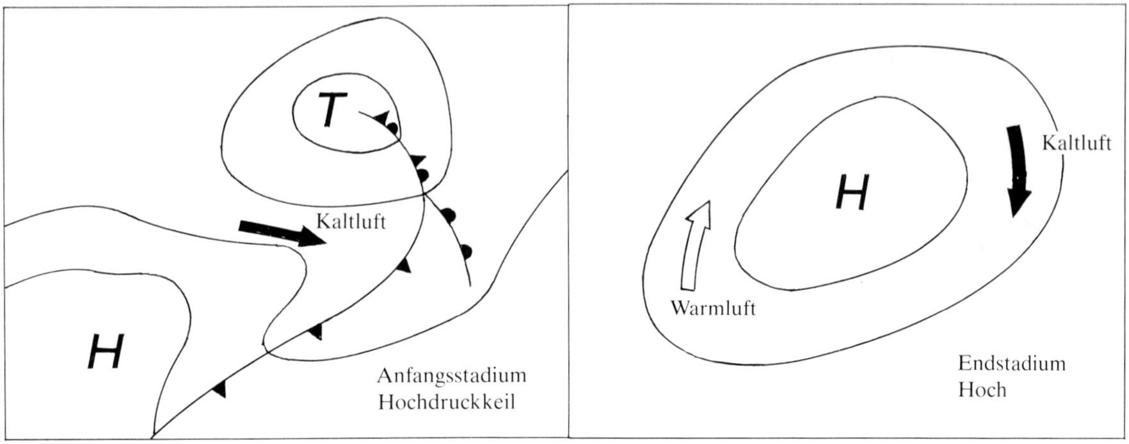

Die Entstehung des Hochs aus einem Hochdruckkeil.

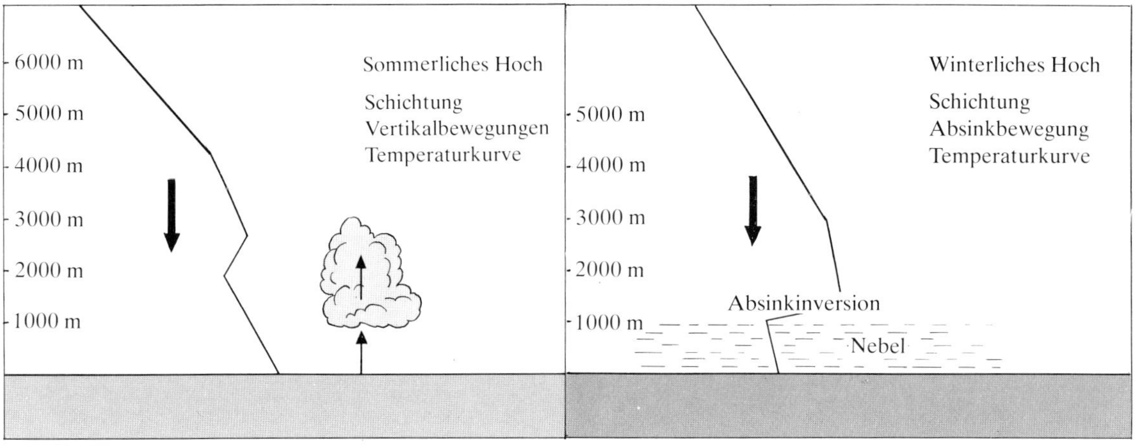

Luftschichtung

Eine stetig absteigende Luftbewegung erhöht adiabatisch* die Temperatur, verändert und stabilisiert die vertikale Luftschichtung.

Im Winter reicht die Absinkbewegung besonders tief hinab. Der stabilisierende Effekt konzentriert sich hauptsächlich auf die unteren Luftschichten. Dort bildet sich ein Absinkinversion* aus. Es wird durch strahlungsbedingte Abkühlung der bodennahen Luft weiter verschärft.

Im Sommer findet man die hochdruckspezifische stabile Schichtung* hauptsächlich in Höhen von 1500–3500 m. Die Absinkinversion* ist jetzt weniger markant, zumal die Sonneneinstrahlung im Sommer die Luft anders als im Winter in den unteren Schichten stetig aufheizt.

- In winterlichen Hochs zeigt die tiefe Absink*- und Strahlungsinversion* *Temperatursprünge bis zu 10° C.*
- Die bei der sommerlichen Schichtung* auftretenden vereinzelten Wolken sind relativ flache Cumuli, die im Tag-/Nacht-Rhythmus entstehen und vergehen.

Am Westrand des Hochs, wo die Luft insgesamt am wärmsten ist, erscheint die stabile Schichtung* am wenigsten ausgeprägt. Hier können im Sommer die Haufenwolken stärker aufquellen und sich vereinzelt Wärmegewitter ausbilden.

Wanderung von Hoch- und Tiefdruckgebieten

Die Bewegung von Hoch- und Tiefdruckgebieten ist nach Richtung und Geschwindigkeit sehr unterschiedlich. Es gibt schnell wandernde und ortsfeste Tiefs und Hochs.

Im folgenden seien einige Regeln für die Wanderung der Hoch- und Tiefdruckgebiete genannt:

- Die Verlagerung von Tiefs und Hochs wird überwiegend von den Luftströmungen der mittleren und hohen Troposphäre* bestimmt.
- Wegen der meist westlichen Höhenwinde wandert *die Mehrzahl der Tiefs und Hochs von West nach Ost.*
- Die Wanderungsgeschwindigkeit nimmt mit der Höhenströmung zu und ist bei kleineren Hochs und Tiefs am ausgeprägtesten.
- *Ausgedehnte Tiefs und Hochs liegen meist fest oder wandern nur langsam.*
- Mittelgroße Tiefs erreichen in 24 Stunden etwa die Position des vorhergehenden Hochs oder Hochdruckkeils und umgekehrt.
- Warm- und Kaltfronten ziehen meist in Richtung der Isobaren*, die die Fronten schneiden. Dabei sind Kaltfronten im allgemeinen schneller als Warmfronten.

Tiefs und Hochs im Satellitenbild

Die Struktur von Tiefs und Hochs erkennt man am besten anhand von Wettersatellitenbildern.
Ein Beispiel bietet die Wetterlage vom *17. Juli 1980.*

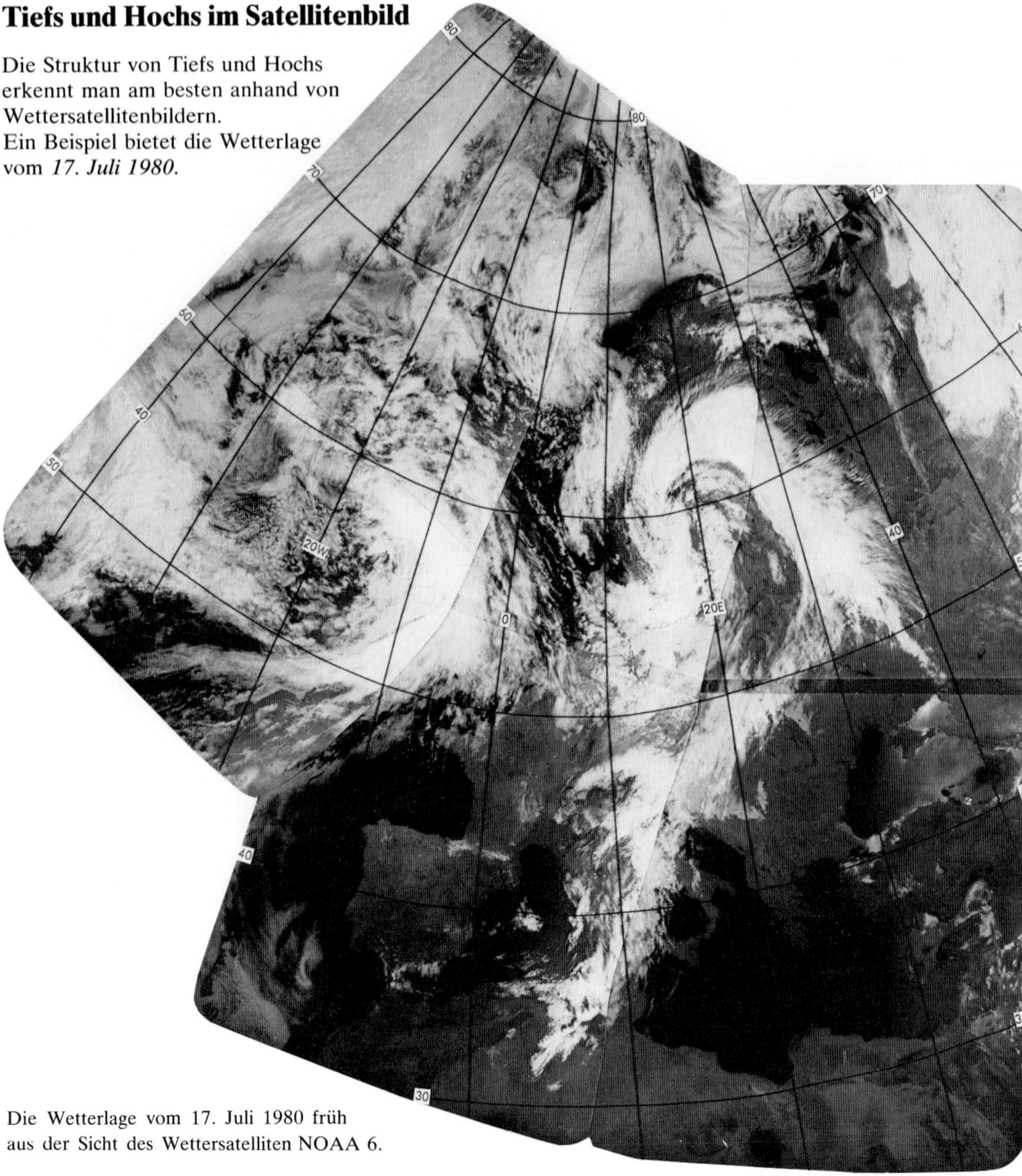

Die Wetterlage vom 17. Juli 1980 früh aus der Sicht des Wettersatelliten NOAA 6.

Außer den Kontinenten Europa und Afrika, die sich hellgrau von den dunklen Meeresflächen abheben, sieht man die sehr hellen, großräumigen Wolkensysteme. Sie bestehen in der Hauptsache aus den *spiralförmig gebogenen, riesigen Wolkenbändern der Fronten.* So liegt zum Beispiel ein langes Wolkenband auf dem Atlantik zwischen Frankreich und Grönland. Der Vergleich mit der Wetterkarte zeigt, daß es sich um die Okklusionsfront*, Warmfront und Kaltfront eines kräftigen atlantischen Tiefs handelt. Ein noch umfangreicheres Tief mit einem mehrere tausend km langen Frontentzug befindet sich mit seinem Kern über Skandinavien. Seine Okklusionsfront* führt im Bogen über Westrußland nach Süden und verläuft als Frontenwelle über die Ostalpen bis nach Tunesien. Der Westalpenraum ist teilweise wolkenfrei. An dessen Nordseite zieht sich ein schmaler Wolkenstreifen hin, den man aufgrund der Luftströmung als Nordstaubewölkung in der einfließenden Kaltluft interpretieren kann. Die Zugspitze liegt bereits im Bereich der Kaltluft und meldet neben Schneefall eine Temperatur von −2° C um 8.00 Uhr morgens. München hat zur gleichen Zeit bedeckten Himmel und 11° C Lufttemperatur.

Große *wolkenfreie Räume* erstrecken sich über Südwesteuropa (Frankreich, Spanien). Sie fallen mit einer von den Azoren über die Biscaya und Frankreich bis nach Süddeutschland reichenden Hochdruckzone zusammen.

Wichtige Alpenwetterlagen – dargestellt an Wetterkartenbeispielen

Für den Alpenraum sind alle Wetterlagen von Bedeutung, die mit ihren großräumigen Luftströmungen und der Verteilung von Tiefs und Hochs in besonderem Maße auf das alpine Wetter einwirken. Einige dieser Wetterlagen sind jahreszeitspezifisch, andere beobachten wir während des ganzen Jahres.

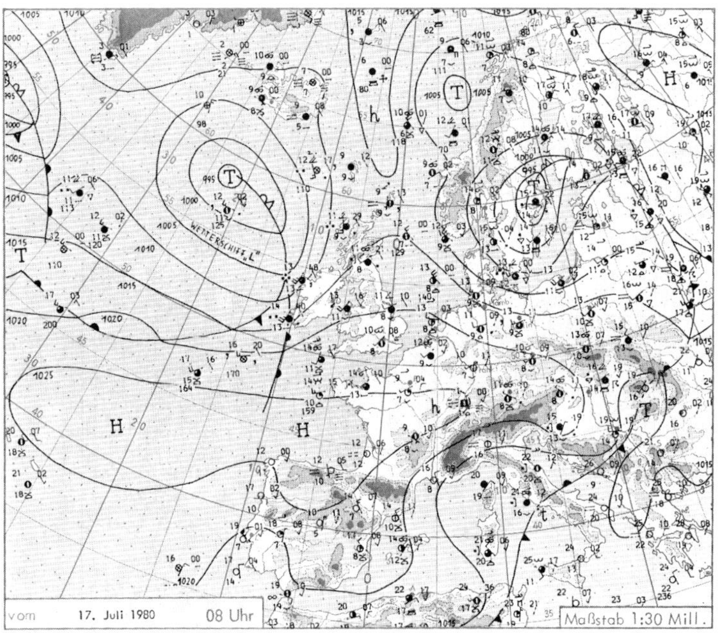

Wetterkarte zum Satellitenbild: Wetterlage vom 17. Juli 1980

Westwetterlage

Häufigkeit

Die Westwetterlage steht in Regelmäßigkeit und Häufigkeit des Auftretens an erster Stelle. *Der Schwerpunkt liegt im Sommer mit 30–40% der Zeit,* im Jahresdurchschnitt kommt sie auf 25% aller Wetterlagen.

Luftdruck- und Strömungsverteilung

Bei einer Westwetterlage erstreckt sich eine großräumige *westliche (zonale*) Luftströmung* vom Nordatlantik bis nach Nord- und Mitteleuropa. Sie wird im Süden vom Azorenhoch, im Norden von einer Reihe wandernder oder ortsfester Tiefs (z. B. *Island-*

tief) flankiert (siehe Skizze Seite 28). Die Fronten der ostwärts wandernden Tiefs überqueren die Alpen in rascher Folge und sorgen für häufige Niederschläge. In den meist kurzen Phasen der Wetterbesserung schieben sich *Keile des Azorenhochs* bzw. vom Azorenhoch abgespaltete *Zwischenhochs* zum Alpenraum vor (in der Regel etwa alle 1–3 Tage). Dieser ständige Wechsel macht den Wetterablauf besonders unbeständig. Temperaturmäßig überwiegt bei der Westlage im Sommer kühles, im Winter mildes Wetter. Teilweise wirkt die *Alpenkette wie eine Wetterscheide,* so daß dann nur die West- und Nordalpen von den Schlechtwetterfronten betroffen sind. *Im Winter* herrscht bei Westlagen infolge Sturm und Schneefall in hohen Lagen teilweise erhöhte *Lawinengefahr.*

Wetterkartenbeispiel Sommer

Der Isobarenverlauf vom *5. Juli 1974* zeigt eine Westlage vom mittleren Nordatlantik über die Britischen Inseln und Norddeutschland bis zum mittleren Rußland. Vom Azorenhoch hat sich ein langgestreckter Keil zum Alpenraum und dem Balkan vorgeschoben und beschert dem Alpenraum sonniges, klarsichtiges Wetter. In München steigt die Temperatur von morgens 12° C (siehe Wetterkarte) auf nachmittags 24° C, auf der Zugspitze gleichzeitig von −1° C auf +6° C an. In der Westdrift hat ein Tief mit Warm- und Kaltfront die Britischen Inseln erreicht. Das Tief verlagert sich rasch weiter ostwärts und liegt am Morgen des *6. Juli 1974* über Dänemark.

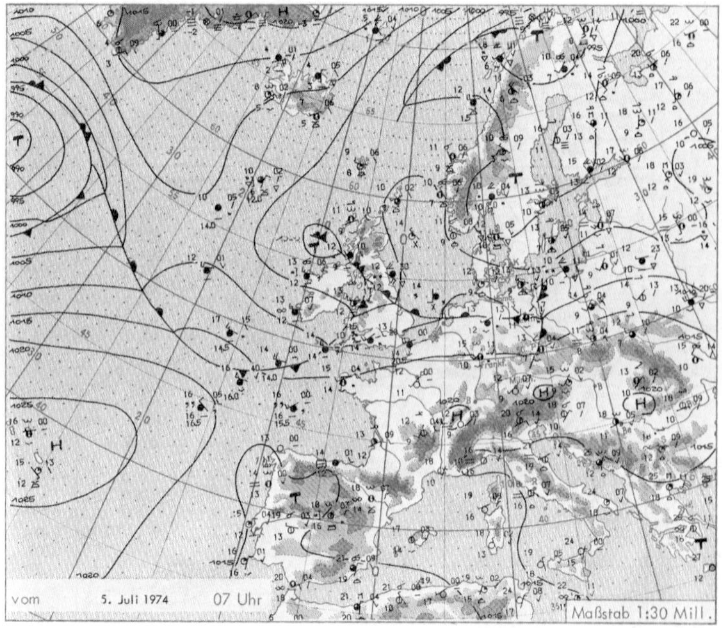

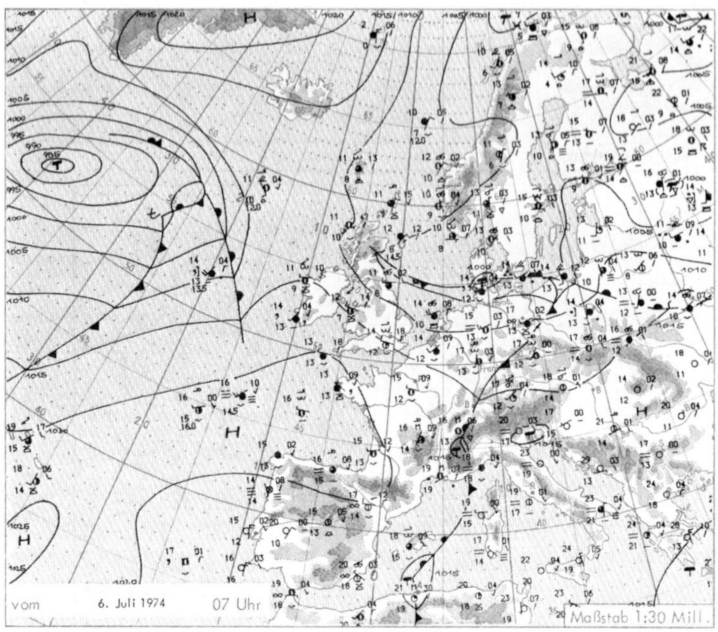

Westwetterlage im Sommer: Wetterkarten vom 5. und 6. Juli 1974. Erläuterungen für die Wetterkarten-Symbole siehe Seite 25.

Die Kaltfront des dänischen Tiefs erreicht am Morgen des 6. Juli 1974 die Westalpen und überquert am Tage den gesamten Alpenraum. Bei Frontendurchgang treten verbreitet Niederschläge von örtlich starker Intensität auf. Die Berge sind zeitweise in Wolken gehüllt, oberhalb 2000 m geht der Regen in Schneefall über, die Temperatur auf der Zugspitze sinkt deutlich unter 0° C ab. Der über der Biskaya erkennbare neue Keil des Azorenhochs bringt in den beiden folgenden Tagen wieder Wetterberuhigung.

Wetterkartenbeispiel Winter

Abstand und Verlauf der Isobaren vom *27. Dezember 1974* sind typisch für eine frühwinterliche, kräftige Westdrift. Nördlich einer von den Azoren bis nach Spanien und dem Mittelmeerraum reichenden Hochdruckzone befinden sich kräftige Tiefs über Finnland, norwestlich von Schottland und weit im Westen des Nordatlantik. Warm-, Kalt- und Okklusionsfront des schottischen Tiefs haben die Nordsee und Frankreich erreicht und überqueren rasch Mitteleuropa und die Alpen. Von stürmischen westlichen Winden begleitet kommt es besonders in den Nordalpen zu umfangreichen Niederschlägen, wobei die Schneefallgrenze zwischen 1500 m und 2200 m schwankt. Bis zum Morgen des *28. Dezember 1974* ist die abschließende Kaltfront zum Balkan abgewandert, während das atlantische Tief sehr schnell zum Nordmeer vorgedrungen ist. Dessen Fronten zeigen in der Frühe eine ähnliche Lage wie die des alten Tiefs am Vortag, was einer Verlagerungsgeschwindigkeit von weit über 100 km/h entspricht. Erneut bringen die Fronten ergiebige Niederschläge und anhaltenden Höhensturm. Hinter der Kaltfront sinkt die Schneefallgrenze auf unter 1000 m ab. In den Nord- und Westalpen schneit es am nächsten Tag, durch Stau verstärkt, besonders intensiv.

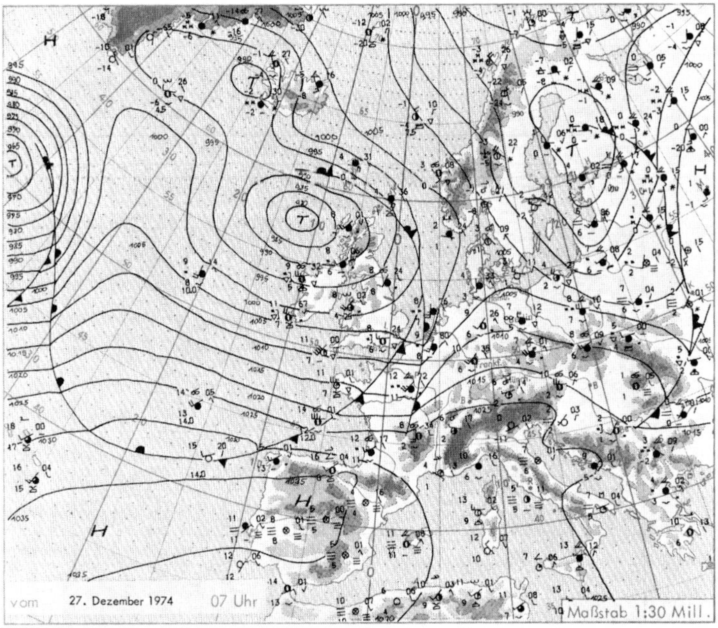

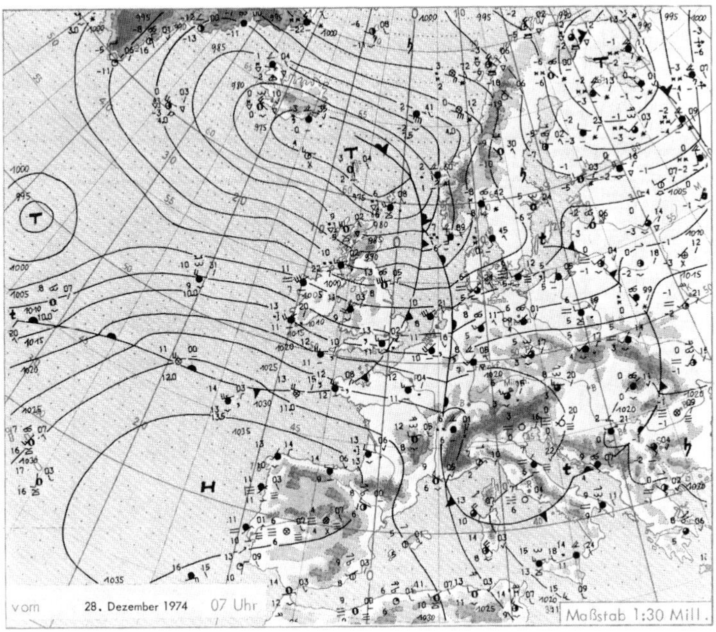

Westwetterlage im Winter:
Wetterkarten vom 27. und 28. Dezember 19

Hochdrucklage

Häufigkeit

Die häufigsten und *stabilsten Hochdrucklagen* treten im *Herbst (September/Oktober)* sowie *im Winter (Januar/Februar)* auf. In der ersten Septemberhälfte sowie zwischen Ende September und Mitte Oktober übertrifft die Wahrscheinlichkeit von Hochdrucklagen mit 30% diejenige der Westlagen. *Nicht selten halten diese Hochdrucklagen über eine Woche an.* Am wenigsten stabil sind Frühjahrshochdrucklagen, aber auch im Sommer können sie sich nur selten über längere Zeit behaupten.

Luftdruck- und Strömungsverteilung

Die Alpen befinden sich meist nahe dem Kern mitteleuropäischer Hochs (siehe Skizze Seite 28). Manchmal erscheint das Hoch in Form einer westostwärts gerichteten Hochdruckbrücke bzw. Hochdruckzone mit einer Verbindung entweder zum Azoren- oder Rußlandhoch. Hochdrucklagen sind für das Bergland fast immer Schönwetterlagen, im Spätherbst und Frühwinter (Oktober – Januar) für die tiefen Tallagen und Niederungen aber häufig anhaltende Nebellagen. Im *Spätwinter* und *Frühjahr* bringen Hochdrucklagen wegen der zunehmenden Sonnenwärme *teilweise Lawinengefahr.*

Hochdrucklage im Frühherbst:
Wetterkarte vom 7. September 1973.

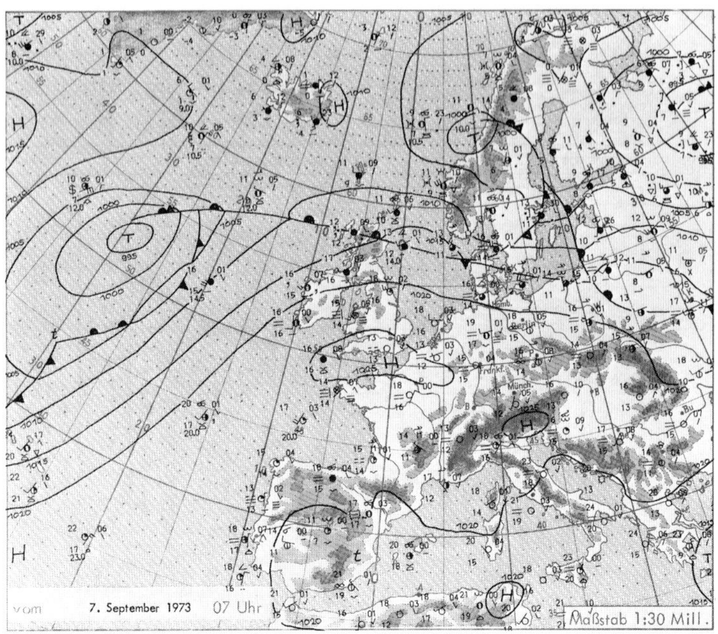

Wetterkartenbeispiel Frühherbst

Am Morgen des *7. September 1973* erstreckt sich eine sehr stabile Hochdruckzone von den Britischen Inseln über den Alpenraum bis zum Balkan. In den Niederungen und im Gebirge scheint fast ununterbrochen die Sonne. In München steigt die Temperatur von morgens 14° C (siehe Wetterkarte) auf nachmittags 27° C. Auf der Zugspitze erreicht die Tagestemperatur bei Windstille und guter Fernsicht 10° C. Die Tiefs über dem Atlantik und Skandinavien umrunden das Hoch und lassen Mitteleuropa unberührt.

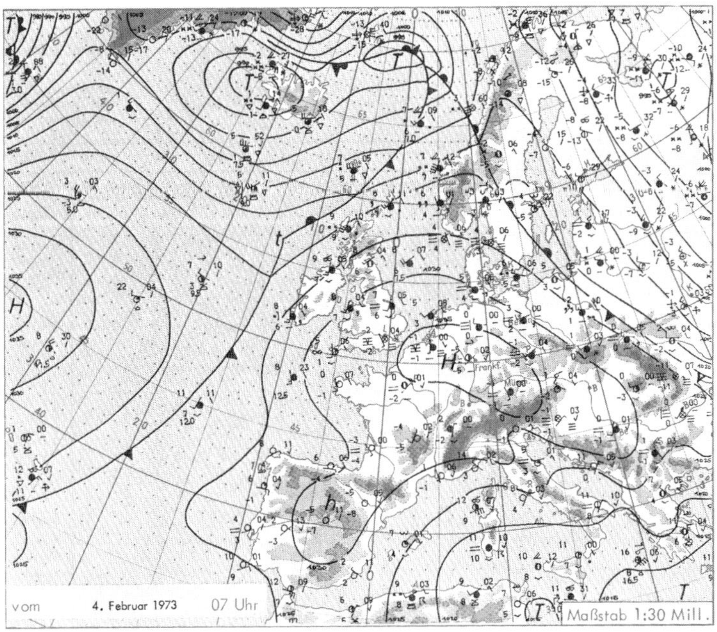

Hochdrucklage im Winter:
Wetterkarte vom 4. Februar 1973.

Wetterkartenbeispiel Winter

Auch das winterliche Hoch vom *4. Februar 1973* ist recht stabil. Es liegt mit seinem Kern genau über Deutschland. In den Niederungen beobachten wir eine charakteristische Nebeldecke. Unter ihrem Einfluß bleibt es in München ganztägig trüb bei etwa −1°C. Der Alpenrand ist schon teilweise außerhalb des Nebels. In Garmisch-Partenkirchen ist es z. B. wolkenlos und leicht dunstig. Von −6°C in der Frühe steigt die Temperatur bis auf +3°C an. Die bodennahe Kaltluft reicht nach den Frühmessungen bis etwa 900 m über Normalnull. Darüber befindet sich eine kräftige Temperaturinversion*, so daß zwischen 900 und 2000 m teilweise Temperaturen von knapp über 0°C gemessen werden. Erst in größerer Höhe nimmt die Temperatur wieder ab und zeigt auf der Zugspitze am Morgen wie in Garmisch-Partenkirchen −6°C an. Am Tage klettert dort die Temperatur auf −3°C.

Staulage

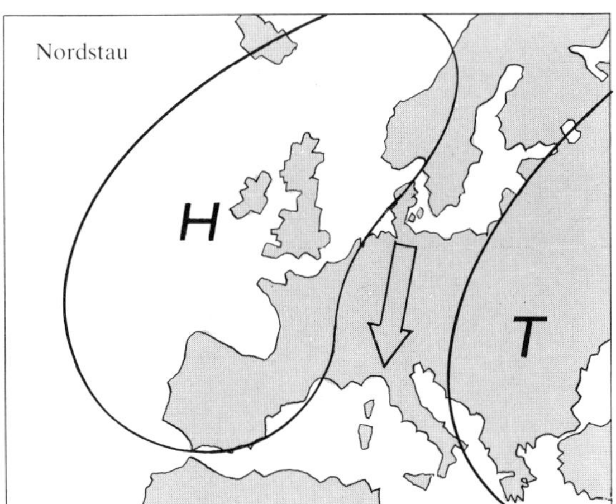

Häufigkeit

Anhaltende Stausituationen bilden sich *auf der Alpennordseite bevorzugt im Frühjahr und Sommer, auf der Alpensüdseite hauptsächlich im Frühjahr und Herbst* aus. Insgesamt ist die Wahrscheinlichkeit für Nordstau etwas höher als für Südstau und erreicht in den besonders gefährdeten Frühjahrsmonaten mit 30% der Zeit eine größere Häufigkeit als die Westlage. Die Andauer von Staulagen kann durchaus 5 Tage betragen.

Luftdruck- und Strömungsverteilung

Staulagen bedeuten meist *intensive Schlechtwetterlagen* für die betroffenen Alpengebiete. Vorbedingungen sind *Luftströmungen quer zum Gebirge,* wobei hauptsächlich nach Nord- und Südstaulage unterschieden wird.

Bei *Nordstau* strömen in der Regel *kalte Luftmassen* von Norden oder Nordwesten gegen die Alpen. Eine kalte Nordströmung entsteht, wenn sich im Seegebiet zwischen Biskaya und Nordmeer bzw. Grönland eine Hochdruckzone, über dem Osten und Südosten Europas eine Tiefdruckzone bildet. Bei einer nordwestlichen Strömung ist das Hoch mit seinem Schwerpunkt mehr zur Biskaya, der tiefe Luftdruck mehr nach Ost- und Nordeuropa verschoben.
Bei *Südstau* fließen meist *verhältnismäßig warme bzw. milde Luftmassen* aus Süden oder Südwesten gegen die Alpen. Bei reinem Südstau liegt entgegengesetzt zur Nordstaulage hoher Luftdruck über Osteuropa und dem Balkan und tiefer Luftdruck über dem Atlantik und den Britischen Inseln.
Infolge des Staus kommt es bei den Staulagen teilweise zu *umfangreichen Stauniederschlägen* auf der Luvseite*. Die Berge sind bis tief hinab in Wolkennebel gehüllt. Noch im Frühjahr schneit es bei Nordstaulagen bis zu den Tälern, im Sommer teilweise bis deutlich unter 2000 m hinab. Die extremsten Fälle von Stauniederschlägen beobachtet man wegen der höheren Temperaturen und der Form der Alpen bei Südstau, jedoch liegt die Schneefallgrenze höher als bei Nordstau. Staulagen bilden wegen ihres Niederschlagsreichtums im Winter und Frühjahr *typische Lawinensituationen.*

Nordstaulage im Sommer:
Wetterkarte vom 28. Juni 1975.

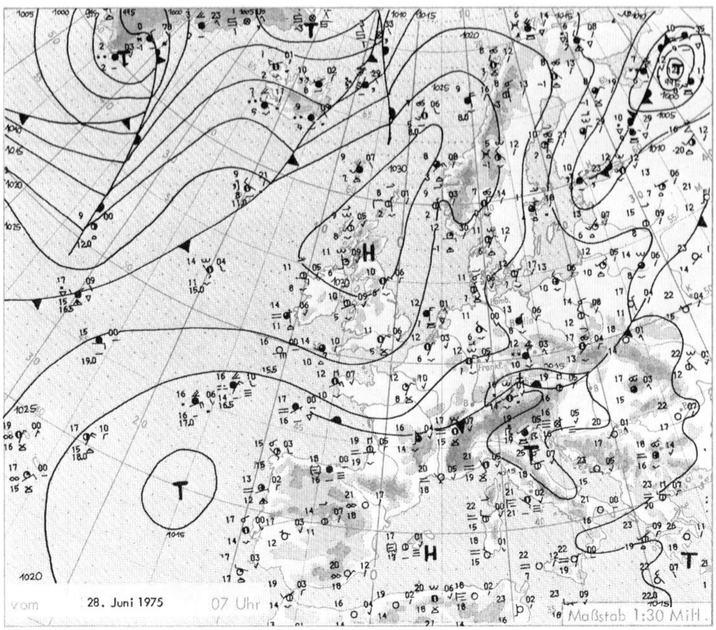

Wetterkartenbeispiel Nordstau

Die Wetterkarte vom *28. Juni 1975* zeigt den Beginn einer ausgeprägten sommerlichen Nordstaulage für den Ostteil der Nordalpen. Zwischen einem Hoch über den Britischen Inseln und dem Nordmeer und einem nordrussischen Tief existiert nördlich der Alpen bereits eine sehr kühle nördliche Strömung. Die Kaltfront des Tiefs erreicht gerade die Alpen, wo sich ein flaches Randtief gebildet hat. Innerhalb von 24 Stunden geht auf der Zugspitze die Temperatur von 9° C auf 2° C zurück. Hinter der südwärts weiterwandernden Kaltfront beobachtet man im gesamten Osten der Nordalpen starke, von Schauern durchsetzte Dauerniederschläge. Die Wetterkarte vom *1. Juli 1975* zeigt die Nordweststauwetterlage auf dem Höhepunkt. Zwischen der jetzt mehr über den Britischen Inseln und Skandinavien zentrierten Hochdruckzone und dem aus dem flachen Alpentief hervorgegangenen Tief über dem Balkan strömt Polarluft direkt gegen die Alpen. In München ist es am Morgen mit 8° C empfindlich kühl, auf der Zugspitze werden mittlerweile −7° C gemessen. Die Zugspitze meldet ½ m Neuschnee, die Schneefallgrenze ist auf etwa 1400 m gesunken. Erst am 2. Juli 1975 läßt die Staulage nach, am 3. Juli 1975 heitert es auf, nachdem sich das Britische Hoch nach Deutschland verlagert hat.

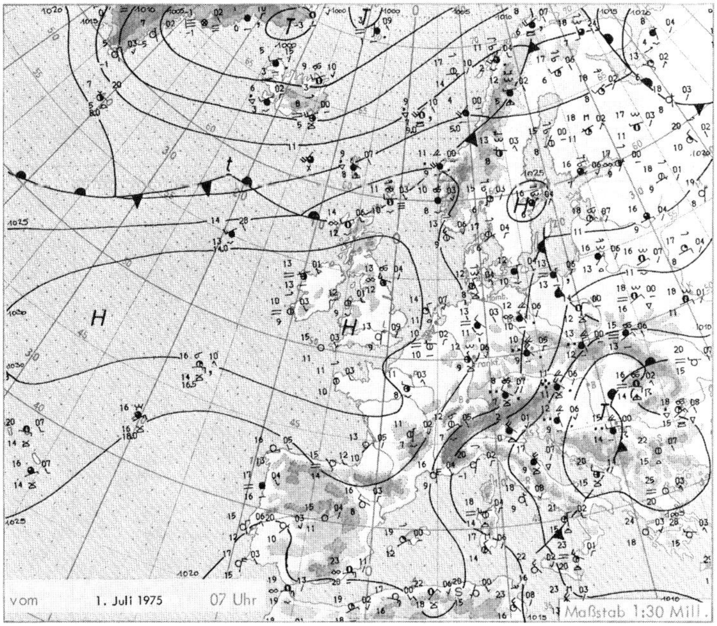

Nordstaulage im Sommer: Wetterkarte vom 1. Juli 1975.

Föhnlage

Häufigkeit

Mit Abstand *die meisten Föhntage gibt es im Frühjahr und Herbst,* wobei herbstliche Föhnlagen anhaltender sind als Föhnlagen im Frühjahr. Am geringsten ist die Föhnhäufigkeit im Sommer. An einzelnen Orten werden im Jahresdurchschnitt bis zu 70 Föhntage gezählt.

Luftdruck- und Strömungsverteilung

Da einem Föhn eine Staulage auf der anderen Alpenseite entspricht, setzen Föhnlagen ebenfalls *großräumige Strömungen quer zu den Alpen* voraus (siehe Skizze Seite 28). *Bei Südföhn fließen relativ warme oder milde Luftmassen von Süden her über die Alpen* und steigen im Norden (Lee*) wieder ab (siehe Skizzen Seite 79). Das ist nur möglich, wenn über Südost- und Osteuropa ein Hoch und über dem Atlantik bzw. den Britischen Inseln ein Tief liegt. *Bei Südföhn addiert sich die föhnige Erwärmung der Luft zur innewohnenden Wärme der südlichen Luftmasse. Deshalb können Südföhnlagen im Winter und Frühjahr Schneeschmelze und Lawinengefahr auslösen.* Bei *Nordföhn* infolge tiefen Luftdrucks über Ost- und Südosteuropa und hohen Luftdrucks über dem Atlantik und den Britischen Inseln wird die *föhnige Erwärmung wegen der einfließenden nördlichen Kaltluft kaum spürbar.* Jeder Föhnlage gemeinsam ist die Aufheiterungszone im Lee* des Gebirges und die damit verbundene sehr gute Sicht.

Wetterkartenbeispiel Südföhn

Der *16. November 1974* steht am Ende mehrerer ausgeprägter Südföhntage. Die Wetterlage wird von einem Hoch über dem Balkan und einem ortsfesten Tief nördlich der Britischen Inseln geprägt. Über Südostengland hinweg zieht ein Randtief nordostwärts. Über Deutschland und den Alpen herrscht – an den Isobaren erkennbar – im Warmsektor des englischen Tiefs eine milde Südwestströmung. Die Isobaren sind im Alpenbereich s-förmig verbogen (»Föhnnase«). Die typischen Wettererscheinungen des Föhns lassen sich an den Wetterdaten des 16. November 1974 gut erkennen: Auf der Zugspitze Südsturm bei wolkigem Himmel und einer Temperatur um −3° C; am Wendelstein starker Süd- bis Südwestwind mit Temperaturen um 7° C und ebenfalls wolkigem Himmel; in Oberstorf, Garmisch-Partenkirchen und Berchtesgaden heiter, trockene Luft und Temperaturen von 18° C bis 21° C. Dies entspricht einem trockenadiabatischen* vertikalen Temperaturgradienten*.

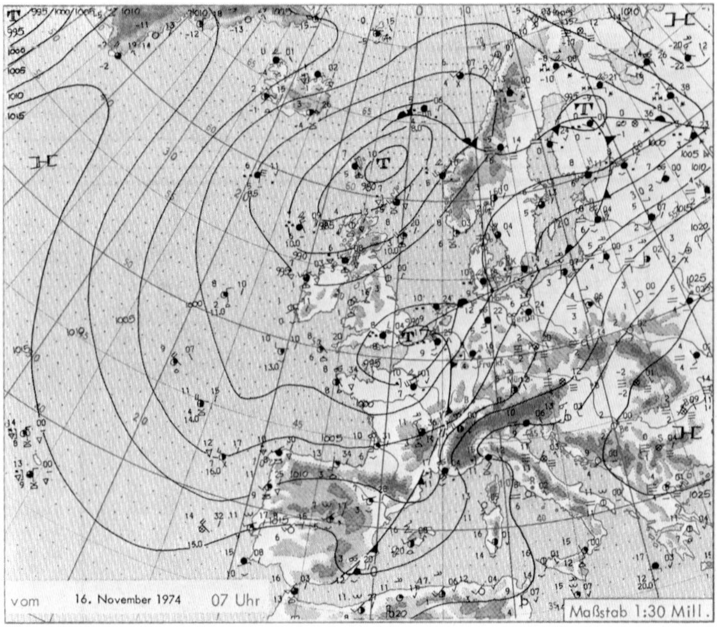

Südföhnlage im Herbst:
Wetterkarte vom 16. November 1974.

Tiefdrucklage

Häufigkeit

Wetterlagen, die von alpennahen, sehr wetterwirksamen Tiefs gekennzeichnet sind, beobachtet man *hauptsächlich im Frühjahr,* aber auch im Herbst und Winter. Weniger betroffen sind die Sommermonate, deren Schlechtwetterlagen mehr mit den Westlagen und den ausgesprochenen Staulagen zusammenhängen. Im Frühjahr hat die Tiefdrucklage eine Häufigkeit von 20–25%, wobei die Andauer mehrere Tage betragen kann.

Luftdruck- und Strömungsverteilung

Am häufigsten sieht man alpennahe ortsfeste Tiefs im Bereich Italien/Mittelmeer *(Genuatief).* Sie entstehen bei *Kaltlufteinbrüchen* aus dem nordatlantisch-nordeuropäischen Raum an der Südostflanke dort gelegener Hochs. Die Kaltluft stößt im Mittelmeerraum auf

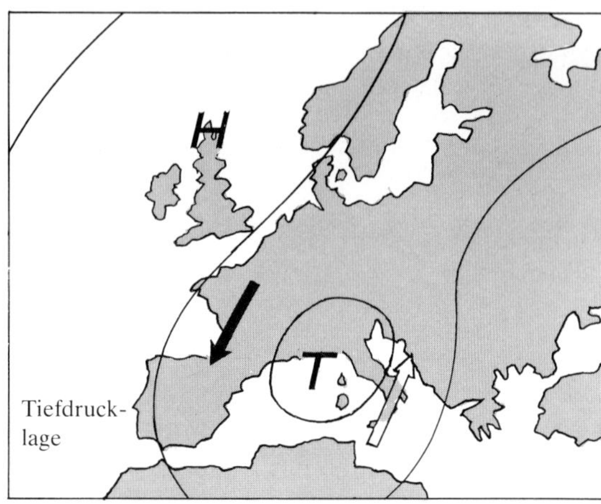

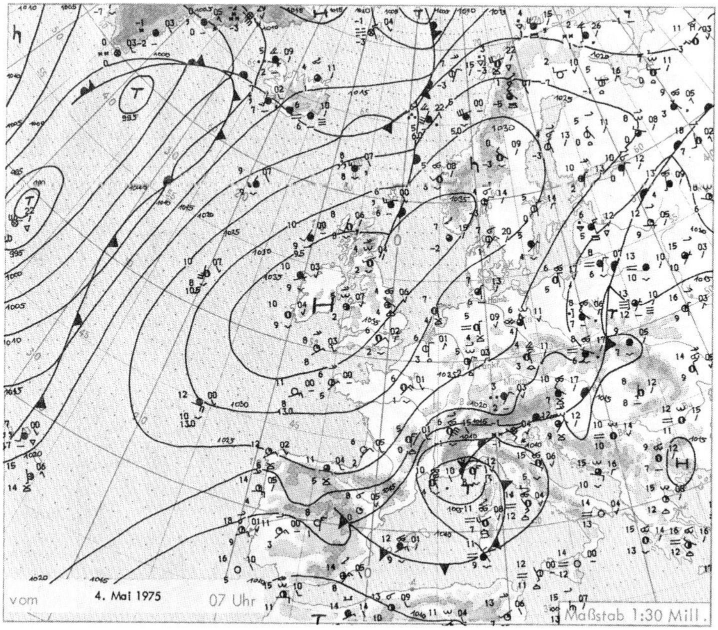

Tiefdrucklage im Frühjahr:
Wetterkarte vom 4. Mai 1975.

Wetterkartenbeispiel Tiefdrucklage
Der *4. Mai 1975* zeigt ein Genuatief in voller Entfaltung. Zwischen einem kräftigen Hochdruckgebiet mit Kern über Irland und dem alpennahen Tief fließt polare Kaltluft süd- bis südwestwärts. Dagegen stößt in einer südlichen Luftströmung warme Luft über Italien nordwärts vor und formiert eine Warmfront, die von der Riviera über das Po-Gebiet bis nach Nordungarn reicht. An ihr regnet es in großen Teilen der Südalpen, oberhalb 1000 m schneit es dort. Ähnlich schlechte Verhältnisse hat die Alpennordseite, teils von der Warmfront, teils von Stauniederschlägen herrührend. Die Zugspitze meldet bei $-11°C$ frischen Ostwind und Dauerschneefall. Im Zuge der weiteren Entwicklung verlagert sich das Genuatief sehr langsam nordwärts und liegt am 6. Mai 1975 knapp nördlich und nordwestlich der Alpen. Auf der Alpennordseite beobachtet man infolge Föhn kaum noch Niederschläge, während im Süden der Stau Regen und Schneefall noch andauern läßt.

subtropische Luft, so daß es zur Wirbel-(Tiefdruck-) Entwicklung kommt. Die Bildung des Tiefs geht meist sehr rasch vor sich. Die Alpen werden sowohl von den *Niederschlägen der Fronten* (z. B. Warmfront mit Aufgleiten der Warmluft von Süden auf die Kaltluft aus dem Norden) als auch *Stauniederschlägen* betroffen, so daß die Niederschlagsmengen beträchtlich sein können. Andererseits gibt es nicht selten in bestimmten Alpengebieten *überraschende Föhneffekte* mit Aufheiterungen. Die Tiefdrucklagen sind *im Frühjahr und Winter* wegen ihres Niederschlagsreichtums stark *lawinenträchtig*. Normalerweise sind die Ostteile der Alpen von den Niederschlägen am meisten betroffen.

Gewitterlage

Häufigkeit

Gewitterlagen sind weitgehend auf die *warme Jahreszeit zwischen April und Oktober* beschränkt. Am meisten stellen sich Gewitterlagen in den Sommermonaten Juni, Juli und August ein, wobei im Mittel alle 4 Tage mit einer Gewittersituation gerechnet werden muß. Auf der Alpen-Südseite ist die Gewittersaison am längsten.

Luftdruck- und Strömungsverteilung

Gewitterlagen zeigen sich hauptsächlich in zwei synoptischen* Situationen: innerhalb feuchtwarmer, labiler Luftmassen am Rande eines Hochs *(Wärmegewitter)* und an hereinbrechenden Kaltfronten *(Frontgewitter)*. Im Sommer ist an jeder ausgeprägten Kaltfront mit Gewittern zu rechnen, und zwar um so mehr, je wärmer die Hochdruck- bzw. Zwischenhochphase davor ausfällt. Die meisten gewitterauslösenden Fronten greifen von Westen oder Nordwesten über. Daher gehören die *sommerliche Westlage* und der *Beginn einer Nordstaulage* zu den tpischen Gewittersituationen. Aber auch durchziehende Kaltfronten bei einer *Südwestlage* lösen häufig Gewitter aus.

Wetterkartenbeispiel Gewitterlage

Am Morgen des *13. Juni 1973* liegt über Rußland ein Hoch. Der Alpenraum, Deutschland und Österreich befinden sich an seinem Westrand in warmer und feuchtlabiler Luft, die von Süden eingeströmt ist. In den Frühstunden herrschte in München eine Temperatur von 16° C, auf der Zugspitze von 6° C. Es ist trotz der vorhandenen Luftfeuchtigkeit zunächst noch sonnig. Bis zum Mittag steigt die Temperatur am Alpenrand auf 27° C, auf der Zugspitze auf 8° C an. Am frühen Nachmittag entwickeln sich Gewitterwolken mit nachfolgenden Wärmegewittern. Zu diesem Zeitpunkt ist die Kaltfront eines Nordmeertiefs von der Frühposition über den Ärmelkanal und der Nordsee schon weiter südostwärts vorgedrungen. Sie greift am frühen Abend von Nordwesten auf die Alpen über. Die mit ihr verbundenen starken Frontgewitter bringen heftige Niederschläge, Hagel und Windböen. Die Temperatur beginnt abzusinken. Die Wetterkarte vom *14. Juni 1973* zeigt die Kaltfront quer über dem Alpenraum liegend. Das zugehörige Tief ist nach Norwegen gezogen. Die Kaltfront-Niederschläge sind in Hochlagen zum Teil in Schnee übergegangen.

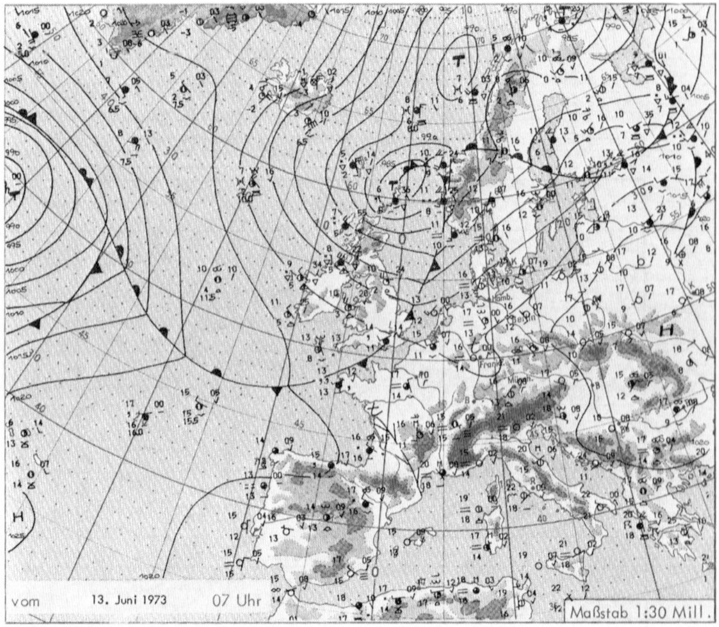

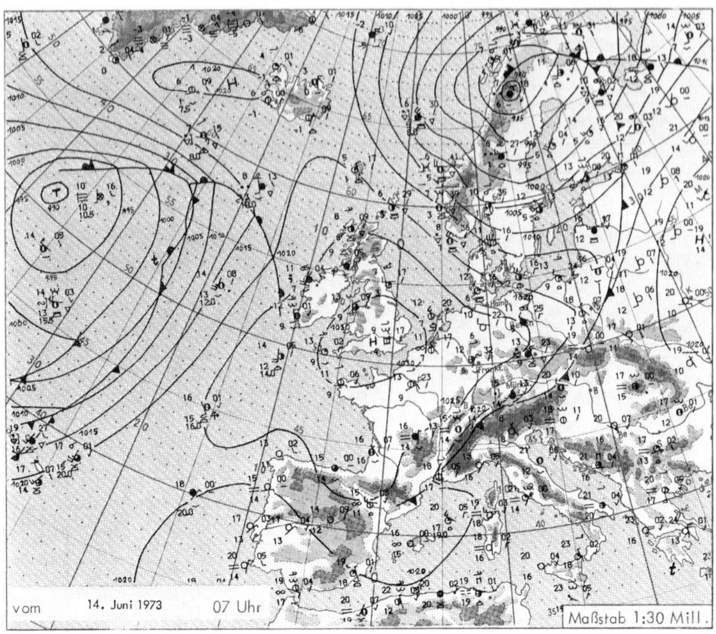

Gewitterlage im Sommer: Wetterkarten vom 13. Juni 1973 und 14. Juni 1973.

Der Höhenmesser als Barometer im Gebirge

Der Bergsteiger hat mit seinem Höhenmesser die Möglichkeit, Luftdruck und Luftdruckgang unter Beachtung bestimmter Regeln nutzbringend in seine Überlegungen zur lokalen Wettervorhersage einzubeziehen.

Funktionsweise und Ablesung des Höhenmessers

Der Höhenmesser ermittelt die Höhenwerte aus gemessenen *Luftdruckwerten.* Er ist ein *Dosenbarometer* mit zusätzlicher beweglicher Höhenskala. Dessen Meßfühler, eine luftleere, federunterstützte Metalldose, verformt sich bei Luftdruckänderung. Die Verformungen werden über ein temperaturkompensiertes Hebelsystem zur Anzeige gebracht. Die Umsetzung der Luftdruckwerte in die Höhenskala geschieht über die Druckhöhenbeziehungen der *Standardatmosphäre.*

Der Einfluß von Kaltluft und Warmluft auf den Luftdruck im Meeresniveau bei gleichen Luftdruckverhältnissen in der Höhe.

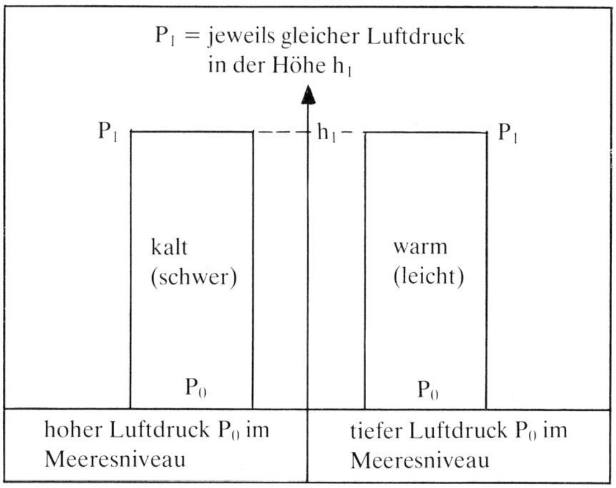

Der Höhenmesser als Barometer.

- Die *Standardatmosphäre* setzt mittlere Verhältnisse voraus: Luftdruck in Meereshöhe 1013 mbar, Temperatur in Meereshöhe 15° C, vertikaler Temperaturgradient* −0,65° C/100 m.
- Nach Einstellung der Höhe des eigenen Standorts auf den aktuellen Luftdruck erscheint in der Höhe Null der angenähert im Meeresniveau geltende Luftdruck, der je nach Wetterlage von 1013 mbar mehr oder weniger abweichen kann.

Im übrigen gilt folgende Regel: Bei großer Wärme zeigt der auf dem Höhenmesser ablesbare, *auf Meereshöhe reduzierte* Luftdruck zu hohe, bei Kälte zu niedrige Werte an. Denn bei vorgegebenem Höhenunterschied ist eine kalte Luftsäule (große Luftdichte) schwerer, bei Wärme (geringe Luftdichte) kleiner als im Normalfall.

Der *Reduktionsfehler** wächst zusätzlich mit ansteigendem Ausgangsniveau. Bei einer Reduktion* aus 2000 m Höhe liegen die Abweichungen vom wahren Wert des Luftdrucks in Meereshöhe an sehr warmen und kalten Tagen schon zwischen 10 und 15 mbar. So läßt sich der reduzierte Luftdruck nur bedingt mit dem Luftdruck in Meereshöhe (Luftdruck in Wetterkarten) gleichsetzen. Als Faustregel für reduzierte Luftdruckwerte gilt:

- Kräftige Hochs erreichen im Alpenraum mehr als 1025 mbar, Tiefdrucklagen weisen dort meist weniger als 1000 mbar auf.

Den größten Nutzen hat der Bergsteiger aus der Ermittlung der Luftdrucktendenz, die eng mit der Wanderung und Entstehung bzw. Abschwächung von Tiefs und Hochs gekoppelt ist.

So läßt sich z. B. der Gang des Luftdrucks von Tag zu Tag oder innerhalb von einigen Stunden bestimmen. Dabei ist eine wichtige Regel zu beachten:

- *Die Luftdrucktendenz muß am gleichen Ort abgelesen werden.* Wegen der Höhenabhängigkeit des Luftdrucks ist besonders auf Einhaltung der gleichen Höhenlage zu achten.
- Eine Höhenveränderung von 10 m führt bereits zu einem Tendenzfehler von rund 1 mbar.

Steht uns auf dem Höhenmesser nur die Höhenskala zur Verfügung, so gilt qualitativ:

- *Eine scheinbare Zunahme der Ortshöhe bedeutet Druckfall, eine Abnahme der Ortshöhe Druckanstieg.*

Die Genauigkeit der Anzeige wird von der Qualität des Geräts und dessen Trägheit (Reibung usw.) bestimmt. Sie wird bei guten Instrumenten mit 5–10 Höhenmeter angegeben. Das heißt umgerechnet für den Luftdruckwert:

- Die Genauigkeit der Anzeige des Luftdrucks liegt innerhalb von 1 mbar.

Gesetzmäßigkeiten des Luftdruckgangs im Gebirge

Anders als im Alltag liefert uns der Höhenmesser die Luftdruckwerte bei Bergtouren in einer Höhe, die mehr oder weniger stark vom Meeresniveau abweicht. Wenn wir also Rückschlüsse aus wetterbedingten Luftdrucktendenzen ziehen wollen, müssen wir die *Eigengesetzlichkeit des Luftdruckgangs im Hochgebirge* beachten.

- Luftdrucktendenzen können sich im Gebirge deutlich von den gleichzeitigen Drucktendenzen der Niederungen unterscheiden.
- Der Luftdruckgang des Gebirges setzt sich aus der Drucktendenz der Niederungen und einer von der Temperaturentwicklung abhängigen Druckkomponente zusammen.

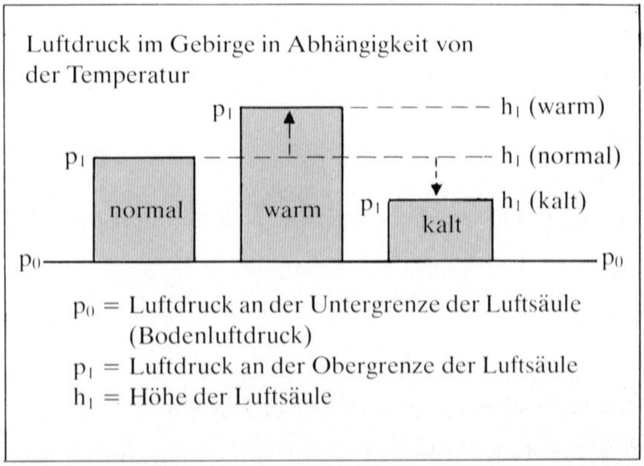

Zusammenhang zwischen der thermisch bedingten Ausdehnung und Schrumpfung der Luft und dem Luftdruckgang in der Höhe.

Am einfachsten sind die *Verhältnisse bei gleichbleibenden Temperaturen.*

- Bei konstanten Temperaturen verlaufen die Drucktendenzen gleichsinnig. Zum Beispiel wäre ein Luftdruckfall an der Zugspitze auch von Luftdruckfall in Garmisch-Partenkirchen begleitet, wobei der Betrag des Luftdruckfalls in Garmisch-Partenkirchen aber etwas größer als auf der Zugspitze wäre.

Eine gleichzeitig einsetzende *Temperaturtendenz verändert diese Verhältnisse.* Bei Temperaturzunahme dehnt sich Luft nach oben hin aus. Ein Teil der Luftsäule, die sich vorher unter der betrachteten Höhe befand, liegt jetzt über dieser Höhe, wo aufgrund dessen der Luftdruck ansteigt.

Umgekehrt erzeugen absinkende Temperaturen ein Schrumpfen der Luft und eine Abnahme des Luftdrucks im oberen Höhenniveau. Dies resultiert in folgender Gesetzmäßigkeit:

- Steigt bei unten gleichbleibendem Luftdruck allgemein die Temperatur an, so bedeutet dies einen Druckanstieg in der Höhe. Absinkende Temperaturen bringen bei unverändertem Druck in den Niederungen einen Druckfall.

Im Wetterablauf haben beide Luftdruckeinflüsse, Bodendrucktendenz und Temperatureffekt, ihren Anteil.

Folgende Kombinationen beobachten wir besonders häufig:

Kräftiger Temperaturanstieg schwächt in der Höhe einen allgemeinen Druckfall der Niederungen stark ab oder erzeugt dort sogar Druckanstieg.
Temperaturanstieg verstärkt in der Höhe einen allgemeinen Druckanstieg der Niederungen.
Temperaturrückgang verstärkt in der Höhe einen allgemeinen Druckfall der Niederungen.
Kräftiger Temperaturrückgang schwächt in der Höhe einen allgemeinen Druckanstieg der Niederungen ab oder verwandelt ihn dort sogar in Druckfall.

Wetterbegleitende Luftdruckschwankungen in Gebirge und Niederungen

Tagesgang

Bei den beobachteten Drucktendenzen müssen wir die regelmäßigen Druckschwankungen von den unperiodischen Luftdruckentwicklungen abgrenzen.

Der mittlere Tagesgang des Luftdrucks unterscheidet sich im Hochgebirge wesentlich von dem der Niederungen.

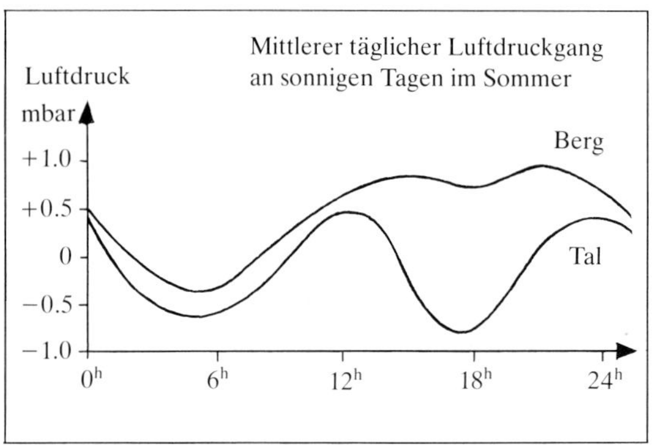

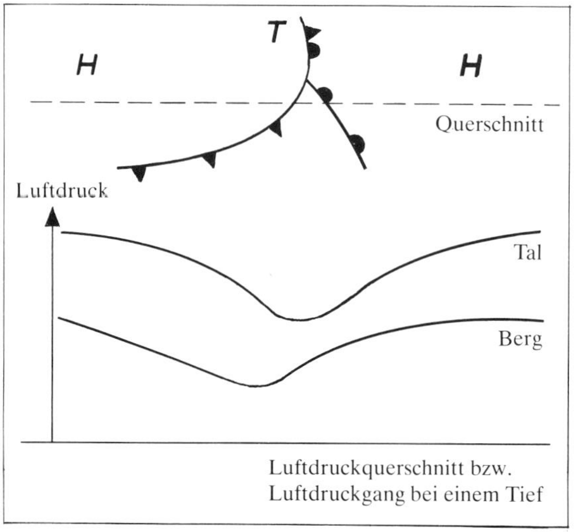

Auch beim Durchzug eines Tiefs bestehen Unterschiede zwischen dem Druckverlauf in den Niederungen und im Hochgebirge.

- Der Luftdruck besitzt einen Tagesgang. Er ist im Winter, der Jahreszeit der stärksten allgemeinen Druckänderungen, vergleichsweise klein. *Im Sommer nehmen die allgemeinen Druckschwankungen ab, der Tagesgang dagegen nimmt zu.*

Die warme Jahreszeit erfordert daher eine größere Berücksichtigung der tagesperiodischen Druckänderungen bei der Beurteilung der beobachteten Luftdrucktendenzen. *Am stärksten ist der tägliche Luftdruckgang an sonnigen Sommertagen.*

- *In Tallagen* zeigt sich Druckanstieg am Vormittag und späteren Abend, Druckfall in der zweiten Nachthälfte und besonders am Nachmittag. Druckschwankungen erreichen bis zu 2 mbar.
- *Auf den Bergen* (oberhalb 2000 m) bestimmt die Temperatur in starkem Maße den Luftdruckgang mit einem Luftdruckfall in der Nacht und einem Anstieg vom Morgen bis zum Spätnachmittag. Die Druckschwankungen erreichen maximal 1–2 mbar.

Durchgang von Hoch und Tief

Die unperiodischen Druckschwankungen, die von den wandernden Tiefs und Hochs ausgelöst werden, hängen eng mit deren horizontalen Druck- und Temperaturverteilung zusammen. *In den Niederungen* beobachten wir folgenden Luftdruckverlauf: Bei Annäherung eines Tiefs setzt der Luftdruckfall zunächst nur schwach ein. Mit Aufzug der Feder- und Schleierwolken (Cirrus bzw. Cirrostratus) wird der Luftdruckfall stärker und steigert sich bis zur Ankunft der Warmfront.

- Schnellwandernde spätherbstliche und winterliche *Sturmtiefs* kündigen sich durch einen Druckfall von manchmal mehr als 5 mbar/3 Stunden an. Die sommerlichen Tiefs bringen Drucktendenzen zwischen 0,5 mbar und 3 mbar/Stunden.

In den Hochlagen (oberhalb 2000 m) *verspätet sich die Druckentwicklung* mehr oder weniger deutlich. Die einsetzende südwestliche Warmluftströmung kompensiert zunächst den Druckfall der Niederungen. Beginnt der Luftdruck in der Höhe zu fallen, so ist die Warmfront mit mittelhoher Bewölkung schon relativ nahe.

Im *Warmsektor des Tiefs* verläuft die Drucktendenz in allen Höhen weitgehend parallel. Sie ist teils gleichbleibend, teils fallend. Erst kurz vor der Kaltfront verstärkt sich allgemein der Druckfall wieder. *In den Tallagen erfolgt hinter der Kaltfront ein schneller Druckanstieg,* der sich erst bei Annäherung des nächsten Hochdruckkeils oder Zwischenhochs allmählich wieder abflacht.

Anders als in den Niederungen ist der Druckfall in der Höhe im Moment des Kaltfrontdurchgangs oder kurz danach am größten (etwa 70–90% so stark wie der stärkste Druckfall in den Niederungen). Die Wirkung der abrupt einbrechenden Kaltluft überspielt zunächst den Druckanstieg der Niederungen. *Tiefster Luftdruck und einsetzender Alpenstau fallen bei einer Westlage auf der Alpennordseite häufig zusammen.* Dann beginnt der Druckanstieg, der aber nicht so steil ist wie in den Niederungen. Wenn sich das Zwischenhoch schon ganz herangeschoben hat und der Luftdruckanstieg in den Niederungen endet, hält der *Druckanstieg in der Höhe* noch *als Folge einer zunehmenden adiabatischen* Erwärmung der Luft* an.

Die im Luftdruckgang von Tief und Hoch zutage tretende Phasenverschiebung zwischen Niederungen und Hochlagen hat zur Folge, daß *im Hochgebirge die Drucktendenz die Wettererscheinungen weniger ankündigt als in den Niederungen.* Der Druckfall ist schon direkter mit der Phase der Wettereintrübung, der Druckanstieg unmittelbarer mit der Schönwetterphase verbunden.

Wenn als Vorzeichen eines Schlechtwettereinbruchs Cirrus-Wolken von Westen aufziehen, fällt der Luftdruck in den Niederungen häufig schon, während er im Hochgebirge teilweise noch ansteigt. Hier Cirrus, Cirrocumulus, Altocumulus, Altostratus. Blick nach Westen in den Dolomiten.

Druckschwankungen vor Gewittern

In den Niederungen geht nachmittäglichen *Wärmegewittern* Stunden vorher ein mäßiger, gelegentlich auch stärkerer Druckfall voraus. *In der Höhe ist* wegen der Erwärmung der Luft *der Druckfall nur schwach* oder kaum zu beobachten.

Drucktendenzen beim Aufbau einer stabilen Hochdrucklage
Der Luftdruckgang durchziehender Tiefs und Hochs ist schnellebig. Stabilen Hochdrucklagen geht dagegen in der Regel ein mehrtägiger, teilweise auch unterbrochener Luftdruckanstieg voran.

Steigt der Luftdruck in den Niederungen mit Abzug des Tiefs oder einer Kaltfront mäßig stark über 2–3 Tage an, so ist eine dauerhafte Schönwetterperiode zu erwarten.

Noch deutlicher läßt sich die Tendenz im Hochgebirge ablesen. Hier kommt die Koppelung von Temperatur- und Druckentwicklung hinzu.

Anhaltender Druck- und Temperaturanstieg auf den Bergen ist ein sehr zuverlässiges Zeichen für eine längere Schönwetterperiode.

Drucktendenzen bei einer mehrtägigen Stau- und Tiefdrucklage
Wenn nach Kaltfrontdurchgang die Luftströmung auf Nordwest bis Nord dreht und im Sommer eine mehrtägige sehr kalte Staulage für die Nordalpen entsteht, so ist im Hochgebirge wieder die Parallelität von Temperatur- und Druckverlauf ein gutes Indiz.

- Während in den Niederungen der Luftdruck schon leicht steigt, fällt in der Höhe zusammen mit der Temperatur der Luftdruck zunächst weiter ab.

Lehren und Lernen von Wetterbeobachtung und Wettervorhersage im Gebirge

Die alpine Wetterkunde befaßt sich mit einer Materie, die in starkem Maße *dynamische* Naturprozesse* aufweist.

- Lehren und Lernen der alpinen Wetterkunde stellen hohe Ansprüche an die eigene Fähigkeit, die *Natur zu beobachten, kausale Zusammenhänge herzustellen, theoretisches Wissen zu verarbeiten und praktische Erfahrung zu gewinnen.*

Erst die Verknüpfung aller Komponenten führt zu einem befriedigenden Lernprozeß. In besonderem Maße muß der Bergsteiger *Wettererscheinungen räumlich-zeitlich einordnen können.* Dadurch wird es möglich, die Kontinuität des Wetters zu erfassen und Rückschlüsse auf die zukünftige Entwicklung zu ziehen.

Wettervorhersage und Tourenplanung

Wer das Wetter in die Tourenplanung einbezieht, muß sich über *Ziele und Risiken einer Wetterplanung* im klaren sein.

Ziele
Dem bergsteigerischen Interesse gemäß umfaßt die Wetterplanung drei Zielbereiche:

- *Wettergefahren* ausweichen,
- sich in *Kleidung* und *Ausrüstung* auf das Wetter einstellen,
- den *Tourenablauf* nach den besten Wetterverhältnissen ausrichten.

Wettergefahren auszuweichen, ist eine Notwendigkeit, ein Muß des Bergsteigers. Von der wettergerechten Kleidung und Ausrüstung hängen neben der eigenen Sicherheit Gesundheit und Wohlbefinden ab. Die besten Wetterverhältnisse bewußt zu nutzen, steigert das *Bergerlebnis* und vermittelt unvergeßliche Eindrücke.

Das Wetter ist ein Risikofaktor bei der Tourenplanung. Die freien Gipfelpartien auf diesem Bild täuschen darüber hinweg, daß sich in der Umgebung bereits hochaufquellende Cumuluswolken mit niedriger Wolkenbasis gebildet haben und bald zu einer schlagartigen Sichtverminderung führen können. Blick auf Hochalmspitze am Nachmittag eines Sommertages.

Risiken

Ein Ziel des Lernens der alpinen Wetterkunde muß es sein, die *Risiken von Wetter und Wettervorhersage* zu erkennen und zu berücksichtigen. Die komplexe Erscheinungsweise des Wetters ist ein häufiger Risikofaktor in der Tourenplanung. Auch der mit allen Hilfsmitteln naturwissenschaftlicher Arbeitsweise operierende amtliche Wetterdienst vermag keine fehlerfreie Aussage über die kommende Wetterentwicklung zu machen. *Mit dem Grad der Veränderlichkeit des Wetters wächst auch die Gefahr einer Fehleinschätzung der Wetterentwicklung.*

In einem stark gegliederten Gebiet wie den Alpen stößt die Wettervorhersage auf noch größere Schwierigkeiten. Der vielfältige Eingriff des Gebirges in den Wetterablauf kann ausgeprägte regionale und lokale Abweichungen des Wetters von der allgemeinen Wetterlage erzeugen. Dabei sind *die meisten* der *gebirgsspezifischen Wetterentwicklungen nur abschätzbar.*

Eine gute *Ortskenntnis* vermindert die Unsicherheit der lokalen Wettervorhersage nur bis zu einem gewissen Grad. *Vor Fehlvorhersagen ist auch ein mit den örtlichen Wetterverhältnissen vertrauter Einheimischer oder Hüttenwirt nie sicher.*

Die Unwägbarkeiten der Wetterplanung können wir nur dann auf ein Minimum reduzieren, wenn wir alle uns zur Verfügung stehenden Hilfsmittel nutzen, das heißt die *allgemeinen klimatologischen Erfahrungswerte,* die *mittel- und kurzfristigen Vorhersagen der amtlichen Wetterdienste,* die *persönlichen Erfahrungen wetterkundiger Einheimischer,* die *eigene Wetterbeobachtung* und *eigene fundierte Kenntnisse zur Wettervorhersage.*

Die eigene Wetterbeobachtung

Die Genauigkeit der eigenen Wetterbeobachtung hat wesentlich Einfluß auf den Erfolg jeder selbst erstellten Wettervorhersage.

- Um Wetterentwicklungen schon in ihren Anfängen zu erfassen, ist eine *kontinuierliche Beobachtung* auch kleiner Nuancen des Wetters wichtig.

Mancher »plötzliche« Wettereinbruch hätte durch stetiges Beobachten des Himmels vorher erkannt werden können. Es gehört eine bewußte Übung dazu, auch die alltäglichen Wettererscheinungen (Wolken, Sicht) während einer Bergtour nicht aus den Augen zu verlieren. Einem Wandkletterer entzieht sich z. B. nicht selten die Hälfte des Himmels. Es kommt oft vor, daß sich ein Gewitter oder ein allgemeiner Wetteraufzug auf der anderen Bergseite entwickelt. *Daher muß man bei einer Tour jede Gelegenheit wahrnehmen, einen Blick auf später verdeckte Himmelspartien zu werfen.* Das bedeutet Wetterbeobachtung schon beim Aufbruch, wenn das Zielgebiet noch überschaubar ist.

- *Wetterbeobachtungen sollten vergleichend vorgenommen werden.* Vergleichen heißt Beobachtungen zu verschiedenen Zeiten und verschiedenen Himmelsteilen miteinander in Beziehung setzen.

Das Wetter spielt sich unterschiedlich in den einzelnen Richtungen ab. Bei jeder Wetterlage muß geprüft werden, wo sich die momentane »*Wetterecke*« befindet. Dunst und Wolken entwickeln sich zudem in charakteristischen Höhenschichten. *Zeitliches Vergleichen* ist möglich mit dem Wetter des Vortages oder zwischen Morgen und Mittag, Mittag und Abend.
Aus dem kontinuierlichen und vergleichenden Beobachten folgt das *entwicklungsorientierte Beobachten.*

- *Entwicklungsorientiertes Beobachten* heißt bewußt Ausschau halten nach zu erwartenden Wettererscheinungen.

Ist uns z. B. die allgemeine Wetterlage bekannt, so können wir auf diese Weise den *Fortgang des Wetters kontrollieren.* Das gleiche gilt für den Fall, daß wir das Aufkommen einer bestimmten Wetterentwicklung erkennen oder vermuten.

Der Blick zum eigentlichen Wettergeschehen kann im Gebirge leicht verstellt sein. Auf diesem Bild ist das Ausmaß der Cumulus-Entwicklung an der anderen Bergseite, der Schesaplana, nicht einsehbar.

Links: Von der Birkkarspitze (Karwendel) nach Nordosten schauend erkennt man einen noch teilweise wolkenfreien Himmel. Außer kleinen Cumulus-Wolken nur Cirrus- und Cirrostratus-Wolken. Rechts: Ganz anders der Anblick in der entgegengesetzten Richtung Südwest, der Wetterecke dieses Tages. Der Aufzug dichter, grauer mittelhoher Altocumulus- und Altostratus-Wolken weist sehr stark auf eine aus Südwest bis West heranrückende Schlechtwetterfront (Warmfront oder Okklusionsfront) hin. Trotz leichtem Föhn (linsenförmige Altocumulus lenticularis) ist die Sicht nur mäßig gut. 6–10 Stunden später erfolgte ein starker Schlechtwettereinbruch, von Schneefall begleitet.

Die eigene Wettervorhersage

Modellvorstellung

Der Verarbeitung von Wetterbeobachtungen zur Wettervorhersage dienen uns *Modellvorstellungen über einzelne Wetterabläufe.* Modellvorstellungen gewinnen wir z. B. aus dem *Tagesgang des Wetters,* aus dem *Bewölkungs- und Wetteraufzug von Warm- und Kaltfront,* aus den Entwicklungsphasen eines *Gewitters,* aus *Stau- und Föhnerscheinungen.*

- Jeder modellhafte Wetterablauf hat seine *charakteristischen Erscheinungsformen* und seinen *eigenen zeitlichen Rhythmus.*

Es ist in vielen Fällen möglich, Wettervorgänge zu identifizieren. Probleme ergeben sich aber, wenn das beobachtete Wetter nicht ohne weiteres mit den Modellvorstellungen übereinstimmt. *Wettervorgänge können sich z. B. gegenseitig beeinflussen und verändern.*

So wird der Tagesgang des Wetters bei Annäherung einer Schlechtwetterfront schwächer. Diese Tatsache läßt sich zur Deutung erster Schlechtwetteranzeichen ausnutzen.

In der Vielfalt der Wetterentwicklung werden auch manche Wetterprozesse nicht bis zu ihrem Ende ablaufen.

Es entwickelt sich vielleicht eine Gewitterwolke, aber bevor sie ihr Reifestadium erreicht, stirbt sie ab. Oder es bilden sich am Vormittag im Tagesgang des Wetters Quellwolken, die den Berg, den wir besteigen, zu vernebeln drohen. Mittags aber schrumpfen sie und sind Mitte Nachmittag ganz verschwunden. In beiden Fällen deutet sich eine allgemeine Austrocknung der Luft bzw. Zunahme eines Hochdruckeinflusses an.

Bei anderer Gelegenheit nähert sich vielleicht eine Warmfront den Alpen, aber bevor sich die mittelhohen Schichtwolken zu einer regenbringenden Wolkenschicht verdichten, lockert die Bewölkung wieder ganz auf. Auch hier tritt ein neuer Einfluß hinzu, möglicherweise eine stärkere Südströmung mit Föhn.

- Eine Wende des Wettertrends deutet auf eine vorübergehende oder anhaltende Umstellung der Wetterlage hin.

Die Analyse der räumlichen Größenordnung der Wolken- und Wettererscheinungen deutet hier auf zwei Vorgänge: Die Cumulus-Wolken entlang den hinteren Bergen sind Ausdruck einsetzenden regionalen Anstaus feuchter Luft, möglicherweise unterstützt durch lokale thermische Aufwinde. Die darüber erkennbare Altocumulus-Schicht signalisiert einen großräumigen Schlechtwetteraufzug aus der Richtung des Bildhintergrunds. Wolkenstimmung am Hafner, Blick nach Nordosten.

Eine Entscheidung über das Ausmaß der neuen Wetterentwicklung läßt sich häufig erst nach mehreren Stunden treffen. So bedeutet eine föhnige Auflösung von Wolken einmal nur eine »Wetterpause« vor der Kaltfront, ein anderes Mal eine generelle Umstellung der Höhenströmung.

Räumliche Größenordnungen

Eine wichtige Aufgabe bei der eigenen Wettervorhersage kommt der *Analyse der räumlichen Größenordnung* der beteiligten Wettervorgänge zu.

- Das Wetter im Gebirge spielt sich häufig in drei räumlichen Größenordnungen ab: der *großräumigen, regionalen und lokalen Wetterentwicklung.*

Bei der großräumigen Komponente ist das Gebirge nur Teilhaber an den Wettersystemen der Tiefs, Fronten, Hochs und Luftströmungen. Diese Wettersysteme lassen sich in ihrem spezifischen Zeitrhythmus mit dem Hilfsmittel des vergleichenden, entwicklungsorientierten Beobachtens in vielen Fällen relativ gut erfassen.

Der regionale Wetterbereich wird insbesondere durch Föhn und Stau repräsentiert. Die lokale Entfaltung kann durch örtliche Barriere- (Stau) oder Wärmeeinwirkungen (Thermik*) gesteuert werden. Ihr Erscheinungsbild ist räumlich sehr variabel und auch zeitlich veränderlicher als andere Wettersysteme.

Erfolgsaussichten der eigenen Vorhersage

Welchen Erfolg kann man als Bergsteiger von einer selbst erstellten Wettervorhersage erwarten?

Eine Vorhersage für nur wenige Stunden wird eher gelingen als die Vorhersage für den ganzen Tag oder gar zwei und mehr Tage.

Die größten *Überraschungen* wird man *bei der Vorhersage von Gewittern, Vernebelung von Bergen und Kaltlufteinbrüchen erleben.* Die Erfahrung lehrt, daß die Richtigkeit einer Mehrstundenvorhersage im Mittel 70–80% erreichen kann. Verläßliche, detaillierte Vorhersagen über einen Tag hinaus sind ohne die Hilfsmittel amtlicher Wetterberichte nur in manchen einfach gelagerten Fällen möglich.

Lawinen

Einführung

Lawinen – Gefahr Nummer eins im winterlichen Hochgebirge

Was kann es schon schöneres geben, als Skifahren abseits der Pisten? Ist es aber auch jedem bewußt, welches Risiko er damit eingeht? Jahr für Jahr fordert der Winter etwa 100 Lawinenopfer, einmal mehr, einmal weniger, im Schnitt trifft diese traurige Zahl zu. Und kann es nicht jedem Skifreund passieren, daß er in die nüchternen Statistikzahlen eingereiht wird? Man ist versucht, dies zu bejahen, weil die grausige Statistik über den weißen Tod seit Jahrzehnten stimmt.

Dagegen steht jedoch die Behauptung der Lawinenexperten, daß rund 90% aller Lawinenunglücke, bei denen Skifahrer in Mitleidenschaft gezogen werden, durch die Beachtung elementarster Grundregeln vermeidbar wären.

Lawinen gefährden von jeher die Bergbevölkerung in den schneetragenden Gebirgen der Erde. Sie fordern Menschenleben in Ländern, die so weit voneinander entfernt sind wie Norwegen von Neuseeland. Die größte Häufigkeit von Lawinenunglücken ist jedoch ohne Zweifel in den dichtbesiedelten Alpen zu verzeichnen. So wurde auch aus der Not eine Tugend geboren, denn alle Alpenländer verfügen heutzutage über amtliche Lawinenwarndienste. Trotzdem bleibt die Lawinengefahr die Gefahr Nummer 1 im winterlichen Hochgebirge!

Auf Skitouren und bei Tiefschneeabfahrten zeigt sich die Natur in ihrer ursprünglichen Schönheit; aber genauso ungezähmt kann sie sich in ihrer Gewalt offenbaren. Die Tiefschneefreunde und Skibergsteiger bilden daher auch den von Lawinen am meisten gefährdeten Personenkreis. Doch das heißt nicht, daß nur sie sich mit der Lawinenlehre befassen sollten, die Statistik beweist immer wieder, auch der Bergsteiger und sogar Bergwanderer kann bei entsprechenden Wetterverhältnissen zu jeder Jahreszeit durch Lawinen bedroht werden.

Sicherheit vor Lawinen heißt: Niemals in eine Lawine geraten! Die Erkenntnis, Lawinengefahr bedeutet Lebensgefahr, ist eine Herausforderung an alle Bergfreunde, im eigenen Interesse zu lernen, wie man dieser Gefahr am besten ausweicht. Oft reicht schon ein relativ knappes Grundwissen, um sicher vor Lawinen zu sein. Dadurch erscheint auch für diesen Teil des Alpin-Lehrplans eine Inhaltsgliederung in eine sogenannte Grundstufe bzw. Oberstufe sinnvoll. Wem die in den Alpen üblichen Informationsquellen (Lawinenlagebericht etc.) stets zugänglich sind, kann mit dem Wissen von Teil I (Grundstufe) auskommen. Die auf Skitouren aber unbedingt erforderliche selbständige Beurteilung der Lawinengefahr beansprucht weiterreichende Kenntnisse, wie sie z. B. aus dem gesamten hier aufgezeigten Lehrweg hervorgehen. Doch darüber hinaus ist auch noch viel praktische Erfahrung notwendig. Besonders für die Einschätzung der Lawinengefahr gilt: Mehr Wissen ist mehr Sicherheit und mehr Erleben!

Lernziele

Die Lernzielbestimmung für einen effektiven Lawinenkundeunterricht muß mehr auf die Praxis ausgerichtet werden. Dies war bislang nur wenig der Fall. Lawinenabgänge finden nun einmal nicht im Saal statt, und so ist die eigentliche Gefahrenursache immer nur an Ort und Stelle feststellbar.

Freude am Lernen ist speziell für die Lawinenlehre unerläßlich; zu viele halten das Thema zwar für wichtig, aber langweilig. Jeder Tiefschneefreund und Skibergsteiger ist zu überzeugen, daß der Schlüssel zum ungetrübten Erlebnis seiner Sportart nur in der richtigen Einschätzung der Lawinengefahr liegen kann.

Hauptsächliche Lernziele für mehr Sicherheit vor Lawinen sind:
Fertigkeiten, Fähigkeiten, Kenntnisse und Einsichten, die eine selbständige Beurteilung der Lawinengefahr ermöglichen und die Durchführung sicherer Touren und Abfahrten gewährleisten.

Dazu gehören folgende Teilziele:

- Interesse für das Thema wecken.
- Die richtige Interpretation der Lawinenlageberichte.
- Kenntnisse aus der Schnee- und Lawinenkunde, die für die Lawinenbildung von Bedeutung sein können.
- Fähigkeiten für die Geländebeurteilung.
- Fähigkeiten für Schneebeobachtungen.
- Kenntnisse über die Wetterfaktoren, welche die Lawinenbildung beeinflussen.
- Beurteilung der Lawinengefahr vor Ort.
- Richtiges lawinengemäßes Verhalten abseits der Piste.
- Wissen um die Lawinengefahr im Sommer und im Bereich der Gletscher.
- Fähigkeiten für eine wirkungsvolle Selbst- und Kameradenhilfe für den Notfall.

Grundkenntnisse

Erfahrungen mit Lawinen

Die Kräfte, welche durch einen Lawinenabgang frei werden können, sind für einen Laien unvorstellbar.
Seine reichste, grausige Ernte hielt der Lawinentod während des Ersten Weltkriegs. Nach einer vorsichtigen Schätzung sollen an der Alpenfront 40 000 Soldaten in Lawinen umgekommen sein. An der Straße von Granjska-gora zum Vrsičsattel in den Julischen Alpen erinnert eine Kapelle an eines der schlimmsten Lawinenereignisse jener unseligen Zeit.
Eine Tafel vermerkt: Die Kapelle, als auch die Straße Granjska-gora – Vrsič – Trenta wurde von russischen Kriegsgefangenen in der Zeit des Ersten Weltkriegs gebaut. Mit der Kapelle wurde ein Andenken an die Opfer der Schneelawine bei Erjavćevakoća im Winter 1915/16 errichtet, wo ca. 400 der russischen Kriegsgefangenen den Tod gefunden haben.

Damals, unter dem »Muß« des Krieges, hatte man kaum eine Chance, den Gefahren auszuweichen. Heute passieren die meisten Lawinenunglücke, weil die Möglichkeit gegeben ist, herrliche Bergerlebnisse in der Freizeit zu sammeln. Wir fühlen uns unter dem Zwang, in der zur Verfügung stehenden Zeit möglichst viel zu erleben. Eine solche Situation bzw. Einstellung erhöht zweifellos die Gefahren ganz beträchtlich.
Aus Unfällen sollte gelernt werden! Das ist eine uralte Minimalforderung, die in ihrer Bedeutung nicht zu unterschätzen ist. Vor allem können bei einer genaueren Definition der Unfallursachen Erfahrungswerte aufgedeckt werden, die speziell zu diesem Thema z. B. »das richtige lawinengemäße Verhalten« wertvoll bereichern. Aus diesem Grund wird hier gleich eingangs versucht, drei – in ihrer Art leider immer wiederkehrende – Lawinenunfallbeispiele zu besprechen.

Lawinenunfall beim Tiefschneefahren

Am Nachmittag des 16. 2. 1972 hatte ein Skilehrer auf dem Kamm zwischen Saalbach und dem sogenannten Schwarzleograben (Kohlmaiskopf-Skigebiet) seine Gruppe an sicherer Stelle postiert und fuhr selbst in den Nordhang ein, um die Technik für das Tiefschneefahren zu demonstrieren. Nach wenigen Schwüngen trat er dabei ein Schneebrett* ab. Beim Versuch, sich durch Schußflucht* seitwärts heraus in Sicherheit zu bringen, trat er weitere Schneebretter* ab, die sich zu einem stellenweise 10 m mächtigen Lawinenkegel* übereinanderschoben.
Die sofort eingeleiteten Rettungsmaßnahmen waren wegen der anhaltenden Lawinengefahr sehr riskant und mußten später eingestellt werden. Erst am nächsten Tag konnte der Verschüttete durch einen Lawinenhund in 6 m Tiefe geortet werden.
Der für den 15. und 16. 2. 1972 bekanntgegebene Lawinenlagebericht vermerkte: »Skitouren oberhalb der Waldgrenze erfordern derzeit große Vorsicht, da im Steilgelände in allen Hangrichtungen mit dem Abgang neugebildeter, labiler Schneebretter* gerechnet werden muß, die von Skifahrern leicht abgetreten werden können.«

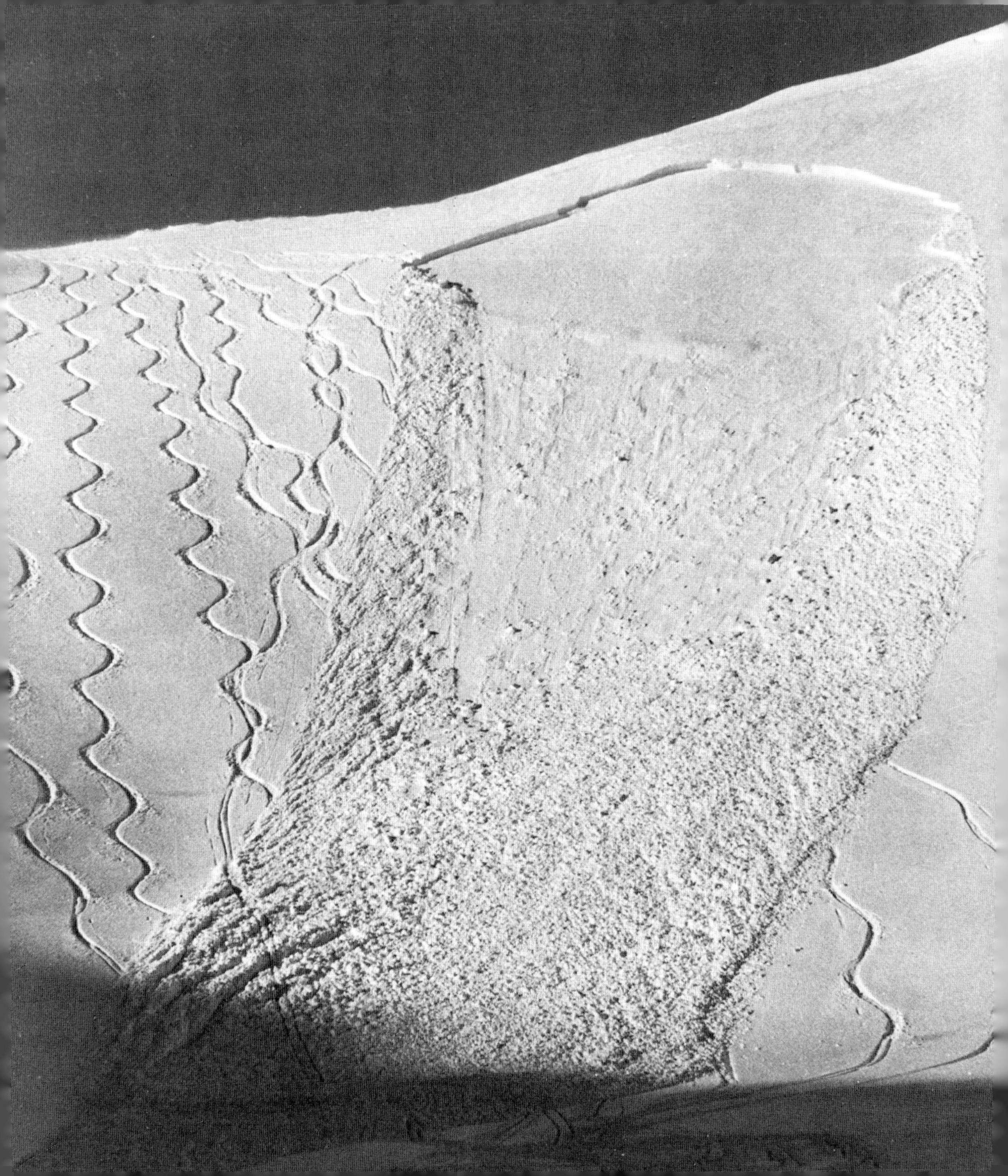

◀ Auch im Januar 1981 wurde im Gebiet von Saalbach viel im Tiefschnee gefahren. Der Lawinenlagebericht lautete für den Aufnahmetag dieses Bildes: »Akute Schneebrettgefahr an Ost- und Südosthängen, insbesondere im kammnahen Bereich.« In der vorangegangenen Nacht waren unter Windeinfluß ca. 30 cm Neuschnee gefallen. Trotzdem konnten einige Skiläufer nicht der Versuchung widerstehen, diesen steilen Südosthang zu befahren.

Welche Erfahrungswerte sind daraus zu ziehen?

- Ein Skilehrer ist im allgemeinen mit der Lawinenkunde vertraut. Der Lawinenlagebericht mahnte zur Vorsicht, und dieser Mahnung wurde zumindest in Teilbereichen – die Skischüler konnten von lawinensicherer Stelle aus den Skilehrer beobachten – Rechnung getragen. Seine eigenen Fähigkeiten hatte der Skilehrer allerdings überschätzt.
- Einer Schneebrettlawine* zu entkommen, ist auch sehr guten Skiläufern durch die Schußflucht* nur in ganz seltenen Fällen möglich. Diese Feststellung bekräftigen ebenso die tragischen Schicksale der Weltklasseskiläufer Barbi Henneberger, Bud Werner und Gertrud Gabl.
- Für eine Lawinenbeurteilung an Ort und Stelle sind stets alle lawinenbildenden Faktoren seitens des Geländes, der Schneedecke selbst und des Wetters zu berücksichtigen. Das Wissen von einem geeigneten Test zur Feststellung der momentanen Schneebrettgefahr vor dem Einfahren in den besagten Nordhang fehlte dem Verunglückten leider.

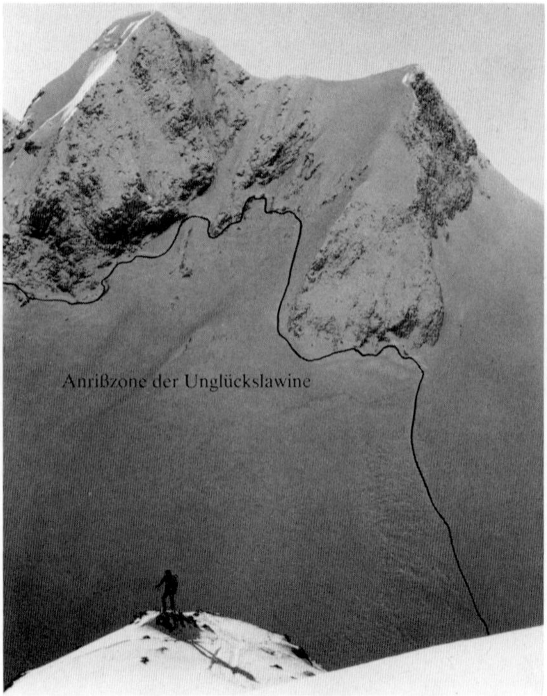

Besonders die steilen Windschattenhänge der »Laufbichler Kirche« lieferten riesige Schneemengen für die Unglückslawine, die einen der beiden Skitouristen in der hier verdeckten großen Mulde erfaßte.

Eine verhängnisvolle Skitour

Schwere Stürme und naßkaltes Wetter herrschten Anfang Januar 1976 in ganz Deutschland vor. In den Bayerischen Alpen waren auf eine verharschte Altschneedecke unter starkem Windeinfluß ca. 30 cm Neuschnee gefallen. Zwei 18jährige einheimische Skibergsteiger hatten für den darauffolgenden ersten Schönwettertag, den 8. 1. 1976, die bekannte Daumentour in den Allgäuer Bergen ausgewählt. Durch die Nebelhornbahn ist der Anstieg für diese Skitour problemlos, und man kann sich schon bald den Abfahrtsfreuden hingeben. Das wollten auch die beiden Freunde. Aber die vorangegangenen Höhenstürme hatten einen mit Orientierungsstangen bestückten Rücken schneefrei gefegt. Eine riesige Mulde zwischen dem besagten Rücken und dem Berg »Laufbichler Kirche« war hingegen von Schnee gefüllt. Das verlockte natürlich, eine Abfahrtsvariante einzuschlagen.

Die Mulde hat Nordost bis Südost gerichtete Hänge, so daß ein größerer Hangbereich bereits am Vormittag der Sonneneinstrahlung ausgesetzt ist. Dies dürfte auch die primäre Ursache für den Lawinenabgang gewesen sein, der stattfand, als die beiden Skiläufer in den gefährdeten Geländebereich einfuhren. Der Vor-

ausfahrende konnte der etwa 300 m breiten Schneebrettlawine* im letzten Moment ausweichen. Der kurz dahinter fahrende Zweite wurde von den Schneemassen erfaßt, sie rissen ihn mit und spülten ihn über eine ca. 50 m hohe Steilstufe. Der Lawinenkegel* wälzte sich in fast noch grüne Almwiesen hinab und türmte sich meterhoch auf.
Die sofort alarmierte Bergwacht setzte mit Unterstützung von Bergführern, der Bundeswehr, der Polizei und dem Zoll über 300 Helfer, 16 Lawinenhunde und vier Hubschrauber zur Rettung ein. Aber es war trotz des enormen Aufwands nichts mehr zu retten, das Opfer konnte nach Tagen nur mehr tot gefunden werden.
Gemäß dem Lawinenlagebericht für den fraglichen Zeitraum war bekannt, daß Windschattenseiten gemieden werden sollten. Nach Meinung der örtlichen Lawinenkommission waren Skitouren wegen der insgesamt knappen Schneelage im Grunde nicht gefährlicher als sonst.

Ein Rettungseinsatz bei einem Lawinenunfall ist meist ein äußerst mühsames, wenig erfolgversprechendes, deprimierendes, aber auch sehr kostspieliges Unternehmen. Nur Wissen, gepaart mit Erfahrung und Vorsicht, sind eine echte Chance gegen den Weißen Tod.

Welche Erfahrungswerte sind daraus zu ziehen?

- Die beiden jungen Skibergsteiger waren Einheimische und kannten sich im fraglichen Gebiet aus. Sie waren somit bei dem herrschenden Schönwetter nicht auf die Orientierungshilfen angewiesen. Es ist auch voll verständlich, daß sie in ihrer Jugend zuerst an eine schöne Abfahrt und nicht an Lawinen gedacht haben.
- Schneearme Winter zeichnen sich für den Skibergsteiger grundsätzlich als lawinengefährlich ab; denn er fühlt sich gezwungen, in höhere Regionen oder wie hier in Geländevertiefungen auszuweichen. Gerade die wenig ergiebigen Neuschneefälle wurden in höheren Lagen von starken Winden begleitet, und diese neue, in sich zwar verfestigte Schicht hatte nur eine scheinbare Verbindung mit der oberflächlich glatten und harten Altschneedecke. Sonneneinstrahlung und damit Erwärmung störte dann das momentan noch vorhandene Gleichgewicht der Kräfte. Genauso hätte eine zusätzliche Belastung von weiteren Schneefällen oder das Befahren durch Skiläufer die spontane Auslöseursache der Lawine sein können.
- Der Versuch, Lawinenopfer lebend zu bergen, kann, ohne daß dabei eine einfallsreiche und aufopfernde Arbeit der Retter irgendwie geschmälert werden soll, von traurig bis deprimierend eingestuft werden. Den Wettlauf mit dem Tod gewinnt zu oft die Lawine.

Die Tragik einer geplanten Silvesterfeier

Der Kreis der Lawinengefährdeten setzt sich nicht nur aus Skiläufern zusammen. Durch die Tatsache, daß Lawinenabgänge in den Alpen ein Ganzjahresereignis sind, gehört der Bergsteiger und Bergwanderer ebenso dazu. Ein besonders tragisches Lawinenun-

glück mit Bergwanderern ereignete sich am letzten Tag des Jahres 1977 in den Loferer Steinbergen. Eine Gruppe junger Leute aus dem Bayerischen Alpenvorland verabredete sich für eine Silvesterfeier auf einer relativ nieder gelegenen Berghütte. Für die Vorbereitungen zur Feier war man schon am Vortag auf dieser Hütte an der sogenannten Anderl-Bauern-Alm. Der Abstieg am Nachmittag des 30. 12. 1977 erfolgte bei noch guten Verhältnissen.
Auch der Lawinenlagebericht vom 30. 12. 1977, 13.00 Uhr, für Silvester/Neujahr vermerkte unter anderem: »Aufgrund der immer noch unterdurchschnittlichen Schneehöhen besteht in mittleren Berglagen im allgemeinen keine Lawinengefahr.«
In der Tat setzte zum 31. 12. 1977 im Gebiet der Loferer Steinberge ein kräftiges Schneetreiben ein. Der Gruppe war ja der Weg zur Hütte gut bekannt, und so wurde der Wiederaufstieg trotzdem versucht. Eine gewaltige Lockerschneelawine, gebildet aus dem frisch gefallenen Neuschnee, riß die acht junge Leute zählende Gruppe mit sich. Alle konnten nur mehr tot geborgen werden, wobei das letzte Opfer erst am 6. Juni 1978 gefunden wurde.

Welche Erfahrungen sind daraus zu ziehen?

- Ein scheinbar nicht aufschiebbarer Termin, wie diese Silvesterfeier auf einer Berghütte, fordert junge Leute geradezu heraus, bei jedem Wetter zu gehen. Meist ist auch in der Gemeinschaft ein trügerisches Gefühl der Stärke vorhanden. Wer glaubt, Termine unbedingt einhalten zu müssen, sollte einen Stützpunkt mit völlig lawinensicherem Zugang wählen.
- Die Unkenntnis und Ahnungslosigkeit gegenüber alpinen Gefahren mit der Fehleinschätzung der überraschend veränderten Wetter- und Lawinenverhältnisse – zum Zeitpunkt, als die Gruppe aufbrach, herrschte starker Schneefall und stürmischer Wind – haben zu diesem Unfall geführt.
- Zu guter Letzt ist es immer das Wetter, das eine rasche Zu-, aber auch Abnahme der Lawinengefahr herbeiführen kann. Mit der Kenntnis des Wettergeschehens, des Mechanismus der Lawinenbildung und der Erfahrung im winterlichen Hochgebirge läßt sich der Grad der Lawinengefahr abschätzen.

Der Lawinenlagebericht und wie er interpretiert wird

Die Lawinenlageberichte oder die Lawinenbulletins, wie sie in der Schweiz genannt werden, sind ein unschätzbarer Service der Lawinenwarndienste für die Skiläufer. Es ist zwar einzuräumen, daß auch damit die Lawinenunfallziffern nicht wesentlich gesenkt werden konnten. Dabei bestehen aber berechtigte Zweifel, ob die amtlichen Lawinenwarnungen in ausreichendem Maß gehört und interpretiert werden. Der Lawinenlagebericht ist für alle Skiläufer gedacht, doch für den Ungeschulten oft nicht leicht verständlich. Daher ist eine Interpretation angezeigt. In einem Lawinenlagebericht spiegelt sich die momentane Lawinensituation über einen abgegrenzten regionalen Bereich wider. Die Bewertungskriterien sind international weitgehend angeglichen.

Im Lawinenlagebericht werden grundsätzlich berücksichtigt

- Die Witterungseinflüsse wie Neuschneemengen, Windeinwirkung oder Temperaturveränderungen.
- Welche Lawinenarten gefahrbringend sein können (z. B. Schneebrettlawinen*, Lockerschneelawinen, Grundlawinen*).
- In welchem Umfang und in welchem Ausmaß Lawinenabgänge zu erwarten sind.
- Welche Hangbereiche (Höhenlage, Hangrichtung, Hangneigung) am meisten gefährdet sind.
- Wie groß die Lawinengefahr allgemein ist:
  gering – mäßig – groß – sehr groß – akut – katastrophal.
- Welche Tendenz vorherrscht:
  zunehmend – gleichbleibend – abnehmend.

Für Tiefschneefahrten und Skitouren werden, in weitere Gefahrenstufen unterteilt, zusätzliche Hinweise gegeben

- Bei grundsätzlich günstigen Verhältnissen für Skitouren kann der Gefahrenhinweis so lauten:
  »In kammnahen Bereichen ist bei Skitouren auf eine geringe Schneebrettgefahr zu achten.«

- Eine bedingte Gefahrensituation wird etwa so kommentiert:
»In Tourengebieten oberhalb der Baumgrenze ist an triebschneebeladenen nord-/ostseitigen Steilhängen eine erhöhte Schneebrettgefahr zu beachten. Skitouren erfordern große Vorsicht, alpine Erfahrung und überlegte Routenwahl.«
- Ist eine sehr große örtliche Gefahr gegeben, dann wird gezielt abgeraten, wie z. B.:
»Ostexponierte Steilhänge sind zu meiden!«
- Die vierte und schärfste Formulierung ist, daß grundsätzlich von allen Skitouren und Tiefschneefahrten abgeraten werden muß. Allgemein wird es sich dabei um »akute« oder »katastrophale« Gefahrensituationen handeln.

Aus dem Lawinenlagebericht ist z. B. zu entnehmen, ob in mittleren Berglagen durch Witterungseinflüsse Schneebrettlawinen bis auf den Grund abgehen können, so wie hier geschehen. Ist das der Fall, so nützt auch eine eigene Schneedeckenuntersuchung an Ort und Stelle wenig. Größte Vorsicht ist geboten, wenn nicht gar von allen Unternehmungen abseits der Piste abgeraten werden muß. ▶

Diesen Lawinenlagebericht gab am 10. Januar 1982 die Lawinenwarnzentrale des Bayerischen Landesamtes für Wasserwirtschaft per Fernschreiben bekannt.

```
lawinenbericht fuer den bayerischen alpenraum
ausgegeben am 10.01.1982 08.00 uhr

bei starkem bis stuermischen wind um west sind im bayerischen
alpenraum seit gestern 30-50 cm, oertlich auch noch mehr neu=
schnee gefallen. weitere niederschlaege werden erwartet, die
bis in mittlere lagen in regen uebergehen.
in talnaehe und in mittleren berglagen muss damit mehrfach mit
dem abgang auch groesserer nasschneelawinen gerechnet werden.
auch hangnahe bergstrassen sind im bereich von lawinenstrichen
gefaehrdet.
in freien hochlagen haben neuschnee und umfangreiche trieb-
schneeansammlungen, besonders an nordost-bis suedostabfallenden
windschattenhaengen, zu einer erheblichen gefahr fuer locker-
schnee-und schneebrettlawinen gefuehrt.
von skitouren und tiefschneefahrten wird deshalb derzeit
dringend abgeraten.

bayer. landesamt fuer wasserwirtschaft-lawinenwarnzentrale-+
```

Wo ist der Lawinenlagebericht zu erfahren?

Der Lawinenlagebericht sollte vor jeder Tour gehört werden, er wird jeden Morgen im Hörfunk ausgestrahlt (Bayern 3 um 9.03 Uhr). Wer früh auf Skitour geht, muß sich auf die Angaben des Vortags stützen. Noch besser, da zeitlich individuell, kann er per Telefon abgerufen werden, und zwar für den deutschsprachigen Raum unter nebenstehenden Nummern:

Skifahrer abseits der Pisten werden oft auf eine für den kammnahen Bereich begrenzte Schneebrettgefahr hingewiesen.

Genauso erfährt man durch den Lawinenlagebericht, wenn an stark besonnten Hängen mit feuchten Lockerschneerutschen zu rechnen ist.

Standardnummern für telefonischen Lawinenlagebericht:

Bayern:	089/1259555
(Österreich: Vorwahl von Deutschland 0043, Landes-0 weglassen)	
Tirol:	05222/196
Vorarlberg:	05522/16
Kärnten:	04222/16
Oberösterreich:	0732/162
Salzburg:	06222/196
Steiermark:	0316/840
Schweiz:	120 (von Deutschland: 0041/1120)
Südtirol:	0471/46611 (von Deutschland: 0039/471-46611)

Die Brauchbarkeit des Lawinenlageberichts für Skitouren

Trotz der umfassenden Informationen, die die Lawinenwarndienste mit den Lawinenlageberichten geben, ist darauf hinzuweisen, daß diese nur eine allgemeine

Beurteilung der Lawinengefahr, bezogen auf einen Großraum (etwa den gesamten Bayerischen Alpenraum) enthalten. Das heißt, der Lawinenlagebericht ist eine unerläßliche Informationsquelle für die Tourenplanung und Vorbereitung. Auf einer Skitour muß man aber in der Lage sein, die örtlich oft recht unterschiedliche Lawinensituation selbständig richtig einzuschätzen. Das kann wiederum nur gelingen, wenn man eine gute, fundierte Ausbildung genossen hat.

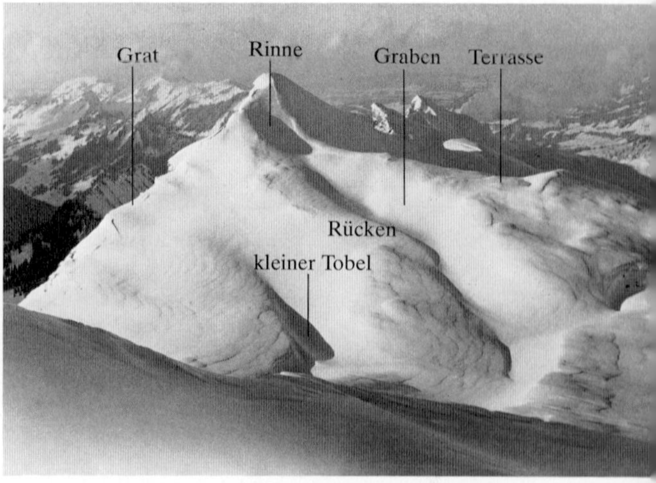

Das Gelände kann nur einen Teilbereich der Lawinenbeurteilung beeinflussen. So betrachtet wäre nur der Gipfel eines Berges der einzig wirklich sichere Punkt vor Lawinen. Glücklicherweise herrscht aber im Verlauf eines Winters die Lawinensicherheit und nicht die Lawinengefahr vor, so daß sehr oft schon positive Geländefaktoren (Grat, Rücken, Terrasse) ausreichende Sicherheit bieten.

Tips für die Gefahreneinschätzung

Sehr oft wird bei den Lawinenlageberichten die Formulierung gebraucht: »Skitouren erfordern alpine Erfahrung und überlegte Routenwahl.« Es wird also von den Freunden abseits der Pisten erwartet, daß sie durch ein entsprechendes Eigenwissen aus der Lawinenlehre eine augenscheinliche Lawinengefahr selbst zu beurteilen vermögen.

Für die Beurteilung der Lawinengefahr ist die Kenntnis der lawinenbildenden Hauptelemente *Gelände, Schneedecke* und *Wetter* unerläßlich.

Leider schließt eine Vielzahl von Faktoren, deren Einflüsse die Lawinenbildung verursachen, eine Aufstellung von Faustregeln aus. Verschiedene Fakten aller drei Hauptelemente spielen stets ineinander. So kann z. B. ein offensichtlich negativ einzustufender Steilhang bei gutem Schneedeckenaufbau und günstiger Sonneneinstrahlung eine optimal sichere Firnabfahrt erlauben. Hingegen kann ein unscheinbar aussehender, nordostgerichteter Minihang nach vorausgehender Kälteperiode mit starker Bildung von Oberflächenreif* und einer sich darauf ablagernden Neuschneeschicht unter starken Winden aus Südwest zur todbringenden Falle werden.
Hinweise auf besondere Merkmale und das Wissen über dic Vielzahl von Faktoren, die eine Gefahr verursachen oder verhindern können, geben eine wesentliche Hilfestellung. Aber nur mit einem großen Kombinationstalent und mit der Zunahme an Erfahrung wird eine Aufschlüsselung der komplizierten Materie Lawinen/Lawinengefahr möglich sein.

Geländebeurteilung

Für die Lawinenbeurteilung müssen seitens des Geländes Berücksichtigung finden:
- Geländeform,
- Hangexposition,
- Hangneigung,
- Oberflächenbeschaffenheit.

Es gibt bei den einzelnen Faktoren immer negative und positive Aspekte, die für die Abschätzung der Lawinengefahr von Bedeutung sein können.

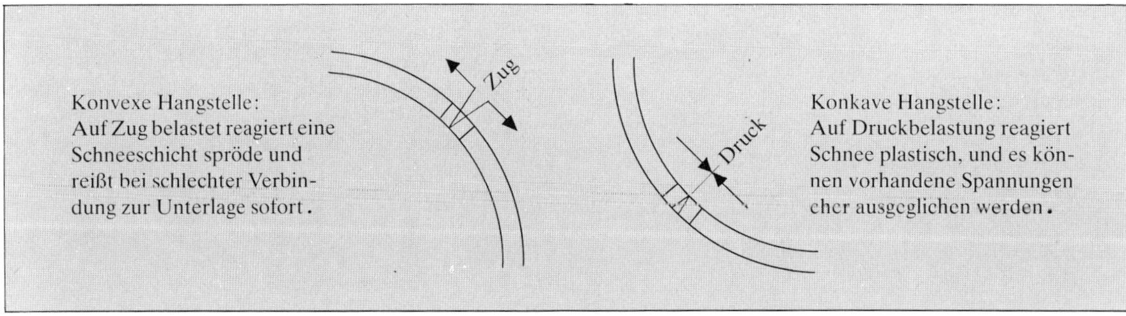

Geländeform
Hinsichtlich der Geländeform gilt allgemein:

- Daß Hänge mit konvexen* Profilen häufiger zur Lawinenbildung (Schneebrettlawinen*) neigen als konkav* abfallende Flanken.
- Daß Rinnen, Gräben und Tobel als vorprogrammierte Lawinenbahnen anzusehen sind (hauptsächlich für Lockerschnee- und Grundlawinen*).

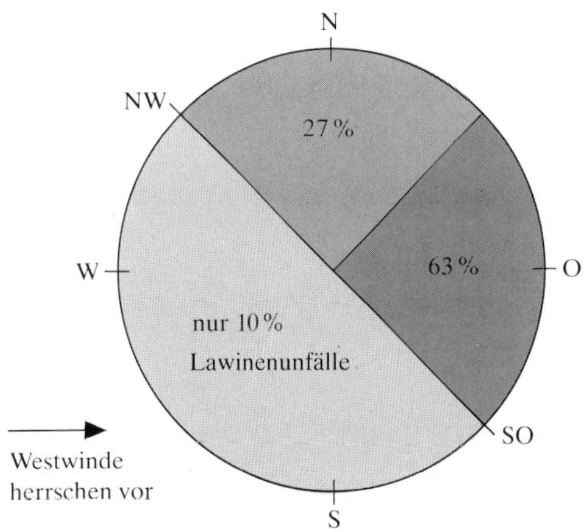

Ursachen:
Schneeverfrachtungen durch den Wind von West nach Ost.

Stärkere Schwimmschneebildung und eingeschneiter Oberflächenreif an den Schattenhängen.

- Daß ein mehrfach gebrochenes Längsprofil* zur Abhebung von Staublawinen führen kann.
- Daß Rücken, Grate und terrassenartige Geländeformen meist lawinensicher sind.
- Daß ein gut kupiertes* Gelände die Lawinengefahr hemmt.

Hangexposition
Damit ist die Hangrichtung gemeint. In diesem Zusammenhang lassen die Aufzeichnungen des Eidgenössischen Instituts für Schnee- und Lawinenforschung auf dem Weissfluhjoch bei Davos interessante Rückschlüsse zu.
Die Statistikzeichnung zeigt bezüglich der Hangexpositionen das anteilmäßige Unglücksgeschehen von 20 Jahren und gibt dem Skiläufer einen deutlichen Wink.

Hangneigung
Wäre die Hangneigung bei der Einstufung der Lawinengefahr der Faktor Nummer 1, dann wäre es um den Skilauf abseits der Pisten schlecht bestellt. Der günstigste Neigungsbereich für das Tiefschneefahren gehört nämlich bei der Lawinenlehre zum sogenannten ungünstigen Gelände.
Im einzelnen kann folgendes aufgezeigt werden:

- Unter 10° Neigung bilden sich praktisch keine Lawinen.
- Zwischen 10°–28° sind Lawinenabgänge selten.
- 28°–45°gilt als Hauptgefahrenzone.
- Über 45° Neigung nimmt die Häufigkeit der Lawinenabgänge zwar noch zu, die mitgeführte Schneemasse jedoch wesentlich ab.

Geländevertiefungen (Mulden) versucht der Wind stets mit Schnee auszugleichen.

Ein so gut kupiertes Gelände läßt auch bei unsicheren Verhältnissen nur Kleinlawinen zu. Mit den vielen Felsinseln hat die Natur eigene Lawinenverbauungen geschaffen.

Nur selten demonstriert ein Gipfel so offensichtlich seine Gefahrenseiten. Die Aufstiegsroute kann daher nur im aufgezeigten Bereich liegen. Aber sogar da ist noch Vorsicht ratsam, die Lawinenbeurteilung darf keine Lücke aufweisen.

Dieser wannenförmige Hang ist windschatten- und schattenseitig und daher von Skitourenfahrern immer mit größter Vorsicht zu betrachten.

Geländevertiefungen sind eindeutig lawinengefährdeter als Erhöhungen. In den Voralpen reicht – wie hier im Gebiet der Winklmoosalm – der schützende Wald über Rücken bis in den Gipfelbereich. Dagegen wird in den Rinnen und Tobeln durch die meist nach Neuschneefällen abgehenden Lawinen ein hemmender Bewuchs verhindert.

Lärchen sind sehr widerstandsfähig. Dieser Baum ist in seiner Jugend des öfteren vom Schnee »gefoltert« worden, sein zuerst hangabwärts gerichteter Wuchs beweist dies. Die im Herbst abfallenden Nadeln fördern das Gleiten der Schneedecke. Lichter Lärchenwald ist bei Lawinengefahr nur ein sehr trügerischer Schutz.

Latschen und andere mittelhohe Sträucher wirken nur lawinenhemmend, wenn sie nicht zugeschneit sind.

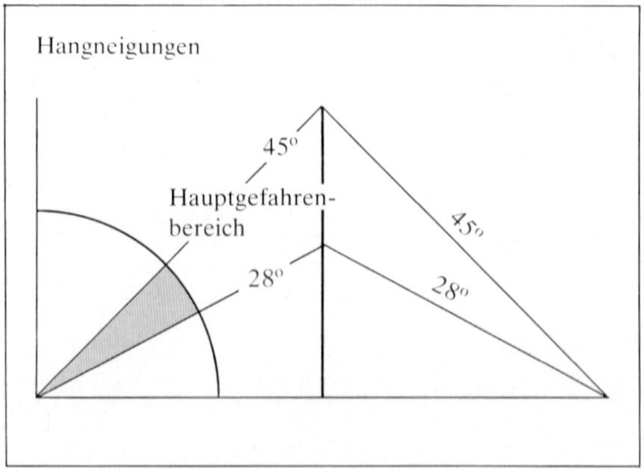

Von den Skiläufern dürften sich ohnehin die wenigsten zutrauen, einen 45° geneigten oder noch steileren Hang zu befahren. Insbesondere der Eisgeher muß aber während und nach Neuschneefällen berücksichtigen, daß in einer steilen Flanke auch schon eine kleine Lawine lebensbedrohend sein kann.

Oberflächenbeschaffenheit

Die Oberflächenbeschaffenheit des Geländes soll von der schneefreien Jahreszeit her bekannt sein; denn auch gutes Kartenmaterial (AV-Karten, Schweizerische Landeskarten) läßt nur eine grobe Orientierung über den Bewuchs zu und ist daher lediglich ein Notbehelf.

Was ist lawinenhemmend, welche Fakten begünstigen die Gleitbewegung bzw. lassen nur ein Kriechen der Schneedecke zu, oder was wird die gefährliche Schwimmschneebildung* fördern?

- Plattenschüsse*, Grashänge oder belaubter Waldboden sind ideale Bewegungsunterlagen für die Schneedecke. Schon geringe Störungen können auf diesen Gleitflächen den Abgang einer Lawine auslösen.
- Kleinsträucher (Alpenrosen etc.), die oft große Hangflächen bedecken, begünstigen die Schwimmschneebildung*.
- Latschen und Erlensträucher werden im Hochgebirge ebenfalls zugeschneit und müssen daher als negativ eingestuft werden.
- Lichte Lärchenwälder sind nur ein recht trügerischer Lawinenschutz.
- Zutage tretende Felsköpfe und Querstufen stützen die Schneedecke.
- Blockwerk und Schutthalden sind eine rauhe Unterlage und behindern die Gleitbewegung des Schnees.
- Kleine Baumgruppen – oberhalb der eigentlichen Waldgrenze – sind sehr günstige Stützen für die Schneedecke.
- Der Bergwald mit genügend Unterholz ist allgemein ein guter Lawinenschutz.

Schneebeobachtungen

Obwohl der Schneedeckenaufbau für jeden Lawinenabgang als erste Ursache zu betrachten ist, bleibt dieser für die meisten Tiefschneefahrer und Skibergsteiger eine unbekannte Größe. Nur durch eine exakte Schulung und lange Erfahrung können der Schneedecke Geheimnisse entlockt werden. Einige augenscheinliche Fakten sind aber auch bei nur oberflächlicher Betrachtung erkennbar. Gewiß ist dies nur der sogenannte »Tropfen auf einen heißen Stein«, doch damit wächst die Erkenntnis, daß in der Schneedecke Leben ist:

- Die vielen Milliarden von Schneeteilchen sind mehr oder weniger in ständiger Bewegung.
- Die Schneedecke kriecht oder gleitet in Abhängigkeit der Rauhigkeit des Bodens auf geneigter Unterlage.
- Die Schneedecke setzt sich meist aus mehreren Einzelschichten zusammen, welche untereinander eine mehr oder weniger gute Verbindung eingehen können.

Veränderungen in der Schneedecke brauchen zwar ihre Zeit, sie sind aber stets mit der entscheidende Faktor für die Lawinenbeurteilung. Eine genaue Festigkeit und deren Richtung im Sinne ihrer voraussichtlichen Zu- und Abnahme (bis 1–2 Wochen voraus) kann nur aus dem Schichtprofil* der Schneedecke abgelesen werden, das durch Aufgraben bis zum Boden freigelegt wird (siehe Seite 163: »Untersuchung der Schneedecke«).

Dem Skiläufer sollte durch Information und einfache Beobachtungen bereits auffallen und ggf. zur Vorsicht mahnen:

- Der Lawinenlagebericht enthält einen Vermerk über die grundsätzliche Festigkeit der Schneedecke. Daraus kann abgeleitet werden, ob mit oberflächlichen Schneebrettlawinen*, Lockerschneelawinen oder mit dem Abriß der gesamten Schneedecke (Grundlawinen*) zu rechnen ist.

Ohne eine fundierte Ausbildung ist es nicht möglich, die Schneedecke zu untersuchen und eine solche Untersuchung richtig auszuwerten.

Bereits einfache Beobachtungen können aufschlußreich sein. Die glatte Unterlage (Blech) verursachte den Gleitvorgang des abgelagerten Schnees auf dem flachen Hüttendach. Trotz des freien Hängens kam der gut verfestigte Schnee kaum zu Bruch. Es ist anzunehmen, daß die Schneedecke mit der natürlichen, rauheren Unterlage eine günstige Verbindung hat und die in sich gute Verfestigung zur gegebenen Zeit ebenfalls nicht auf Lawinengefahr schließen läßt.

- Eine lockere Pulverschneeauflage gilt als spannungsfrei und kann, außer im Steilgelände, als sicher betrachtet werden.
- Dickgefrorene Harschschichten kompensieren die Aktivitäten der Schneedecke weitgehend, und eine leichte Auffirnung erlaubt dem Skiläufer sogar das Befahren exponierter* Geländeformen.
- Bei einer von der Tiefe her aufgelockerten Schneedecke (Schwimmschnee*, Sulzschnee*) – die Oberschicht trägt auch mit Ski kaum – ist höchste Vorsicht geboten.
- Aufgeweichter Schnee hat einen hohen Wassergehalt und daher ein extrem hohes Raumgewicht; bereits kleine Schneerutsche sind in diesem Fall gefährlich.
- Ein vom Wind veränderter und verformter Schnee deutet stets auf die für den Skiläufer sehr gefährlichen Schneebrettlawinen* hin. Schnee, der z. B. beim Treppenschritt mit Ski Schollen bildet, ist schneebrettverdächtig.
- Die Grenze zwischen Festschnee und Lockerschnee (z. B. Packschnee* und Pulverschnee) ist oft schwer definierbar. Sobald die Einzelkristalle nicht mehr volle freie Bewegung haben, können Spannungen entstehen, die zur Bildung von Schneebrettlawinen* führen.

Schnee ist eigentlich träge, aber die Faktoren des Wetters lassen ihn auf geneigter Unterlage zu einer hochbrisanten Materie werden.

Einflüsse des Wetters

Wenn auch die drei Hauptelemente für die Beurteilung der Lawinengefahr (Gelände, Schneedecke, Wetter) stark ineinander verzahnt sind, so sind es trotzdem die verschiedenen Witterungseinflüsse, die zu guter Letzt eine Beurteilungsentscheidung am massivsten beeinflussen. Wer viel im Gebirge unterwegs ist, hat erfahren, wie launisch und schnell wechselnd das Wetter am Berg sein kann. Daraus resultiert die unbedingte Notwendigkeit: Man muß sich immer mit den Witterungskriterien auseinandersetzen, welche die Lawinengefahr erhöhen bzw. hemmen können!

Als besonders wichtige Faktoren gelten:
- Bewölkung,
- Lufttemperatur,
- Niederschlag,
- Wind.

Während die Bewölkung eher einen stabilisierenden als labilisierenden Einfluß auf die Schneedecke ausübt, ist die Wirkung des Windes grundsätzlich als negativ zu betrachten. Die Lufttemperatur und der Niederschlag können sowohl »gute«, als auch »schlechte« Schnee- und Lawinenverhältnisse schaffen.

Bewölkung

Die Bewölkung isoliert die Schneedecke vor intensiver Sonneneinstrahlung am Tag und vor der Kälte in der Nacht.
- Nur klare und kalte Nächte lassen also den aus dem Schnee ausstrahlenden Wasserdampf sofort sublimieren*, was eine Reifbildung auf der Schneedecke zur Folge hat. Auch der aus der Feuchtigkeit der Luft über der Schneeoberfläche entstehende Wasserdampf trägt dazu bei. Speziell an Schattenhängen (eine Aufzehrung durch Sonneneinstrahlung fehlt hier) kommt es bei langanhaltendem kalten Schönwetter zu extremer Oberflächenreifbildung*. Ist dieses äußerst lockere Gefüge Oberflächenreif* auf einer verfestigten Schicht entstanden und wird dieser mit einer windbeeinflußten Neuschneeschicht abgedeckt, so hat sich ein Gefahrenherd ersten Ranges gebildet, der unter Umständen lange fortbestehen kann.

Lufttemperatur

Besonders zu berücksichtigen sind:
- Warmlufteinbrüche und Föhn schaffen an allen Hangrichtungen eine Lawinenkrise, die aber durch rasche Entladung der Hänge oft nur kurzzeitig ist.
- Eine Abkühlung am Nachmittag bis zum Abend bringt nach intensiver Sonneneinstrahlung und Erwärmung nur eine scheinbare Stabilisierung, die sehr trügerisch sein kann.
- Erst nach einer wirklich kalten Nacht kann bei vorangegangener Aufweichung des Schnees wieder von genügend sicheren Lawinenverhältnissen gesprochen werden.

Lockerer Neuschnee (Pulverschnee) von mittlerer Menge (ca. 30 cm) und auf einer Unterlage von mittlerer Neigung (ca. 30°) birgt kaum eine Gefahr.

Niederschlag
Hierbei ist für den Skiläufer der Gefahrengrad hauptsächlich von der Neuschneemenge ablesbar. Aufgrund bisheriger Erfahrungen ist die Abstufung bei Schneefall ohne Windeinwirkung (Windeinfluß erhöht die Gefahr beträchtlich) wie folgt:

10–30 cm:	Aufkommende Gefahr in Tourengebieten! Für Tiefschneeabfahrten und Skitouren sind aber für Erfahrene meist günstige Verhältnisse gegeben.
30–50 cm:	Mäßige bis große Gefahr in Tourengebieten! Tiefschneefahrten und Skitouren sind nur unter entsprechender Vorsicht durchführbar.
50–70 cm:	Große bis sehr große Gefahr in Tourengebieten, Gefährdung einzelner Tallagen! Ungünstige Geländebereiche sind von Skiläufern zu meiden.
70–120 cm:	Sehr große bis akute allgemeine Gefahr! Von Skitouren und Abfahrten abseits gesicherter Pisten ist abzuraten.
Über 120 cm:	Katastrophensituation!

Wind
Der Wind ist der Baumeister der Schneebrettlawinen*. Windbegleitende Schneefälle und Triebschneeansammlungen* sind stets lawinenverdächtig. Der Wind verdichtet den gefallenen Neuschnee, die einzelnen Kristalle sind daher nicht mehr frei beweglich,

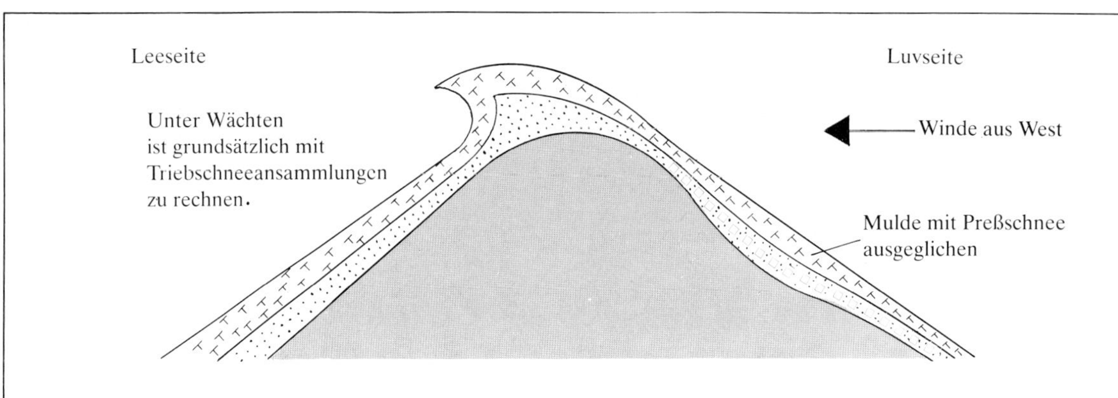

und so kommt es zu ungünstigen Spannungsverhältnissen auf geneigter Unterlage. Eine schlechte Verbindung von Schicht zu Schicht läßt sich nur durch einen exakt auszuführenden Test feststellen (siehe Seite 163: »Untersuchung der Schneedecke«).

Wo solche Gefahrenquellen hauptsächlich lauern:

- Wächten zeigen die Gefahrenrichtung ganz offensichtlich. An den Hängen darunter lagern oft mächtige, abrutschbereite Schneemassen.
- Aber auch ohne Wächtenbildung ist in kammnahen Bereichen auf Lee* – der dem Wind abgekehrten Seite – stets große Vorsicht geboten.
- Mulden werden vom Wind mit Trieb- oder Preßschnee ausgeglichen. Dies kann an allen Hangrichtungen geschehen, so daß eine genaue Abgrenzung und Erkennung der Gefahrenorte sehr schwierig ist.

Der Wind ist der Baumeister der Lawinen, insbesonders der Schneebrettlawinen. Und die Temperatur (hier Sonnenstrahlung) sorgt dafür, daß das grundsätzlich schwache Bauwerk in sich zusammenbricht und als Lawine abgleitet.

Schon ab Stärke 3 nach der zwölfstufigen Beaufortskala (13–18 km/h) ist der Wind in der Lage, Schnee aufzuwirbeln und zu verfrachten. Vom Wind verfrachteter Schnee ist stets lawinenträchtig!

Verhaltensregeln abseits der Pisten

Es mag dem einen oder anderen unnötig erscheinen, hier an relativ einfache und ihm vielleicht schon bekannte Regeln erinnert zu werden. Doch die Erfahrung zeigt, daß es notwendig ist, von jedermann auf Ski mit allem Nachdruck zu fordern, sich lawinengemäß richtig zu verhalten.
Lawinengemäßes Verhalten wird objektiv* und subjektiv* beeinflußt. Beide Betrachtungsweisen können von gleicher Bedeutung sein.

> Man muß sich stets bewußt sein:
> Lawinengefahr ist Lebensgefahr!
> Ein lächerlich kleiner Hang mit einer dünnen Schneedecke kann bereits zur todbringenden Gefahr werden.

Dazu ein Rechenbeispiel: Eine kleine Schneebrettlawine von 50 m Breite, 50 m Höhe und 40 cm Dicke bewegt 1000 m^3 Schnee mit einem Mindestgewicht der Masse von 100 t. Ein Bruchteil davon reicht bereits zur Verschüttung eines Skiläufers.
Jeder, auch der kleinste Lawinenunfall birgt also ein hohes Risiko!
Alle Unternehmungen mit Ski in unüberwachten Gebieten, wo Lawinen nicht auszuschließen sind, erfordern:

- Eingehende und zuverlässige Informationen.
- Viel Wissen und genaue Beobachtung.
- Richtiges lawinengemäßes Verhalten.

◀ Schneebrettlawinen bilden die Hauptgefahrenquelle für Tiefschneefahrer und Skibergsteiger. Für ca. 90% aller skitouristischen Lawinenunglücke zeichnet diese Lawinenart verantwortlich. Der Wind kann während und nach Neuschneefällen in wenigen Stunden eine akute Schneebrettgefahr verursachen.

Lawinengemäßes Verhalten erfordert Disziplin. Lawinensperrungen sind von allen Skifahrern einzuhalten. Sie sind nur im organisierten Skiraum üblich und zeitlich begrenzt (solange es die Gefahr erfordert).
Sperrtafeln bei akuter Lawinengefahr: 50 × 70 cm, Grund gelb, Schrift und Karo schwarz, Ring rot. Zur Sperrung von Skiabfahrten bei akuter Lawinengefahr. Design und Grundfarben der Lawinensperrtafeln sind seit 1980 international angeglichen.

Zuverlässige Informationen

- Als eine bedeutende Informationsquelle ist ohne Zweifel der amtliche Lawinenlagebericht anzusehen (siehe Seite 125 »Der Lawinenlagebericht und wie er interpretiert wird«). Schon zu Hause ist damit eine rasche und zuverlässige Vorinformation möglich (siehe Seite 128: »Wo ist der Lawinenlagebericht zu erfahren?«).
- Verläßliche Auskünfte können auch bei den örtlichen Sicherheitsdiensten, den Lawinenkommissionen, der Polizei, bei einem alpinen Auskunfts- bzw. Bergführerbüro oder einer Bergrettungsdienststelle eingeholt werden.

Lawinenwarntafeln: 50 × 70 cm und 35 × 50 cm. Warnung vor Lawinengefahr im freien Skigelände. In Österreich trifft man grundsätzlich diese Lawinenwarntafeln an.
Warnschilder können im Gegensatz zu Sperrschildern den ganzen Winter über aufgestellt bleiben. Sie sollen die Skifahrer warnen, daß im sog. freien Skigelände an exponierten Stellen mit Lawinengefahr zu rechnen ist.

- Dagegen ist der übliche Tip, Auskünfte von Einheimischen zu erfragen, oft nur mit Vorsicht zu gebrauchen. Durch die rasche Erschließung der Alpen ist die für eine Lawinenbeurteilung abseits der Pisten notwendige Beziehung zur Natur meist nicht mehr in ausreichendem Maße gegeben.
- Richtiges lawinengemäßes Verhalten erfordert auch Disziplin. Die Sperrung einer Skiabfahrt ist keine Willkür, wie leider immer noch manche Skiläufer glauben, sondern eine lebenschützende Notwendigkeit. Für die visuelle Lawinenwarnung werden seit 1980 allgemein zwei verschiedene Tafeln verwendet; die *Karotafel mit Verbotskreis für Sperrungen* und die *Tafel mit einer weißen Hand für Warnungen* vor besonders gefährdeten Geländebereichen.

Mit offenen Augen ins freie Gelände

Im freien Skigelände ist eine gezielte Beobachtung unerläßlich. Viele wichtige Faktoren sind bereits unter »Tips für die Gefahreneinschätzung« (siehe Seite 129) aufgeführt. Nur wer ein umfangreiches Wissen besitzt, wird unterwegs richtig beobachten und die höchstmögliche Sicherheit vor Lawinen erreichen. Irgendwo und irgendwann ist in den Bergen immer, meist eine örtlich begrenzte, Lawinengefahr vorhanden. Wie wird uns aber das bewußt, und wie reagieren wir richtig? Es ist leichter, eine akute allgemeine Gefahr abzuschätzen, als eine nur örtlich begrenzte.

Man beachte:
Daß ausgiebige und anhaltende Schneefälle, verbunden mit starkem Wind, höchste Lawinengefahr bedeuten.
Daß etwa 80% aller Lawinen während des Neuschneefalls bis einen Tag nach Beendigung desselben abgehen.
Daß eine starke Erwärmung der Schneedecke, z. B. verbunden mit Föhn oder Regen, ebenfalls eine latente Gefahrenquelle darstellt.

Als zusammenfassende Empfehlung dazu gilt:

- Nach 2–3 Sicherheitstagen wird grundsätzlich eine Beruhigung einer akuten Lawinensituation eingetreten sein. Für Skitouren ist dann wieder grünes Licht gegeben.

Doch es wäre zu einfach, wenn man mit solchen oder ähnlichen Regeln die Lawinengefahr in den Griff bekommen könnte. Welcher Tiefschneefahrer ist schon bereit, nach längerer Schlechtwetterperiode am ersten Sonnentag auf das Befahren unberührter Tiefschneehänge zu verzichten?
Oft darf er sogar fahren, vorausgesetzt natürlich, die Neuschneeauflage ist mit der Altschneedecke gut verbunden. Um dies herauszufinden, muß er sich merken:

- Auf Schneebrett*- und Lockerschneelawinen ist während und nach Neuschneefällen besonders zu achten.

Mit offenen Augen: das heißt, alle aktiven lawinenbildenden Faktoren zu registrieren (z. B. die hier trotz schönem Wetter stattfindende Schneeverfrachtung) und auf ihre Gefährlichkeit abzuschätzen.

luvseitig gepreßter Schnee

Diese Aufnahmen zeigen deutlich, daß der Wind »gearbeitet« hat. Als negativ einzuschätzende Geländezonen (steilere Hänge, Mulden etc.) sollten bei solchen Beobachtungen gemieden werden.

leeseitig gepackter Schnee

- Jede auch noch so unwesentlich scheinende Beobachtung muß registriert, abgeschätzt und berücksichtigt werden.
- Stets sind für eine Entscheidung die Beobachtungen und Feststellungen von allen drei Beurteilungskriterien *Wetter – Schneeecke* und *Gelände* zu berücksichtigen.

Besonders ostexponierte Steilhänge zählen zum lawinengefährdeten Gelände. Die Skiläufergruppe hält davon wegen eines vorausgegangenen Neuschneefalls gebührenden Abstand.

Richtiges Verhalten bei Lawinengefahr

Bei vielen Lawinenunfällen sind die Ursachen von subjektiver* Art, wie:

- Ahnungslosigkeit,
- Befahren von gesperrten Routen,
- Einzelgängertum,
- zu großes Wagnis,
- unsachgemäßes Verhalten.

Bei einer Nennung von Verhaltensregeln muß auch auf den Unterschied von geführten Gruppen zur Skiunternehmung von Kameraden mit gleicher Erfahrung und Ausbildung verwiesen werden. Ein Führer einer Gruppe – juristisch ist es egal, ob er professionell oder ehrenamtlich tätig ist – hat immer allein die volle Verantwortung zu tragen. Er wird daher zwangsläufig jede Situation vorsichtiger abschätzen als die Skitourenfreunde und Tiefschneefahrer, die nur in Eigenverantwortung zu entscheiden haben.

Eine Unterscheidung ist auch noch zwischen geführten Skigruppen und sogenannten Ausbildungskursen für Gruppenleiter oder Skiläufer, welche sich eine Selbständigkeit für die Skitour aneignen wollen, gegeben.

Für eine absolute Ausnützung des Geländes ist in allen Fällen ein diszipliniertes Verhalten Grundvoraussetzung. Absolute Ausnützung aller Möglichkeiten deshalb, weil ein Selbständiger nur dadurch die dringend notwendige Erfahrung während der Ausbildung gewinnen kann.

Allgemeine Verhaltensregeln

- Auswahl des Fahrtenziels und Routenwahl sind in Verbindung mit den vorgenommenen Informationen und Beobachtungen zu treffen.
- Eine vorläufige Auswahl der Route ist mit theoretischem Geländestudium (Führerwerke, Karten), eine definitive Entscheidung erst an Ort und Stelle möglich.
- Vor zu großen Teilnehmerzahlen bei Skitouren ist genauso absolut zu warnen wie vor Alleinunternehmungen.
- Es darf nie vergessen werden, daß sich die Lawinensituation wetterbedingt schlagartig verändern kann. Eine entsprechende Zeiteinteilung oder die rechtzeitige Umkehr sind unerläßlich.
- Die Temperaturverhältnisse sind speziell bei Frühjahrstouren sehr augenscheinlich. Touren, die extremer Sonneneinstrahlung ausgesetzt sind, müssen entsprechend geplant und frühzeitig abgeschlossen sein.
- Nebel und Dunkelheit verhindern die Geländebeobachtungen und schalten diesen Hauptfaktor für die Lawinenbeurteilung aus.
- Untersuchungen der oberen Schneeschichten sind auf der Tour unerläßlich, denn sie geben wirklich brauchbare Beurteilungsmaßstäbe ab (siehe Seite 163: »Untersuchung der Schneedecke«).
- Die heutzutage üblichen elektronischen Lawinenverschütteten-Suchgeräte (»Autophon«, »Ortovox«, »Pieps«, »Redar«, »Ruf«, »Skadi«) beruhen alle auf dem Sender-Empfänger-Prinzip. Doch nur »Ortovox«, »Pieps 3« und »Ruf« sind zur Zeit mit allen auf dem Markt befindlichen Geräten voll verwendbar. Vor jeder Tour sind diese Geräte auf ihre Funktion hin zu überprüfen. Sie sind am Körper und nicht im Rucksack zu tragen.
- Der Spaß am Tiefschneefahren und auf Skitouren ist in jedem Fall zugunsten der Sicherheit zurückzustellen.

Nebel verhindert die Ausnutzung des Geländes und damit eine Abschätzung der Lawinensituation.

Skitouren erfordern Erfahrung und überlegte Routenwahl. Dies ist eine oft gebrauchte Formulierung bei den Lawinenlageberichten. Gefahr und Sicherheit können dicht beieinander liegen. Hier wurde die falsche Wahl der Aufstiegsroute zwei Skitouristen zum Verhängnis. Sie haben an diesem Nordosthang eine mächtige Schneebrettlawine ausgelöst, aus der es kein Entrinnen mehr gab. Bei voller Ausnutzung des Geländes, wie sie die links eingezeichnete Route zeigt, wäre ein sicherer Anstieg möglich gewesen.

Merksätze zur sorgfältigen Geländewahl

- Prüfe jede bereits vorhandene Skispur, denn nur selten ist der Vorgänger ein Lawinenspezialist gewesen.
- Im Aufstieg wie bei der Abfahrt soll man die Schutzfunktion von Rippen, Rücken, günstig posticrten Felsköpfen und Baumgruppen ausnützen.
- Am Wächtengrat bewegt sich der erfahrene Skialpinist nicht auf dem bequemen Flachstück, er weicht in die schneearme Luvseite* aus. Im Spätwinter sind Wächten eine besondere Gefahrenquelle.

Für den Tiefschneefreund bedeutet eine gezielte Lawinenausbildung nicht Einschränkung, sondern intensives Erleben. Der Akteur beweist, daß er gelernt hat, wie das Gelände optimal auszunützen ist: Er fährt exakt auf einem schmalen Rücken.

Leider gibt es bei den Fakten für eine Lawinenbeurteilung auch Ausnahmen von der Regel. Die ausgeprägten Wächten links vom Mittelbergjoch im Gebiet der Wildspitze deuten auf eine nordwestliche Leeseite anstatt auf die dafür übliche Ostrichtung. Auf dem Bild sind die beste Route und eventuelle Gefahrenstellen gekennzeichnet.

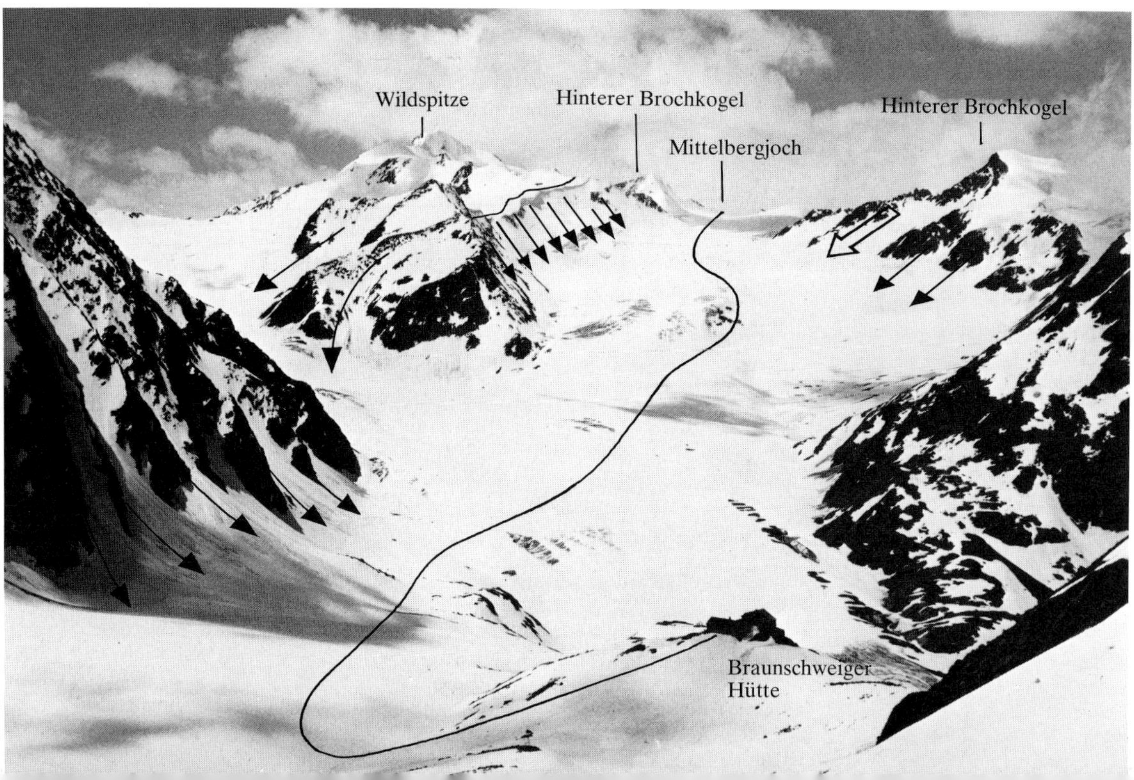

- Lawinen überspülen oft auch flache Geländebereiche. Für Staublawinen sind sogar jedmögliche Hindernisse bedeutungslos.
- Wer lawinenverdächtige Zonen schon beim Aufstieg quert, lebt gefährlich oder – noch deutlicher – nicht mehr lange!

Geführte Gruppen sind oft »in Reih und Glied« unterwegs. Speziell für längere Querungen empfiehlt sich eine sinnvolle Aufgliederung; ein schwächerer Teilnehmer darf aber das gleichmäßigere Gehtempo des Führers beibehalten.

Sichernde Maßnahmen für einen Ausnahmefall

Lawinengefährliche Bereiche sind grundsätzlich zu meiden. Ist es aber einmal unumgänglich, einen lawinengefährdeten Hang zu überwinden (z. B. für Rettungszwecke), so wird folgendes geraten:

- Ein gefährdeter Hang kann nur ganz oben mit Schrägfahrt einigermaßen sicher gequert werden; denn es ist wesentlich weniger gefahrvoll, die Schneemassen unter sich zu haben als über sich.
- Immer nur einer darf sich in der Gefahrenzone bewegen. Die Gefährten beobachten von sicherer Stelle aus exakt.

An Graten ist vor allem auf Wächten zu achten; außerdem erlaubt eine hüftbreite Fußspur ein sicheres Gehen im Schnee.

Bei der Abfahrt ist genau wie im Anstieg eine sinnvolle Aufteilung der Gruppenmitglieder notwendig. An sicheren, übersichtlichen Stellen ist zu sammeln und die Meldung des zuletzt Gehenden bzw. Fahrenden abzuwarten.

In Problemsituationen darf sich immer nur eine Person im Gefahrenbereich aufhalten. Die in diesem Kapitel aufgezeigten Empfehlungen sind nur bedingt brauchbar. Stets ist zu bedenken, daß Lawinengefahr Lebensgefahr bedeutet und solche Vorsichtsmaßnahmen nur das Allerschlimmste verhindern helfen.

- Die Hände müssen aus den Stockschlaufen genommen und die Fangriemen so angebracht sein, daß die Stöcke und Ski im Eventualfall nicht zum Anker werden.
- Eine gut isolierende Kleidung überzuziehen, ist für den aufgezeigten Zweck immer zu empfehlen.
- Als besonders verdächtig gelten Windschatten- und Schattenhänge. Auch bei der Abfahrt kann bei einer labilen Lawinensituation mit zu langen Querfahrten, scharfen Schwüngen oder einem Sturz eine Lawine ausgelöst werden.
- Als sogenannte letzte Chance kann ein guter Skiläufer beim Bruch der Schneedecke die Schußflucht*, die rasende Ausfahrt aus dem Gefahrenbereich, versuchen.

Resümee

Alle diese Tips können nur Anhaltspunkte sein. Wie sie in der Praxis zu einer positiven Anwendung gelangen, hängt von der jeweiligen Situation sowie von der bereits erlangten Erfahrung und Geschicklichkeit ab. Mit den Kapiteln »Tips für die Gefahreneinschätzung« (siehe Seite 129) und »Verhaltensregeln abseits der Pisten« (siehe Seite 139) ist ein Arbeitskatalog entstanden, der im Verbund mit dem Lawinenlagebericht eine Einschätzung der Lawinengefahr für einfachere Tiefschneefahrten und Skitouren ermöglicht. Dem selbständigen Skialpinisten und ganz besonders den Leitern von Skigruppen sei dringendst geraten, sich intensiv mit der gesamten Schnee- und Lawinenkunde zu befassen. Gefährlichster Feind für den Skifahrer abseits der Pisten ist die Schneebrettlawine*, und dieser Gefahrenkomponente ist mit Schneedeckenuntersuchungen am ehesten beizukommen.

Weiterführende Kenntnisse

Der Lawinenwarndienst

In Skiläuferkreisen wird sehr oft eine unsachgemäße Kritik über gegebene Lawinenwarnungen geübt, die aber in keiner Weise gerechtfertigt ist. Es ist zwar verständlich, wenn einer in ihrer Konzeption und Arbeitsweise dem Skifahrer fremden Einrichtung Skepsis entgegengebracht wird. Doch daraus resultiert die dringende Notwendigkeit, den Lawinenwarndienst ins rechte Licht zu rücken. Aber auch deshalb, weil durch die segensreichen Tätigkeiten der Lawinenwarndienste die Möglichkeiten einer richtigen Beurteilung der Lawinengefahr überhaupt erst geschaffen wurden. Jeder Bereich der Lawinenlehre wird von der kontinuierlichen Arbeit der verschiedenen Einrichtungen der Lawinenwarndienste ständig ergänzt und erweitert.

Streiflichter aus der Lawinenforschung

Lawinen, die Geißeln der Alpen, wie sie der Brite C. Fraser nennt, haben seit alters her der Bergbevölkerung Angst und Schrecken eingejagt. Und bei der heutzutage üblichen Herausforderung der Natur durch den Menschen braucht sich niemand zu wundern, daß die Zahl der Lawinenopfer nicht gesenkt werden kann. Der Einzug des Skilaufs in den Alpen schuf einen besonders akuten Gefahrenherd. Wintersportzentren mit Skikarussells sind bis in die Gletscherregionen hinauf entstanden. Gäbe es nicht die wissenschaftliche Erfassung der lawinenbildenden Hauptelemente (Wetter, Schneedecke und Gelände) durch die Lawinenwarndienste, die negativen Folgen wären gar nicht auszudenken.
Eine vollständige Chronik der Lawinenforschung würde den Rahmen dieser Lehrschrift sprengen, so soll nur stichpunktartig der Umfang großer und verdienstvoller Forschertätigkeit angedeutet werden:

- Der Skibergsteiger Professor Dr. W. Paulcke aus Karlsruhe lieferte mit seinen beiden Büchern »Lawinengefahr, ihre Entstehung und Vermeidung« (1926) und »Praktische Schnee- und Lawinenkunde« (1938) einen wichtigen Grundstock.
- Aus Japan kommt z. B. die Nachricht, daß es 4360 verschiedene Schneekristalle gibt.
- Sowjetrussen berichten, daß im Pamir Staublawinen mit 500 km/h Geschwindigkeit abgehen können.

Verschiedene Länder haben in ihren Gebirgszentren spezielle Lawinenforschungsinstitute errichtet. So unterhält z. B. der OeAV auf der Rudolfshütte eine Forschungsstelle der Universität Salzburg für Schnee- und Lawinenkunde. Das heute schon beinahe legendäre und in Europa immer noch richtungweisende Eidgenössische Institut für Schnee- und Lawinenforschung auf dem Weissfluhjoch (2663 m) bei Davos in der Schweiz (1936 provisorisch errichtet und seit 1942 voll installiert) ist mit Sicherheit das berühmteste seiner Art.

Der Schutz von Leben und Gut ist die ureigenste Aufgabe der Lawinendienste. Besonders gefährdeten Orten (rechts Realp im Schweizer Kanton Uri) und öffentlichen Verkehrswegen versucht man mittels Aufforstung von sog. Bannwäldern und künstlichen Anrißverbauungen (siehe Detailaufnahme unten) einen ständigen Schutz zu geben. Am Ortsrand von Realp sind auch noch Ablenkmauern zu erkennen. Skipisten werden hauptsächlich durch das Absprengen von Lawinen gesichert.

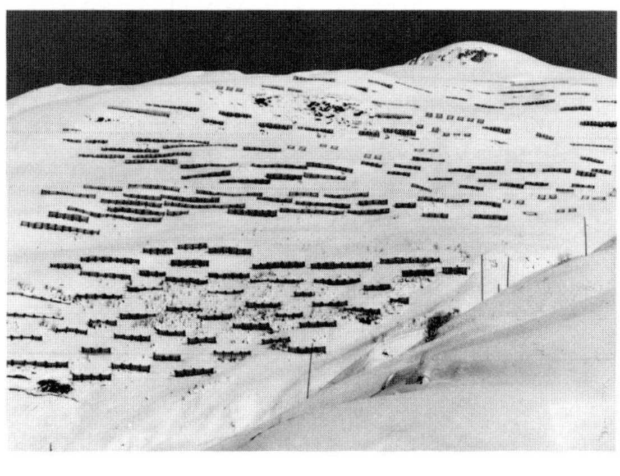

Anrißverbauungen
Bannwald
Ablenkmauer
Ablenkmauer

Dieses Institut ist in sechs Arbeitsbereiche aufgegliedert:

- Die erste Sektion erforscht die Klimatologie in Verbindung mit allen Aspekten des Schneefalls. Diese Unterabteilung erstellt das »Lawinenbulletin« für das Schweizer Alpengebiet, dabei stützt man sich auf die täglichen Schnee- und Wettermeldungen von 50 Beobachtungsstationen, die über den gesamten Schweizer Alpenraum verstreut liegen.
- Sektion zwei bearbeitet das Wissensgebiet der Schneemechanik*. Aus den hier gewonnenen Erkenntnissen kristallisieren sich z. B. die günstigsten Formen von Lawinenverbauungen heraus.
- Sektion drei untersucht den Einfluß des Schnees auf die Vegetation.
- Die vierte Sektion des Instituts ist mit der Grundlagenforschung von Schnee und Eis beauftragt.
- Die atmosphärische Eisbildung wird in der fünften Abteilung erforscht. Eine spezielle Zielsetzung ist dabei die Verhinderung von Hagelschäden.
- Mit der Problematik von Schnee und Eis auf Straßen befaßt sich die sechste und letzte Unterabteilung des Instituts.

Aufgabenstellung und Arbeitsweise

Gewiß benötigt nicht jedes Alpenland ein eigenes Lawinenforschungszentrum. Es genügt, daß überall im Alpenraum eigene Warnsysteme – unter besonderer Berücksichtigung der regionalen Verschiedenheiten – eingerichtet sind. Es brauchte aber fast überall einen traurigen, aktuellen Anstoß für die Gründung der Lawinenwarndienste. So geschehen auch in Deutschland durch das schwere Lawinenunglück vom 15. Mai 1965 auf der Zugspitze. Aber der inzwischen 17 Jahre alte Bayerische Lawinenwarndienst kann auf einen beachtlichen Erfolg zurückblicken: Seit seiner Einführung gab es im Freistaat auf den freigegebenen Skiabfahrten und Bergstraßen keinerlei Lawinenunfälle mehr; obwohl ein Restrisiko nie ganz auszuschließen ist.

Ein gut organisierter Lawinenwarndienst ist für bewohnte Berggebiete zur lebensnotwendigen Einrichtung geworden. Seine Aufgabe ist es, alle öffentlich zugänglichen Einrichtungen vor den Gefahren durch Lawinen zu schützen.

Die Arbeitsweise der Lawinenwarndienste ist international weitgehend gleich. Für die Bayerischen Alpen läuft diese wie folgt ab:

Die Lawinenbeobachter von
14 Meß- und Beobachtungsstellen
sowie
6 Stationen des Deutschen Wetterdienstes
zwischen Berchtesgaden und Oberstaufen und
zwischen 1200 und 2600 m üb. NN

geben täglich frühmorgens fernmündlich ihre Beobachtungen und Messungen über die örtliche Wetter-, Schnee- und Lawinensituation sowie zweimal im Monat eine Schneeprofilaufzeichnung*
an die

↓

Lawinenwarnzentrale
in München.

Diese erarbeitet den täglichen Lawinenlagebericht,
und sie
berät und informiert

berät ↓

über das Fernschreibnetz
der Polizei

↓

die Lawinenkommissionen in den Wintersportzentren, eine grundsätzlich mit 5 Mitgliedern besetzte Fachgruppe meist aus Angehörigen der Polizei, Bergwacht und Zoll bzw. Bergführern und Skilehrern. Die Kommissionen empfehlen den

↓

Verkehrssicherungsträgern
(Gemeinde, Landratsamt, Bergbahn etc.),
ggf. Skipisten oder Straßen usw.
zu sperren bzw. eine Sperrung wieder aufzuheben.

informiert ↓

über Rundfunk, Presse
und Telefontonband

↓

mit dem Lawinenlagebericht alle Skiläufer, Autofahrer bzw. anderweitig Interessierte über die momentane allgemeine Lawinensituation in den Bayerischen Alpen.

Schnee, Grundmaterial der Lawinen

Demjenigen, der selbständige Exkursionen abseits der Pisten unternehmen oder gar verantwortlich leiten will, reichen die in der Grundstufe gegebenen Informationen oft nicht mehr aus. Meist sind nach Neuschneefällen Situationen vorgegeben, die an Ort und Stelle eine sofortige und exakte Lawinenbeurteilung verlangen. Dafür muß sozusagen die Sache bis auf den Grund (hier der Schnee) »erforscht« werden.

Entstehung des Schnees

Bei Abkühlung wasserdampfgesättigter Luft unter 0° C kommt es zu einer Bildung von Eiskristallen (= Schneekristalle), die sowohl in freier Atmosphäre als auch auf unterkühlten Festkörpern entstehen können. Spezielle Angaben dazu siehe Seite 68: »Mischwolken – Eiswolken«. Die Temperatur und die davon abhängige Feuchtigkeitsmenge der Luft beeinflussen die Form der Kristalle.

So entstehen z. B.:

- Plättchen bei geringer Luftfeuchtigkeit.
- Sterne bei relativ großer Luftfeuchtigkeit.
- Nadeln bei Temperaturen nahe dem Gefrierpunkt.

Schneekristalle haben zwar stets eine 6seitig-symmetrische Grundform, die ihrem äußeren Bild nach sehr verschieden aussehen kann. 4360 verschiedene Abarten hat man festgestellt! Es genügt aber sicherlich, wenn die acht Grundkristallformen bekannt sind:

- Plättchen,
- Plättchen mit Entenfüßen,
- Sterne,
- Säulen,
- Nadeln,
- Igel,
- Hanteln,
- Scheinbar unregelmäßige Teilchen.

Warme Luft kann bekanntlich mehr Wasserdampf aufnehmen als kalte. Deshalb schneit es bei Temperaturen um 0° C ganze Kristallgefüge – die Schneeflokken – und bei großer Kälte nur mehr Einzelkristalle. Schnee, der sich auf unterkühlten Festkörpern bildet, z. B. auf der Schneeoberfläche oder auch in bodennahen Schichten, ist als Oberflächenreif* bzw. Tiefenreif (Schwimmschnee*) bekannt.

Umwandlungsformen

Von der Entstehung bis zur Aufzehrung ist der Schnee in ständiger Umwandlung begriffen. Der sogenannte Schwimmschnee* ist oft das Endprodukt dieses Vorgangs, der sich hauptsächlich in der Schneedecke abwickelt.

Schneekristalle sind ein Wunder der Natur. Dieser Stern wurde extrem vergrößert; seine Normalgröße weist nur einen Durchmesser von 7 mm auf.

Die Schönheit der Schneekristalle vergeht leider sehr schnell. Den Kristallen an der Oberfläche setzt die Sonneneinstrahlung am meisten zu. Der Umwandlungsgrad läßt sich auf schwarzer Unterlage mit einer Lupe genau bestimmen.

Im einzelnen ist zu unterscheiden:

- die abbauende Umwandlung,
- die aufbauende Umwandlung,
- die Schmelzumwandlung.

Abbauende Umwandlung

Die abbauende Umwandlung der Schneekristalle beginnt nach Meinung der Lawinenexperten bereits in der freien Atmosphäre durch gegenseitiges Scheuern und Anschlagen. Dieser mechanische Vorgang wird durch den Wind besonders gefördert.
Noch viel folgenschwerere Veränderungen erfahren die Schneekristalle in der Schneedecke durch den Druck des Eigengewichts in Verbindung mit der Temperatur und dem Wasserdampfgehalt. Durch randliche Verdampfung werden die zackigen Kristalle zu kleinen, rundkörnigen Gebilden abgebaut.

Aufbauende Umwandlung

Nur bei geringer Schneebedeckung kann es zur Aufschmelzung oder Sublimation (unmittelbarer Übergang von Schnee in Wasserdampf) kommen. Gewöhnlich kommt es vor allem in bodennahen Schichten zur aufbauenden Umwandlung. Dieser Prozeß ist von einem Temperaturgefälle in der Schneedecke abhängig, welches erfahrungsgemäß im Hochwinter am stärksten auftritt. Der Boden gibt Wärme frei. Bereits bei einer Mächtigkeit von ca. ½ m isoliert die Schneedecke so günstig, daß auch bei tiefen Temperaturen an der Verbindungslinie Schnee/Boden 0° C gemessen werden. Je größer das Temperaturgefälle, um so in-

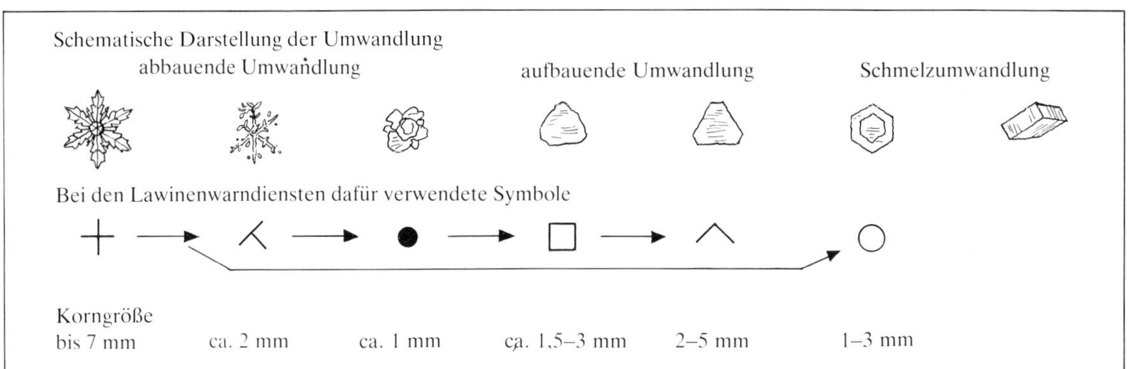

tensiver die aufbauende Umwandlung und somit die gefährliche Schwimmschneebildung*. Die durch die Sublimation der untersten Kristalle entstandene feuchtwarme Luft läßt in dem darüberliegenden Schichtkomplex große Becherkristalle entstehen.

Schmelzumwandlung
Oft werden bei extremen Wetterverhältnissen Phasen der Umwandlung übersprungen. Meist handelt es sich dann um ein rasches Schmelzen am Tag und ein Wiedergefrieren in der Nacht usw. Wir bezeichnen diesen direkteren Vorgang als Schmelzumwandlung. Das Produkt ist hier grobkörniger Altschnee.

Schneearten

Die Schneearten, die am Schichtenbau der Schneedecke beteiligt sind, werden grundsätzlich nach ihrem Alter bzw. dem Umbildungsgrad der Kristalle unterschieden. In der groben Unterteilung unterscheidet man:
- Neuschnee (jünger als 24 Stunden).
- Altschnee (älter als 24 Stunden).
- Lockerschnee (jedes Kristall frei beweglich).
- Festschnee (Kristalle voneinander abhängig).

Dem Skiläufer und Winterbergsteiger sind aber meist andere Namen geläufig.

Gefahrenbringende Schneearten
Als gefahrenbringende Schneearten sind folgende einzustufen:
- Packschnee* (ein windbeeinflußter Schnee).
- Pappschnee (eine sehr wasserhaltige Neuschneeart).
- Schwimmschnee* (der im bodennahen Bereich als Kugellager wirkt).
- Eislamellen* (als eingeschneite Gleitschicht).
- Schmelzharsch* (kann, wenn eingeschneit, ebenfalls als Gleitschicht wirken).
- Oberflächenreif* (auf harter Schicht gebildet und z. B. mit Packschnee* abgedeckt gilt er als höchst gefährliche Zwischenschicht).

Andere Schneearten
- Pulverschnee,
- Wildschnee,
- feinkörniger Altschnee,
- Firn (grobkörniger Altschnee).

Aber auch Windharsch*, Schmelzharsch* oder Oberflächenreif* sind als *oberste* Schneeschicht als unproblematisch zu betrachten.

Wesentliche physikalische Eigenschaften

Wärmeleitfähigkeit
Die Wärmeleitfähigkeit wurde bereits bei der Umwandlung angedeutet. Sie ist bei dichtem Schnee besser als bei Pulverschnee, der ca. doppelt so gut isoliert als Nadelholz.

Wasserdurchlässigkeit
Die Wasserdurchlässigkeit des Schnees hängt im besonderen Maße von der Temperatur ab. Wenn es z. B. auf eine kalte Schneedecke regnet, tritt oberflächliche Vereisung ein; nur um 0° C kann Wasser tiefer eindringen. Eine echte Durchfeuchtung der Schneedecke ist im Hochgebirge nur sehr selten vor dem Frühjahr möglich.

Plastizität
Die Plastizität bzw. Verformbarkeit des Schnees ist um so größer, je höher die Schneetemperatur und wenn außerdem noch ein lockeres Gefüge vorhanden ist. Erhöhte Plastizität läßt einen gewissen Spannungsausgleich zu.

Zug-, Druck- und Scherfestigkeiten*
Sie hängen von folgenden Kriterien ab:
- Von der Gewichtskraft, die sehr unterschiedlich sein kann: Pulverschnee 300–600 $\frac{N}{m^3}$* – Packschnee* 600–3000 $\frac{N}{m^3}$ – Pappschnee 2000–6000 $\frac{N}{m^3}$ – genauso beim Altschnee – trocken 2000–4000 $\frac{N}{m^3}$ oder naß 4000–7000 $\frac{N}{m^3}$.
- Von der Kornform und der Korngröße (1 mm bis 7 mm ∅).
- Von den Kornbindungsverhältnissen (Feuchtigkeit und Schneetemperatur).

◀ Von der Geschwindigkeit, der Masse und dem Raumgewicht des Schnees hängt es ab, welches Ausmaß und welche Zerstörungskraft eine Lawine haben kann.

Die Werte der Zugfestigkeit schwanken zwischen 0,03 $\frac{N}{cm^2}$ und 20 $\frac{N}{cm^2}$ (= Schwimmschnee*/stark verfestigte Zwischenschichten/Schmelzharsch*).
Im Vergleich dazu sind die Druckfestigkeiten ca. 10% höher, dagegen die Scherfestigkeiten* nur etwa die Hälfte.

Die weiteren physikalischen Eigenschaften wie die Schall- und Lichtdurchlässigkeit spielen mehr oder weniger nur im Zusammenhang mit der Lawinenrettung eine Rolle, und ich möchte in der Vorbeugungslehre auf eine detaillierte Erläuterung verzichten.
Die Zusammenhänge zwischen den erwähnten physikalischen Eigenschaften und der Lawinenbildung werden im folgenden Kapitel behandelt.

Lawinenbildung und Lawinenarten

Es sind fast unzählige Faktoren, welche die Bildung und den Abgang von Lawinen beeinflussen können. Doch es gibt auch da wichtige und weniger wichtige Punkte. Um so notwendiger ist es, sich speziell bei der Lawinenkunde auf das Grundlegende zu beschränken, damit eine Verwirrung beim Lernenden möglichst ausgeschlossen wird.

Festschnee und Lockerschnee

Die Lawinenbildung ist bei Festschnee ganz anders gelagert als bei Lockerschnee. Bei den skitouristischen Lawinenunglücken haben wir es zu 90% mit der sogenannten Schneebrettlawine*, die sich aus mehr

Je wärmer, glatter, nässer und steiler die Unterlage ist, um so eher kann eine Schneedecke ins Gleiten geraten. Die Allgäuer Alpen, wo die beiden Aufnahmen gemacht wurden, sind als »Grasberge« berühmt, und langes, von der Schneedecke hangabwärts gedrücktes Gras ist ein idealer Gleithorizont.

Noch öfter als der Boden verursachen lockere oder glatte Zwischenschichten eine Gleitfläche für die darüber liegenden Schichten.

oder weniger festen inneren Zusammenhängen des Schnees und der daraus resultierenden Ursache von Spannungen ergibt, zu tun. Mit diesem Phänomen – der Ursache von Schneebrettlawinen* – sollte sich jeder Skiläufer primär auseinandersetzen.

Beim **Festschnee** sind die vielen Milliarden von Schneeteilchen der Schneedecke nicht frei beweglich. Vom Gelände abhängig kommt es daher zu:

- Zugspannungen,
- Druckspannungen,
- Scherspannungen*.

Meist ist die Scherfestigkeit* und dabei wieder vorrangig der Reibungswiderstand – die gute oder schlechte Verbindung der einzelnen Schneeschichten zueinander oder der ganzen Schneedecke mit dem Untergrund – das schwache Glied in der Kette. Schwimmschnee* an bodennahen Schichten oder Oberflächenreif* als hangparallele Zwischenschicht vermindern z. B. diese Festigkeit enorm. Der Scherriß* wird dann zur Hauptursache für den Abgang der Schneebrettlawine* und nicht der so augenscheinliche Zugriß.

Zu dieser Erkenntnis gelangte man erst in jüngerer Zeit, die günstigeren Festigkeitswerte des Schnees auf Zug- und Druckbelastung wurden überbewertet. Der

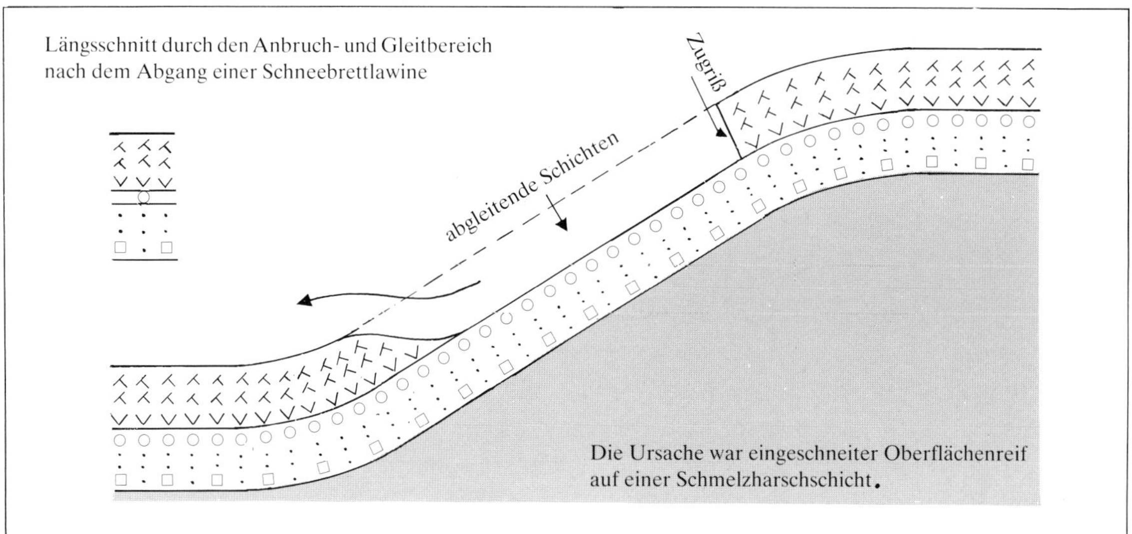

Denkvorgang ging über das Kriechen auf geneigter rauher bzw. Gleiten auf geneigter glatter Unterlage der Schneedecke. Viele praktische Versuche bestätigten dies.
Das Gleiten findet um so eher statt, je
- wärmer,
- glatter,
- nässer,
- steiler.

der Boden ist.
Gleiche Verhältnisse können lockere oder glatte Zwischenschichten verursachen, auf welchen die darüber befindlichen – nur in sich selbst verfestigten – Schichten keinen Halt finden.
Beim **Lockerschnee** ist, wie der Name schon verrät, jedes Teilchen frei beweglich. Er bleibt auf geneigter Unterlage nur bis zu dem für jede kohäsionsarme* Schneeart spezifischen Böschungswinkel liegen. Kristallzucker von 1 mm Korndurchmesser läßt sich z. B. nicht steiler als 43° aufschütten. Schnee ist allerdings selten so kohäsionsarm*, aber auch diesem Stoff sind Grenzen gesetzt. Über 50° Neigung sind kaum mehr größere Ansammlungen lockeren Schnees möglich. Lockerschneelawinen haben einen punktförmigen Anriß. Durch eine Gefügestörung geht der labile innere Zusammenhang schnell verloren, Teilchen stößt an Teilchen, und an Masse zunehmend kommt es zur Lawine.

Lockerschnee rutscht im steileren Gelände meist schon während oder kurz nach Neuschneefällen als Lawine ab.

Schematische Darstellung einer Lockerschneelawine

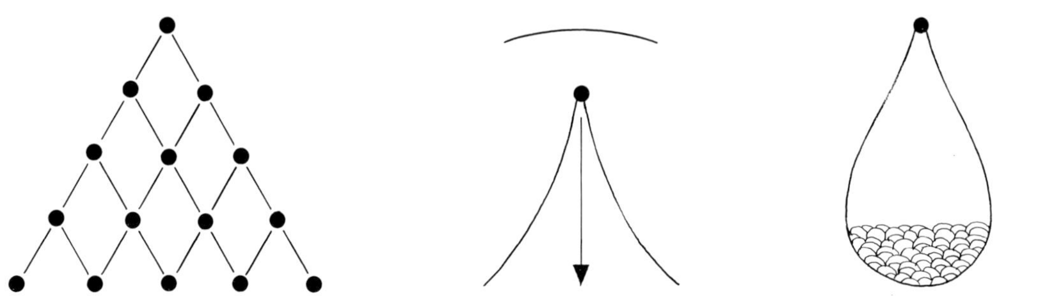

Teilchen stößt an Teilchen, Kettenreaktion — Anriß ist punktförmig — Birnen- oder Flaschenform

Erscheinungsformen und Kräfte

Grundsätzlich werden zwei Lawinenarten unterschieden: Schneebrettlawine* und Lockerschneelawine.

Schneebrettlawine*

Bei der Schneebrettlawine* ist eine gewisse Festigkeit im Schneeverband Voraussetzung, so daß sich Spannungen großflächig übertragen können. Sie ist gekennzeichnet durch einen linearen, scharfkantigen Anbruch. Der Schnee setzt sich fast gleichzeitig auf der gesamten Breite des Anrisses in Bewegung, zerbricht dann in Tafeln und lagert sich in Schollen ab. Die Ursache ist fast immer eine lockere Zwischenschicht (Oberflächenreif* eingeschneit) oder eine Schwimmschneeschicht* in Bodennähe. Besonders gefährdete Hangexpositionen sind Nord und Ost.
Schneebrettlawinen* überschreiten nur selten die Geschwindigkeit von 50 km/h. Ein Meister auf Ski könnte glauben, daß damit eine Chance für die Flucht durch eine Schußfahrt gegeben sei. In diesem Zusammenhang muß auf die enorm hohe Anrißgeschwindigkeit und das Gewicht der Schollen verwiesen werden. Bedenken wir, ein Minischneebrett* von 25 m Breite, 20 m Höhe und 20 cm Tiefe hat ein Volumen von 100 m^3 und damit bereits bei trockenem Schnee ein Gewicht von 10–30 Tonnen.
Der Anbruch der Schneebrettlawine* kann in Abhängigkeit von den Zug- und Druckspannungen sowie der im Endeffekt meist auslösenden Scherspannungen* örtlich beschränkt sein, aber auch ganze Talhänge erfassen und unter Umständen schlagartig gewaltige Schneemassen mobilisieren, wie z. B. die Zugspitzlawine vom 15. Mai 1965.

Vor allem an Windschattenhängen kommt es zur Bildung von Schneebrettlawinen. Die Wächten am Grat sind bereits vor einem Lawinenabgang ein typisches Zeichen dafür.

Schneebrettlawinen haben einen scharfkantigen Anriß; der mehr oder weniger feste Schnee zerbricht in Tafeln. Die Anrißgeschwindigkeit ist enorm hoch, die Lawine selbst weniger schnell.

Lockerschneelawine

Die Lockerschneelawine setzt Schneearten schwacher Bindung voraus. Sie hat einen punktförmigen Anriß, egal ob der Schnee trocken oder naß ist. Es können beim Abgang wiederum eine oder mehrere Schichten erfaßt werden, abhängig davon, wie die Verbindung untereinander ist. Die Form ist im Idealfall birnenförmig.

Fließende Lockerschneelawinen erreichen Höchstgeschwindigkeiten bis 100 km/h. Die oberen Schichten sind schneller als die unteren. Bei schweren Schneearten kann die dadurch schnellere Verdichtung in den oberen gegenüber den unteren Schichten an der Lawinenfront zum Aufschürfen des Grundes, zum Mitreißen von Erdschollen, Steinen, Holz usw. führen. Man bezeichnet solche Lawinen als Grundlawinen*.

Je nach Raumgewicht, Geschwindigkeit und Masse wurden Staudrucke bis 1 000 000 $\frac{N}{m^2}$* (100 $\frac{\text{Gewichtstonnen}}{m^2}$) festgestellt. So ist es sicherlich auch leichter verständlich, daß von Lawinen bereits schwerste Eisenbahnlokomotiven aus den Geleisen geworfen wurden.

Staublawine

Die Staublawine ist eine Sonderform der Lockerschneelawine. Sie kann aber auch, durch günstiges Gelände bedingt und von der Schneeart abhängig, aus einer Schneebrettlawine* geboren werden. Wird von abgeglittenen Schneemassen (bei trockenem Material) eine Geschwindigkeit von 10 m/s überschritten, so wird Schneestaub aufgewirbelt, und es kommt unter walzenartiger Vorwärtsbewegung zur Bildung der Staublawine. Die Geschwindigkeit kann bei dieser Lawinenart enorm hoch sein, man schätzt bis zu 360 km/h. Der Staudruck soll bis zu 20 $\frac{\text{Gewichtstonnen}}{m^2}$ erreichen können.

Staublawinen zeichnen sich durch sehr hohe Geschwindigkeiten aus, man schätzt bis zu 500 km/h. Dieses Bild dokumentiert eine Staublawine im Mount-Everest-Gebiet, die durch herabstürzende Schnee- und Eismassen entstanden ist. ▶

Lockerschneelawinen haben einen punktförmigen Anriß und sind birnen- oder flaschenförmig.

Die Lawinenbezeichnung

Eine Einteilung der Lawinen sollte aufgrund ihrer stofflichen und mechanischen Eigenschaften wie folgt vorgenommen werden:

- Nach der Festigkeit des Materials (Locker- oder Festschnee), der Form des Anbruchs (punktförmig oder flächenhaft) und ob der Schnee trocken oder naß ist.
- Nach der Bewegungsart – gleitend, fließend oder stiebend.
- Nach Lage und Umfang der gelösten Schneemassen – Oberschichten oder ganze Schneedecke.
- Nach Form der Bahn – schmal (tropfen- oder birnenförmig), flächenhaft, wolkenförmig.

Nach diesen Faktoren ist eine natürliche Einteilung der Lawinen gewährleistet, worauf sich auch die althergebrachten Namen stützen.

Lawinenklassifikation (nach Dr. L. Krasser)

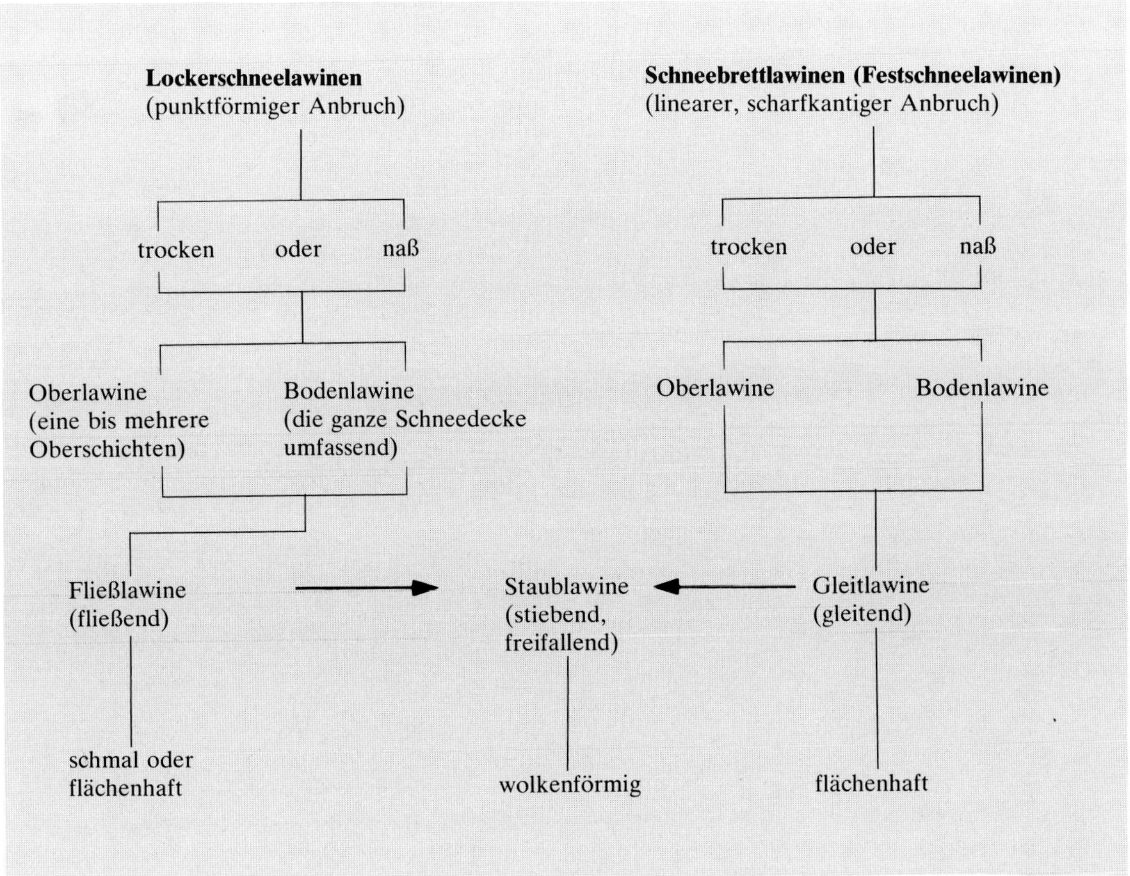

Beurteilung der örtlichen Lawinengefahr

Lawinen sind ohne Zweifel die Hauptgefahrenquelle für den Skitouren- und Tiefschneefahrer. Er hat sich stets, sozusagen direkt am Hang, mit der Lawinengefahr auseinanderzusetzen. Zum wirklichen Verständnis der Lawinensituationen muß der Lawinenkundeunterricht stark praxisbezogen sein. Das heißt, nach einer theoretischen Einführung werden, um zum Erfolg zu gelangen, Lehrübungen zur Untersuchung der Schneedecke, zur Ausnutzung des Geländes sowie der Miteinbeziehung der Witterungseinflüsse unerläßlich. Jeder weiß, daß es ohne Schnee zwar keine Lawinen gibt, und trotzdem ist immer noch das Hauptelement Schnee beinahe für alle Skiläufer die große Unbekannte für die Einschätzung der Lawinengefahr.

Die Festigkeit der einzelnen Schneeschichten läßt sich mit viel Gefühl ertasten. Hier ist beispielsweise eine weiche, kritische Zwischenschicht gefunden, die mit »flacher Hand« eingedrückt werden kann. Alle gemachten Untersuchungen sollten zum Vergleich mit anderen Profilen zeichnerisch festgehalten werden.

Untersuchung der Schneedecke

Die Festigkeit der Schneedecke bzw. der sie aufbauenden Schichten ist von der Oberfläche her nicht erkennbar. So ist die Schneedecke aufzugraben und jede Schicht zu ertasten und zu prüfen. Es sind dafür möglichst neutrale Stellen zu wählen, um Mittelwerte zu erhalten. Bereits mit einfachen Mitteln kann man – und ich möchte es jedem empfehlen, daß er sich die Zeit dafür nimmt – sehr interessante und aufschlußreiche Untersuchungen anstellen.
Folgendes ist für eine Schneeprofilaufnahme* von Bedeutung:

- Am aussagekräftigsten ist das sogenannte Schichtprofil*. Die einzelnen Schichten geben sich durch Unterschiede in der Farbe, Härte und Stärke zu erkennen.
- Eine Temperaturmessung soll nach dem Aufgraben vom Boden her etwa alle 20 cm bis unter die Oberfläche fortgeführt werden. Unter Berücksichtigung der Temperaturverteilung in der Schneedecke kann die abbauende oder aufbauende Umwandlung, die Verfestigung oder Auflockerung in den verschiedenen Schichten vorausgesagt werden.
- Die Feuchtigkeit und die Kornformen sind ebenfalls zu bestimmen und auf ihren Einfluß auf die Lawinengefahr abzuschätzen.

Eine erste Abgrenzung der Schneeschichten ist durch ihre Farbschattierungen möglich. Beim Abtasten mit bloßer Hand werden die Unterschiede in der Härte deutlich fühlbar.
Alles wird zeichnerisch festgehalten, und so entsteht ein Schneeprofil* mit Temperaturkurve, aus dem vor allem Rückschlüsse auf die Festigkeit der Schneedecke und der damit verbundenen Lawinengefahr zu ziehen sind.
Die örtliche Schneeprofilaufnahme* gewinnt auch dadurch an Wert, weil sich die Schneedecke infolge materialeigener Trägheit gewöhnlich erst in Tagen oder gar Wochen entscheidend ändert. Zweitens wechselt der Aufbau von Ort zu Ort nicht plötzlich, sondern weist bei ähnlichen Entstehungsbedingungen auch innerhalb weiter Gebiete gleiche Grundzüge auf. Diese fallen, wenn die Schneeprofile* an Orten gleicher Höhenlagen gemacht werden, meist schon dem weniger geschulten Betrachter auf. Schneeprofile* verschiedener Höhenlage vergleichend auszuwerten, ist dagegen Expertensache.

Die Signaturen für eine Schneeprofilaufnahme*

Um eine internationale Zusammenarbeit und Verständigung zu ermöglichen, werden von den Lawinenwarndiensten für Schneeprofilaufnahmen* weitgehend die gleichen Signaturen verwendet.

Härte		Meßmittel	Druckfestigkeit
	sehr weich	Faust	< 20 $\frac{N}{dm^2}$
	weich	flache Hand	20 – 150 $\frac{N}{dm^2}$
	mittelhart	1 Finger	150 – 500 $\frac{N}{dm^2}$
	hart	Bleistift	500 – 1000 $\frac{N}{dm^2}$
	sehr hart	Messer	> 1000 $\frac{N}{dm^2}$
	kompakt (Eis)		

Kornformen

- + + Neuschneekristalle in ursprünglicher oder beinahe ursprünglicher Form
- ⋏ ⋏ filziger Schneeverbund, erste Phase der abbauenden Umwandlung
- ● ● rundliche Körner, Endstadium der abbauenden Umwandlung, ca. 1 mm ∅
- □ □ kantige Kristallformen, erstes Stadium der aufbauenden Umwandlung
- ∧ ∧ Becherkristalle = Schwimmschneekristalle (Endphase der aufbauenden Umwandlung)
- ○ ○ Rundkörnige Schmelzformen (Schmelzumwandlung)
- ▽▽ eingeschneiter Oberflächenreif
- —○— Schmelzharsch
- —— Eislamelle

Schneefeuchtigkeit

- trocken
- pappig – schwer – feucht
- sehr feucht, fließt noch nicht
- naß, fließt ab
- sehr naß, wasserdurchtränkt

Schneeprofile* im Vergleich: Frühwinter

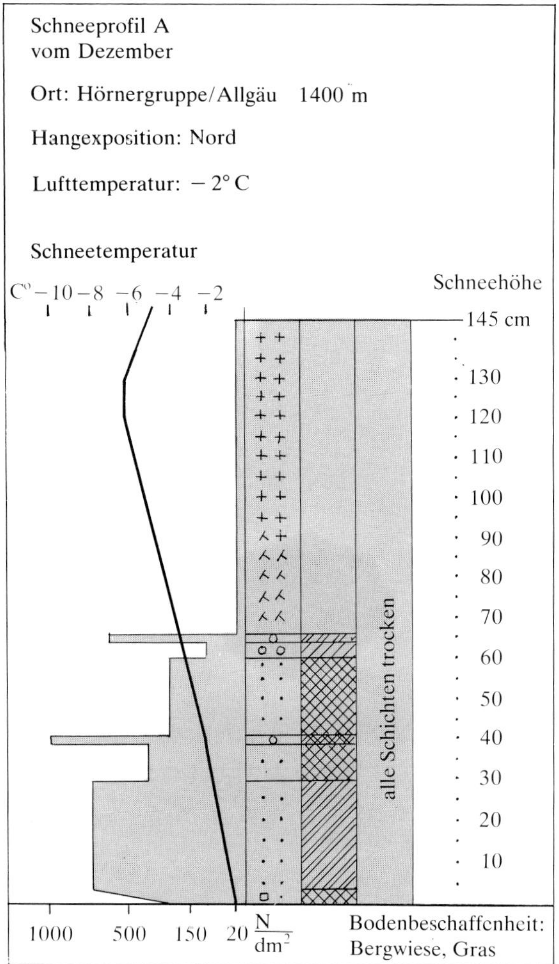

Bewertung: die hohe Neuschneeauflage (80 cm) auf einer Schmelzharschschicht verursacht eine sehr große allgemeine Lawinengefahr. Aber durch eine zur 0°-Grenze tendierenden Temperatur wird der Setzungsprozeß beschleunigt, und es können nach wenigen Tagen wieder sichere Skitourenverhältnisse herrschen.

Hochwinter

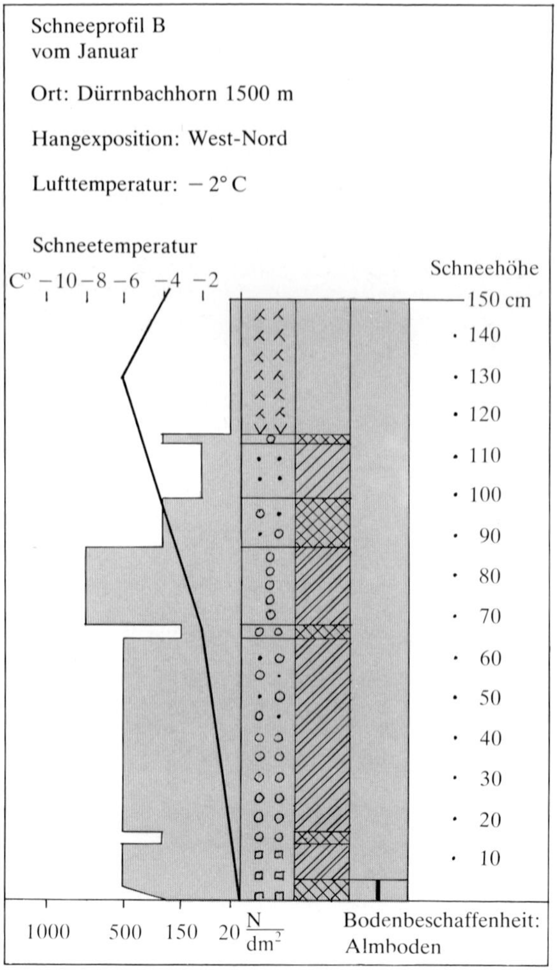

Spätwinter

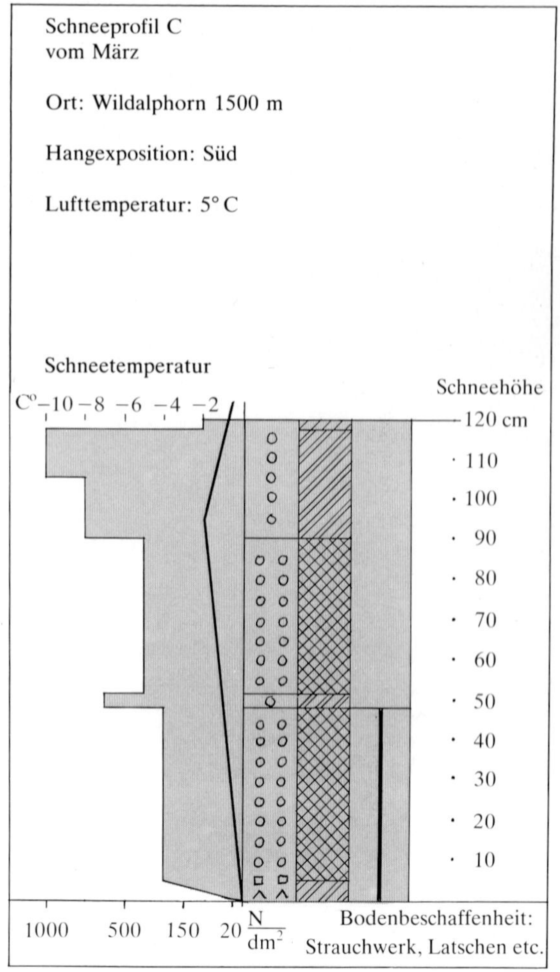

Bewertung: Das Schneedeckenfundament ist als günstig zu bezeichnen. Aber die oberste Schicht (35 cm) wurde unter Windeinfluß auf Oberflächenreif abgelagert, der auf der dünnen Schmelzharschschicht wie ein Kugellager wirkt. Trotz der relativ geringen Neuschneeauflage müssen Skifahrer vor akuter Schneebrettgefahr auf fast allen Hangexpositionen gewarnt werden.

Bewertung: Ein sicheres Profil mit bis in mittlere Bereiche durchgefrorenen und gut verfestigten Schichten. Oberflächlich sind wenige Zentimeter aufgefirnt. Der Feuchtigkeitsgrad in den bodennahen Schichten wird erst bei einer längeren Wärmeperiode eine Rolle spielen.

Schneedeckentests abseits der Pisten

Der Skibergsteiger gräbt das Schneeprofil* am besten in Hüttennähe, an einem von Nord bis Ost gerichteten kleinen Hang (nicht höher als 5 m) mit einer Neigung zwischen 30°–35°. Dadurch ist es möglich, einen zusätzlichen Test mit dem »Rutschkeil« oder dem kleineren und damit schnelleren »Schneetrapez« anzuwenden. Mit exaktester Arbeit bei diesen Tests können Unklarheiten weitgehend ausgeschlossen werden.

Das Handwerkszeug für Schneedeckentests.

Auch an baumbestandenen Hängen kann die Verbindung der Schneeschichten zueinander schlecht sein. Es lohnt sich also stets, Schneedeckentests vorzunehmen.

Ein Minimum an Handwerkszeug wie eine geeignete Schaufel, ein Maßband, ein Schneethermometer, Höhenmesser und ein Kompaß mit Neigungsmesser sowie Bleistift und Papier ist auch für die einfachste Schneedeckenuntersuchung unerläßlich.
Zur Erstellung des Schneeprofils* ist die Schneedecke bis zum Boden aufzugraben. Wird jedoch für den Bereich abseits gesicherter Pisten im Lawinenlagebericht nur von einer örtlich begrenzten Schneebrettgefahr* gewarnt, so reicht es grundsätzlich aus, nur den oberen Bereich der Schneedecke (ca. bis 1 m Tiefe) zu untersuchen. Vor allem sollte auf Triebschneeansammlungen* geachtet werden, und im sicheren Geländebereich wäre dann ihre Verbindung mit der Altschneedecke zu testen.

Hier löste der auf dem Foto oberste Skiläufer durch Querfahrt aus einer Gratscharte eine Schneebrettlawine aus. Er hatte Glück, weil der Anriß exakt an seiner Spur erfolgte und er ohne Sturz aus der Gefahrenzone kam. Ein Schneeprofil in Verbindung mit der Norweger-Methode hätte den gemachten Fehler verhindert. ▶

Der **»Rutschkeil«** (diese Idee stammt aus der Schweiz) ist eine recht anschauliche und oft eindrucksvolle Möglichkeit für einen Schneedeckentest. Dazu braucht es aber ein etwa 3,5 m breites Schneeprofil.
Mindestens bis zur vermutlich kritischen Schicht ist mit einer dünnen Reepschnur (ca. 5 mm Ø), in welche im Abstand von etwa 40 cm Knoten einzuknüpfen sind, ein 3 m^2 großer Keil auszusägen. Die für die Schnur notwendige Umlenkstange oder Sonde ist leicht schräg zum Hang einzurammen, damit die Schnur durch das abwechselnde beidseitige Ziehen gleichmäßig in den Schnee eindringen kann. Während des Tests bleibt die Schnur im Schnee, und die Beobachter sollten aus der Rutschzone treten.

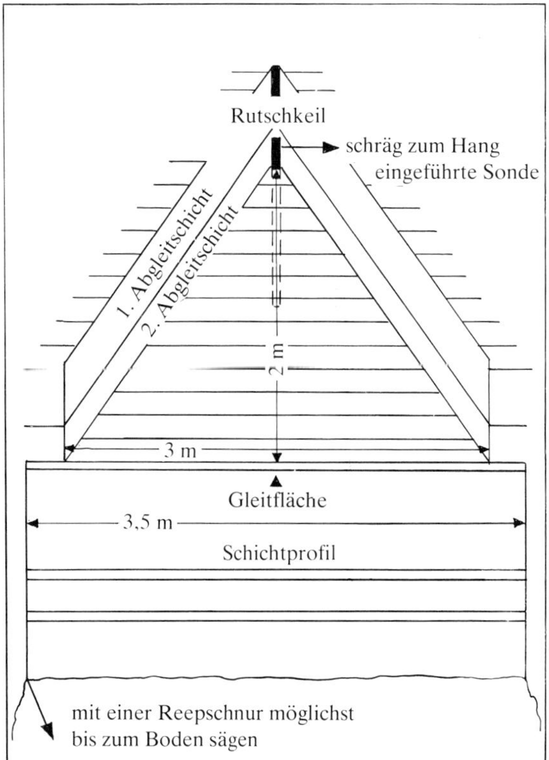

Testbewertung:

- Rutschen der angesägte Keil oder einzelne Schichten von selbst ab, ist akute Lawinenwarnung gegeben.
- Erfolgt die Auslösung durch Belastung eines Skifahrers, ist größte Vorsicht geboten.
- Wird ein Abgleiten des Keils nur durch den gleichzeitigen Sprung zweier Leute von der Dreieckspitze auf die Spur des Skiläufers von vorher ausgelöst, ist nur in sehr exponierten* Geländebereichen mit Lawinengefahr zu rechnen.

Bedingt durch seine Größe erfordert der »Rutschkeil«-Test einen relativ hohen Zeitaufwand und ist daher nur für die Ausbildung oder in Hüttennähe (wenn große Schneeschaufeln und genügend Leute, mindestens 3 Personen, zur Verfügung sind) empfehlenswert.

Dagegen ist ein Test mit dem wesentlich kleineren **»Schneetrapez«** auch auf der Skitour oder bei Tiefschneeabfahrten jederzeit anwendbar. Ich nannte diese Methode »Norwegermethode«.
Mit Nils Faarlund (Leiter des Norsk-Alpincenter) tausche ich seit vielen Jahren die Erfahrungen bei der Lawinenausbildung aus. Wegen der zu umfangreichen Arbeiten ist die Anwendung des »Rutschkeil«-Tests auf einer Skitour praktisch unmöglich – auch Zeit bedeutet Sicherheit!
Wir suchten bereits 1973 nach einer schnelleren Möglichkeit. Nils hatte ein Jahr später die rettende Idee, mit einer kleinen rucksackgerechten Schaufel Trapeze abzustechen, und ich machte diese Idee durch die Festlegung genauer Maße und ein Bewertungsschema für die Praxis anwendbar. Inzwischen habe ich mit dieser Methode in vielen Wintern Erfahrungswerte gesammelt und kann behaupten, daß uns damit ein bedeutender Schritt zur Beurteilung der Lawinengefahr abseits gesicherter Pisten – nämlich zur Feststellung der örtlichen Schneebrettgefahr – gelungen ist.

Maße und Bewertung für das Schneetrapez

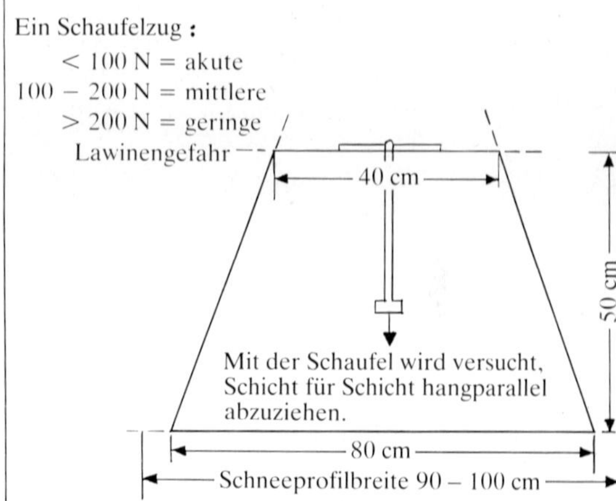

Diese Methode erscheint im ersten Moment verblüffend einfach. Aber die Erfahrung beweist, daß die Auswertung eines Schneeprofils – auch mit Hilfe der Norwegermethode – eine gezielte Ausbildung durch einen erfahrenen Lawinenfachmann verlangt.

Lawinengefahr ist Lebensgefahr, und eine falsche Testplatzwahl kann für eine Schneedeckenuntersuchung tödliche Folgen haben.

Zweite Bewertungsstufe beim »Rutschkeil«-Test: Erfolgt die Auslösung des Keils unter der Belastung mit der Skiläuferin, so ist größte Vorsicht geboten!

Mit dem »Schneetrapez« ist ein Schnelltest für die Praxis möglich geworden, und zwar zur Feststellung der momentanen Schneebrettgefahr. Diese Methode kann rasch und mit der dafür notwendigen Ausbildung und Erfahrung zuverlässig vor lawinenverdächtigen Passagen angewandt werden. Wesentlich ist, daß zuerst – beim Abstechen des Profils – die fraglichen Verbindungsstellen der Schneeschichten erkannt werden. Erst danach wird aus den vermutlich gefährlichen Schichten ein 0,3 m^2 großes Trapez ausgestochen und die Reibungsfestigkeit mit einem »gefühlvollen« Schaufelzug geprüft.

Witterungsfaktoren bestimmen die Qualität des Schneedeckenfundaments

- Ist der Boden warm und bleibt die Schneedecke lange Zeit sehr dünn, und das bei tiefen Temperaturen, so haben wir ein großes inneres Temperaturgefälle. Eine starke Umwandlung ist die Folge, und es bildet sich für die nachfolgenden Schneeschichten ein schlechtes Fundament, das oft den ganzen Winter über bestehen bleibt und eine ständige Gefahr darstellt.
- Ist der Boden vor dem Einschneien gefroren oder friert er nach dem Einschneien wegen zu geringer Schneebedeckung, entsteht bei tiefen Lufttemperaturen auch in dieser dünnen ersten Schneedecke nur ein mäßiges Temperaturgefälle, und das Fundament wird bis auf eine mögliche oberflächliche Auflockerung allgemein mäßig fest.
- Weitgehend unabhängig von der Bodentemperatur wird das Fundament jedoch gut, wenn beim Einschneien in kurzer Zeit viel Schnee fällt und somit die Schneedeckenhöhe rasch zunimmt. Die Luftzirkulation wird unterbunden. Infolge Setzung durch das Eigengewicht des Schnees kann auch nur ein geringes Temperaturgefälle entstehen, so daß die Umwandlung nur langsam stattfindet. Ein solch gutes Fundament kann die Schneedecke auch in bekannten Abbruchgebieten zumindest bis in den Spätwinter tragen. Nur durch Belastung sehr großer Schneemengen kann es verhängnisvoll werden, weil diese bei Bruch auf einmal in Bewegung geraten.

Lawinenbeurteilung vor Ort

Die richtige Abschätzung der Lawinengefahr vor der Befahrung einer mit Tiefschnee gefüllten Rinne oder die Querung eines mit Neuschnee bedeckten Hanges bedarf stets eines gut durchdachten und genauen Abwägens aller Faktoren, die für die Lawinenbildung von Bedeutung sein können. Es kann in diesem Zusammenhang bereits auf die Ausführungen auf Seite 129: »Tips für die Gefahreneinschätzung« und Seite 163: »Untersuchung der Schneedecke« verwiesen werden. Jetzt heißt es jedoch nicht, alle Punkte aneinanderzureihen, sondern sorgfältig auf ihre Zuverlässigkeit zu prüfen.

Fassen wir nochmals zusammen: Es kann beim Skibergsteigen und Tiefschneefahren keine Beurteilung der Lawinengefahr geben, wenn nicht alle Faktoren der drei lawinenbildenden Hauptelemente:

- Gelände,
- Wetter,
- Schneedecke

ihre volle Berücksichtigung finden.

Es liegt in der Natur der Sache, daß es hier aus Gründen der besseren Übersicht notwendig ist, die wesentlichen Beurteilungskriterien aufzuführen. Aber der Beurteilende muß sie, um zu einem Ergebnis zu gelangen, als Ganzheit betrachten, die jedoch in sich starken Unterschieden unterworfen sein kann.

Darf ein von Neuschnee bedeckter Steilhang befahren werden? Diese Frage müssen sich die Freunde des Tiefschneefahrens immer wieder selbst beantworten. Mit den gegebenen Informationen sollte es gelingen.

Beachte:

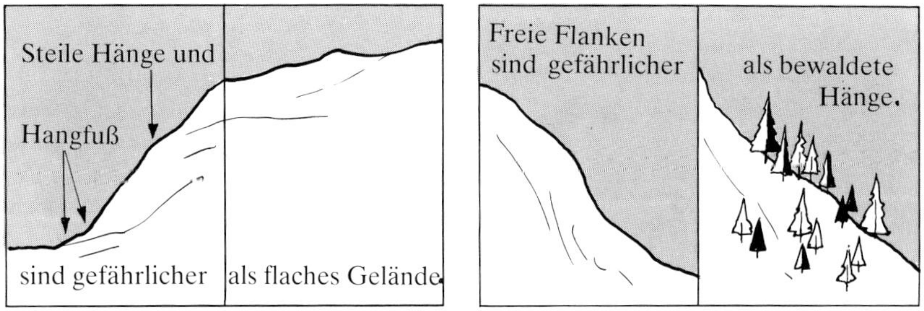

Man muß sich für jede Lawinenbeurteilung folgende Fragen stellen:

Welche Geländefaktoren sind als positiv oder negativ einzustufen?

- Die Geländeform?
- Die Hangexposition?
- Die Hangneigung?
- Die Oberflächenbeschaffenheit?

Beachte:

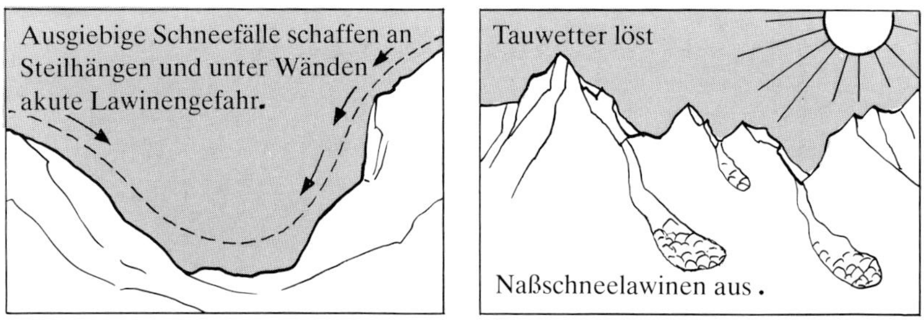

Wie groß sind die Einflüsse des Wetters?

- Seitens der Bewölkung?
- Des Niederschlags?
- Des Windes?
- Der Temperatur?

Beachte:

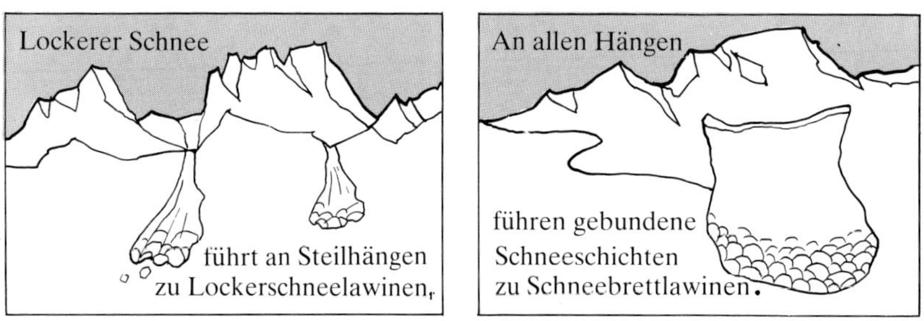

Was verrät der Aufbau der Schneedecke?

- Das Schichtprofil?
- Die Schneefeuchtigkeit?
- Die Schneetemperatur?
- Der Umwandlungsgrad (Kornformen)?

Erscheint ein Schneedeckentest erforderlich, dann darf es kein Zögern geben. Ein Wechsel der Hangexposition oder eine andere Höhenlage erfordern einen neuerlichen Test.

Lawinenzeiten und Besonderheiten

Der Begriff »Lawinengelände« ist in aller Munde, aber in Verbindung mit »Lawinengefahr« völlig überbewertet. Das Gelände ist für die Beurteilung der Lawinengefahr eher von untergeordneter Bedeutung. Nicht die Berge an sich sind lawinengefährlich, sondern in gewissen Zeiträumen gibt es Problemsituationen. Lawinenzeiten, das sind Stunden oder Tage, in welchen – hervorgerufen durch Wetterunbilden – die Lawinengefahr besonders groß ist.

Hauptsächliche Ursachen für die Lawinenbildung sind:

- sehr ergiebige Neuschneefälle,
- starke Erwärmung der Schneedecke,
- extreme Windverhältnisse.

Die Tatsache, daß jeder der Witterungsfaktoren Niederschlag, Temperatur und Wind bei extremer Erscheinung für sich und spontan eine akute Lawinengefahr hervorrufen kann, wird bedauerlicherweise des öfteren sträflich unterschätzt.
So kann z. B. die Temperatur die Schneedecke labil wie stabil machen. Schmelzharsch* – von der Temperatur verursacht – ist enorm fest und, oberflächlich etwas aufgefirnt, erlaubt er sogar das sichere Befahren steilster Hänge. Genau das Gegenteil tritt ein, falls Harschschichten völlig zu Sulzschnee* aufgelöst worden sind. Und trotzdem kann es relativ schnell, durch die kalte Temperatur während einer Nacht, wieder zu sicheren Verhältnissen kommen.
Ähnliche Beispiele wären mit den Witterungsfaktoren Niederschlag und Wind möglich. Beeinflussen mehrere Negativfaktoren gleichzeitig die Lawinenlage, so ist in einem gewissen Zeitraum mit einer katastrophalen Lawinensituation zu rechnen. Derartig brisante Lawinenzeiten sind zwar eher selten, bewirken jedoch, daß es bei solchen Situationen für skitouristische Unternehmungen so gut wie kein wirklich sicheres Gelände mehr gibt!

Lawinen im Sommer

Die Lawinenunfallstatistiken weisen bis in die Sommermonate Juni, Juli und August des öfteren besorgniserregende Zahlen auf. Nun, ohne Schnee gibt es keine Lawinen. Oder, umgekehrt, überall wo Schnee liegt, lauert auch die Lawinengefahr. Gewiß, das ist sehr simpel formuliert. Doch würden alle, die im Sommer in den Regionen der Drei- und Viertausender unterwegs sind (egal, ob mit oder ohne Ski), sich bewußt machen, daß in diesen Bereichen des Alpenraums ganzjährig winterliche Verhältnisse und damit Lawinenzeiten auftreten können, wäre manch tragischer sommerlicher Lawinenunfall zu vermeiden.

Außerdem: wenn der Mensch glaubt, die Natur beherrschen zu können, so ist das ein gewaltiger Irrtum. Viele Lawinenunfallbeispiele bescheinigen, daß man sich viel zu sehr von Ansichten leiten läßt, die im Widerspruch zur Vernunft stehen.
Es ist festzuhalten:

- Die Lawinengefahr läßt sich speziell im Alpenraum nicht auf bestimmte Tage festlegen. Sie ist ein Ganzjahresereignis, und diese Tatsache muß dem Bergsteiger und Skiläufer stets bewußt sein.
- Temperaturen um den Gefrierpunkt, eine hohe Luftfeuchtigkeit und daraus resultierende, ergiebige Schneefälle sind im Hochgebirge auch in den Sommermonaten keine Seltenheit.
- In höheren Lagen (ab ca. 3000 m) ist in Mulden und Rinnen meist eine harte Altschnee- oder Eisunterlage vorhanden, mit der sich Neuschneeschichten nur ungünstig verbinden.
- Winde können in allen schneetragenden Gebirgen der Erde zu jeder Jahreszeit, vor allem in kammnahen Bereichen, Schneebretter* aufbauen. Windschattenseiten, wie z. B. die Brenvaflanke am Mont Blanc oder die Monte-Rosa-Ostwand, sind dafür berüchtigt.

Im Sommer sind also die gleichen Erscheinungsformen von Schneelawinen möglich wie im Winter, so daß im weiteren Sinne auf die allgemeinen Beurteilungs- und Verhaltensregeln verwiesen werden kann.

Nach einem niederschlagsarmen Winter entstand Anfang April 1981 in den Walliser Alpen in nur wenigen Tagen eine katastrophale Lawinenlage. Bis 2000 m regnete es, und oberhalb fielen 180 cm Neuschnee. Eine riesige Lawine kam aus dem nebelverhangenen Tobel, sie überflutete eine bereits grüne Wiese und beschädigte Bauwerke.

Eislawinen

Die Feststellung des momentanen Gefahrengrades von Eislawinen ist für den Bergsteiger und Skibergsteiger praktisch unmöglich. Eislawinen gelten in steilen Gletscherbereichen das ganze Jahr über als eine unberechenbare Gefahrenquelle. Bevorzugt treten sie in der wärmeren Jahreszeit auf. Weniger Einfluß auf ihre Bildung haben kürzere Temperaturschwankungen wie die der Tages- und Nachtzeit. Das Material Eis ist um ein vielfaches kompakter und zäher als Schnee. Darin liegt auch der wesentliche Grund, daß vor allem bei länger andauernden Warmwetterperioden zunehmend mit dem Abgang von Eislawinen zu rechnen ist.

Andererseits sind von Hängegletschern auch schon bei klirrender Kälte riesige Eismassen abgebrochen.

Die Anstiegs- wie Abfahrtsspuren sind gefährlich in den Einzugsbereich von Eislawinen gelegt.

Eine von vielen Skibergsteigern benutzte Aufstiegsspur (gestrichelte Linie) hat diese Eislawine teilweise ausradiert. Trotz Spaltengefahr wäre eine bessere Spuranlage möglich gewesen.

Zur Gefahreneinschätzung von Eislawinen gibt es nur wenige einigermaßen brauchbare Anhaltspunkte:

- Die Häufigkeit der Eislawinen ist abhängig von der Fließgeschwindigkeit der Gletscher.
- Ergiebige Niederschläge, in fester wie flüssiger Form, können die Bewegung der Gletscher beeinflussen.
- Eine längere Wärmeperiode (0°-Grenze wochenlang über 3500 m) erhöht ebenfalls die Eislawinenaktivität.
- Eislawinen stoßen sehr weit in ebene Geländezonen vor, mehrere hundert Meter sind keine Seltenheit.
- Erdbeben können insbesondere Eis-, aber auch andere Lawinen auslösen.

Am 31. Mai 1970 verursachte ein Beben den nach menschlichem Wissen größten Eissturz aller Zeiten am 6654 m hohen Huascaran-Nordgipfel in Peru. Ein breiter Teil der Gipfeleiskappe brach schlagartig ab. Gleichzeitig müssen sich ungeheuere Felsmassen gelöst haben. Die dadurch entstandene Eis- und Geröllmure schoß (etwa 250 km/h) als Katastrophenlawine 4000 m tief und 15 km weit hinunter in das blühende Rio-Santa-Tal und löschte dort zum Großteil jegliches Leben aus. Vom Städtchen Yungay (25 000 Einwohner) hatte man im offiziellen Bericht den Grad der Zerstörung mit »arasada« (ausradiert) angegeben.

> Die Gefährlichkeit von Eislawinen läßt sich nur grob abschätzen. Deswegen ist man immer gut beraten, den direkten Einzugsbereichen von Gletscherbrüchen und Hängegletschern auszuweichen.

Die Lawinenrettung

Es kann gar nicht eindringlich genug gesagt werden:

Lawinengefahr ist Lebensgefahr!

Trotz modernster Rettungsmethoden bleiben Lebendbergungen aus Lawinen Glückssache. Nach jetzigen Aufzeichnungen werden

- 41% der Verschütteten durch die Kameraden gerettet;
- 12% Lebendrettungen melden organisierte Bergungsmannschaften;
- 47% kann man nur mehr tot auffinden.

Welche Chancen für die Retter nach einem Lawinenunfall effektiv bestehen, hängt im wesentlichen ab von

- Verschüttungsdauer,
- Verschüttungstiefe,
- Geländeform,
- richtiger Erster Hilfe.

Man weiß, daß der Sauerstoffmangel (Ersticken) für die Lawinenverschütteten die hauptsächliche Todesursache ist. Die Statistiken der Bergrettungsdienste über die Zeitdauer der Verschüttungen geben eine Aussage über die durchschnittliche Überlebenschance.

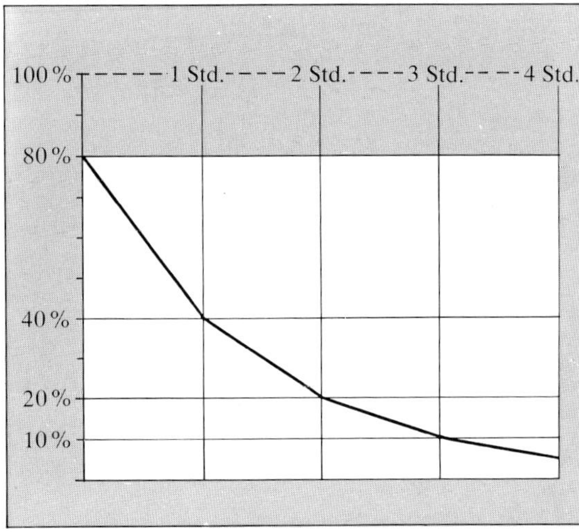

Selbst- und Kameradenhilfe

Die Kräfte, welche bei Lawinenabgängen frei werden, sind so extrem, daß der von einer Lawine Erfaßte selbst nur sehr wenig zu seiner Rettung beitragen kann.

- Zumindest wäre allerdings zu versuchen, daß man sich der wie Anker wirkenden Ski und Stöcke entledigt.
- Eine Schußflucht* wird auch sehr guten Skiläufern nur bei kleinen Lawinen in Abfahrtsstellung, niemals im Aufstieg mit Fellen, gelingen.
- Solange die Lawine in Bewegung ist, kann gegen eine Verschüttung »angekämpft« werden.
- Vor Stillstand der Lawine sollte dem Verschütteten die Einnahme einer Kauerstellung und mit den Fäusten die Schaffung eines Atemraums gelingen.

Nur einer gut ausgebildeten und ausgerüsteten Gruppe wird eine wirkungsvolle Kameradenhilfe nach einem Lawinenunfall möglich sein.

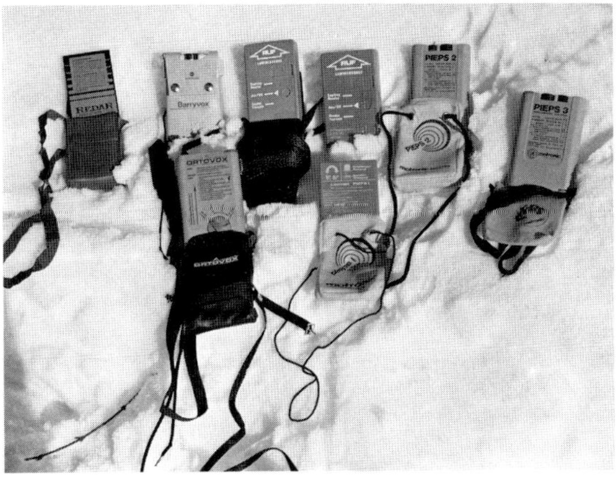

Alle diese VS-Geräte finden zur Zeit im Alpenraum Verwendung. Bei einem Neukauf sollte man die angeführten Minimalforderungen stellen.

- Dringt bis zu dem Verschütteten kein Tageslicht durch, so ist ein Selbstbefreiungsversuch aussichtslos. Auch Rufen wäre nur sinnvoll, wenn ein Lawinenhund gehört wird. Der Schall dringt zwar in den Lawinenschnee ein, gelangt aber nach außen kaum über die Höhe eines Hundeohres hinaus.
- So hilft unter den Schneemassen nur, äußerst sparsam mit dem zur Verfügung stehendem Sauerstoff umzugehen und den Glauben an eine Rettung nicht zu verlieren.

Die besten Möglichkeiten für die Rettung eines Lawinenverschütteten haben seine Kameraden. Vorausgesetzt natürlich, daß dafür das notwendige Gerät vorhanden ist und gelernt wurde, dieses richtig anzuwenden. Zur Zeit sind Verschütteten-Suchgeräte (VS-Geräte) nach dem Sender-Empfänger-Prinzip für eine rasche Kameradenhilfe am praktikabelsten. 1968 kam »Skadi« als erstes Gerät dieser Art in Amerika zur Anwendung. Sein Erfinder, Dr. Lawton, hatte dafür die Frequenz 2,275 kHz gewählt. Von verschiedenen europäischen Herstellern wurden später VS-Geräte mit einer anderen Frequenz (457 kHz) angeboten. Den in den Alpen dadurch entstandenen Frequenzwirrwarr versuchte 1980 Ing. G. Kampel mit dem ersten Doppelfrequenzgerät zu lösen, was ihm mit »Ortovox« auch gelang.

Das Angebot von VS-Geräten wird immer größer. Dem Käufer seien daher ein paar Minimalanforderungen zur Beachtung empfohlen.

Bei Verschütteten-Suchgeräten ist zu beachten

- Zuverlässige Ein-, Aus- und Umschaltung.
- Mindestreichweite von 30 m.
- Betriebsdauer für einen Skitourenwinter (ca. 300 Std.).
- Funktionskontrolle, vor allem zur Betriebsenergieprüfung.
- Anwendbarkeit mit allen im Alpenraum üblichen VS-Geräten.
- Abgestufte Feinregulierung des Empfängers.
- Handlichkeit und sichere Befestigungsmöglichkeit am Körper.

Ständiges Training und eine damit verbundene gewissenhafte Anwendung der VS-Geräte ist für einen Sucherfolg im Ernstfall unbedingt notwendig.

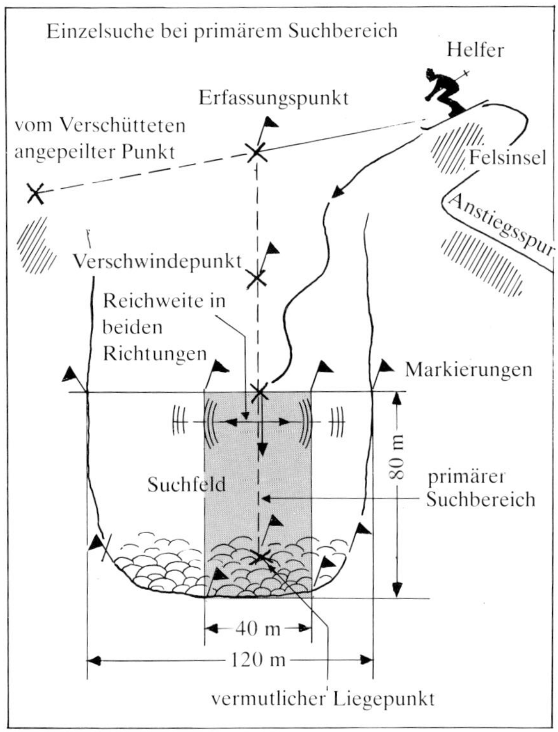

Folgende Suchschemen gelten als bewährt

Neben einer raschen Ortung bleibt das Problem des schnellen Ausgrabens und der richtigen Erstversorgung von Verschütteten. Um nur 1 m^3 Lawinenschnee auszuheben, erfordert mit primitiven Arbeitshilfen (Ski, Proviantdose) rund eine Stunde. Aber jede verstrichene Minute kann das Leben des verschütteten

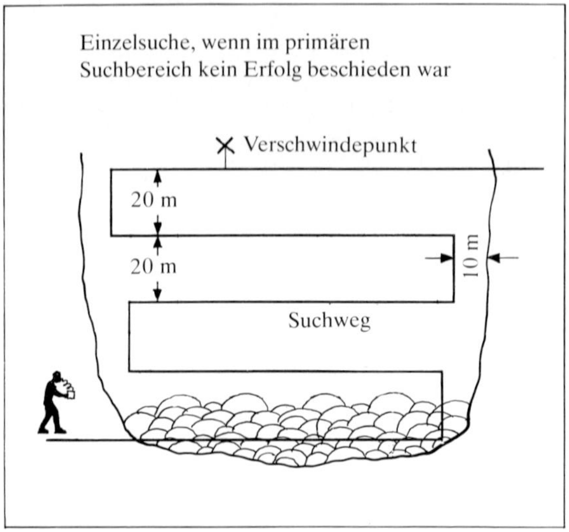

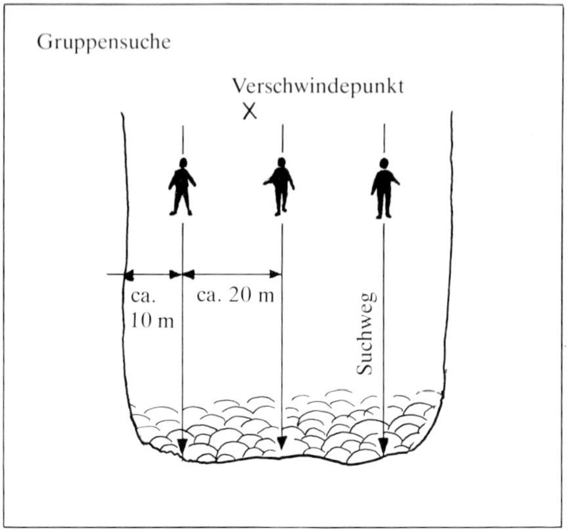

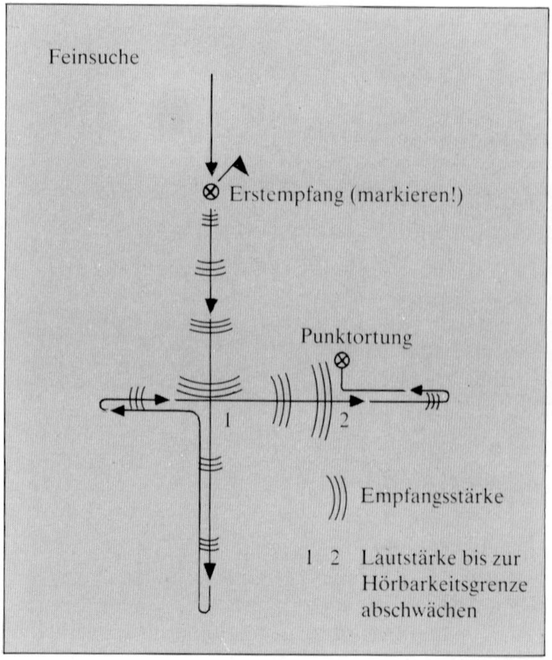

Kameraden verwirken. Mit einer rucksackgerechten Schaufel reicht zum Ausstechen und Ausheben von Schneewürfeln der gleichen Menge ein Fünftel der vorgenannten Zeit. Ein Verschütteter ist mit einem VS-Gerät in Verbindung einer Skistocksonde* genauestens zu orten, und so können Fehlgrabungen vermieden werden. Beim Ausgraben ist darauf zu achten, nicht direkt über dem Verschütteten zu stehen, um eine bestehende Atemhöhle zu erhalten.

Erste-Hilfe-Maßnahmen nach Auffinden eines Verschütteten

Die meisten Lawinenopfer ersticken (ca. 60%). Schock (20%) und mechanische Verletzungen (10%) sind weitere nennenswerte Todesursachen. Während der Bergung spielt die allgemeine Unterkühlung eine besondere Rolle.

- Am dringendsten ist es daher, zuerst den Kopf freizubekommen und mit der Beatmung zu beginnen, wenn dadurch das weitere Ausgraben nicht wesentlich behindert wird.

- Auch bei Bewußtsein ist der Verunglückte wie ein rohes Ei zu behandeln; er darf sich nicht bewegen.
- Ein Verschütteter kühlt meist nicht im Schnee aus, da Schnee ein schlechter Wärmeleiter ist, sondern außerhalb seines weißen Grabes.
- Keine Medikamente verabreichen; nur warme, gezuckerte, aber alkoholfreie Getränke können etwas helfen.
- Mit warmer Kleidung der Kameraden, einer Alufolie und dem Biwaksack kann eine weitere Abkühlung des Verunglückten eingedämmt werden.

Ausführliche Informationen über das erforderliche Wissen in Erster Hilfe geben die Bände 7 und 8 des Alpin-Lehrplans.

Für den Abtransport eines Lawinenverunglückten sollte fremde Hilfe organisiert werden. Die Anforderung von Helikopter und Spezialarzt über den örtlichen Bergrettungsdienst ist dringendst geraten. Leider sind Hubschrauber im Einsatz viel problematischer, als ein Laie glaubt. Bei schlechter Witterung und bei Nacht kann nur eine Bergungsmannschaft für den oder die Kameraden entlastende Hilfe bringen, wobei sich die Rettungsmänner oft selbst in größte Gefahr begeben müssen.

Organisierte Rettung

Der Faktor Zeit ist für die Lawinenrettung der größte Feind. Es hängt daher hauptsächlich von der Anzahl der Begleiter ab, ob eine Rettungsmannschaft spontan alarmiert werden soll, denn die Kameradenhilfe bringt meist mehr Erfolg. Unabhängig von der mitgeführten Ausrüstung und den damit verbundenen Möglichkeiten zur Sofortrettung hat bei einem Lawinenunfall stets an erster Stelle zu stehen:

- Markierung des Erfassungs-, Verschwinde- und vermuteten Liegepunktes.
- Suche mit Auge und Ohr! Genaues Absuchen der Unfallstelle, ob nicht der Verunfallte oder Ausrüstungsteile von ihm aus dem Schnee ragen.

Wird bei einer solchen Grobsuche nichts entdeckt und sind der Verschüttete und seine Kameraden nicht mit VS-Geräten ausgestattet, dann hilft nur mehr ein großangelegter Rettungseinsatz.

Durch Rettungsmannschaft

Was ist zu melden? (Meldeinhalt)

- Was ist geschehen?
- Wann ist es passiert?
- Wo (genaue Ortsangabe)?
- Wer bzw. wieviele sind verschüttet?

Von einer größeren Gruppe sollten die beiden besten Skiläufer zur nächsten Unfallmeldestelle (Hütte, Berggasthaus) entsandt werden.

Der Gruppenleiter bleibt an der Unfallstelle und setzt die übrigen Gruppenmitglieder bis zum Eintreffen der Rettungsmannschaft verantwortungsvoll ein:

- Aufstellung eines Warnpostens bei Nachlawinengefahr.
- Grobsondierung mit Skistocksonden* im primären Suchbereich.
- Markierung und notwendige Sauberhaltung (keine Abfälle) des Lawinenfeldes für die zu erwartenden Lawinensuchhunde.
- Aufzeichnung wesentlicher Informationen wie Ausmaß der Lawine, Aufstiegs- bzw. Abfahrtsspur, Ausrüstungsfunde usw. für den Rettungschef.

Durch Hubschrauber

Bei gutem Flugwetter soll bei ernsten Verletzungen ein Hubschrauber angefordert werden, sofern dies aus Zeitgründen möglich ist.

Dabei sollten stets folgende Punkte gemeldet werden:

- Wer meldet von wo?
- Was ist wann geschehen (kurze Beschreibung, Anzahl und Art der Verletzungen)?
- Wo? Genaue Ortsbezeichnung. Ist Landung möglich oder Windenbergung nötig?
- Wetter im Unfallgebiet (hell oder bedeckt, Wolkenuntergrenze in Meter, Windrichtung und -stärke, Schneeart).

Zeichengebung Boden – Luft:

NO = Nein
Wir brauchen nichts.
Nein auf abgeworfene Fragen.
Nicht landen.

YES = Ja
Wir brauchen Hilfe.
Ja auf abgewor fene Fragen.
Hier landen.

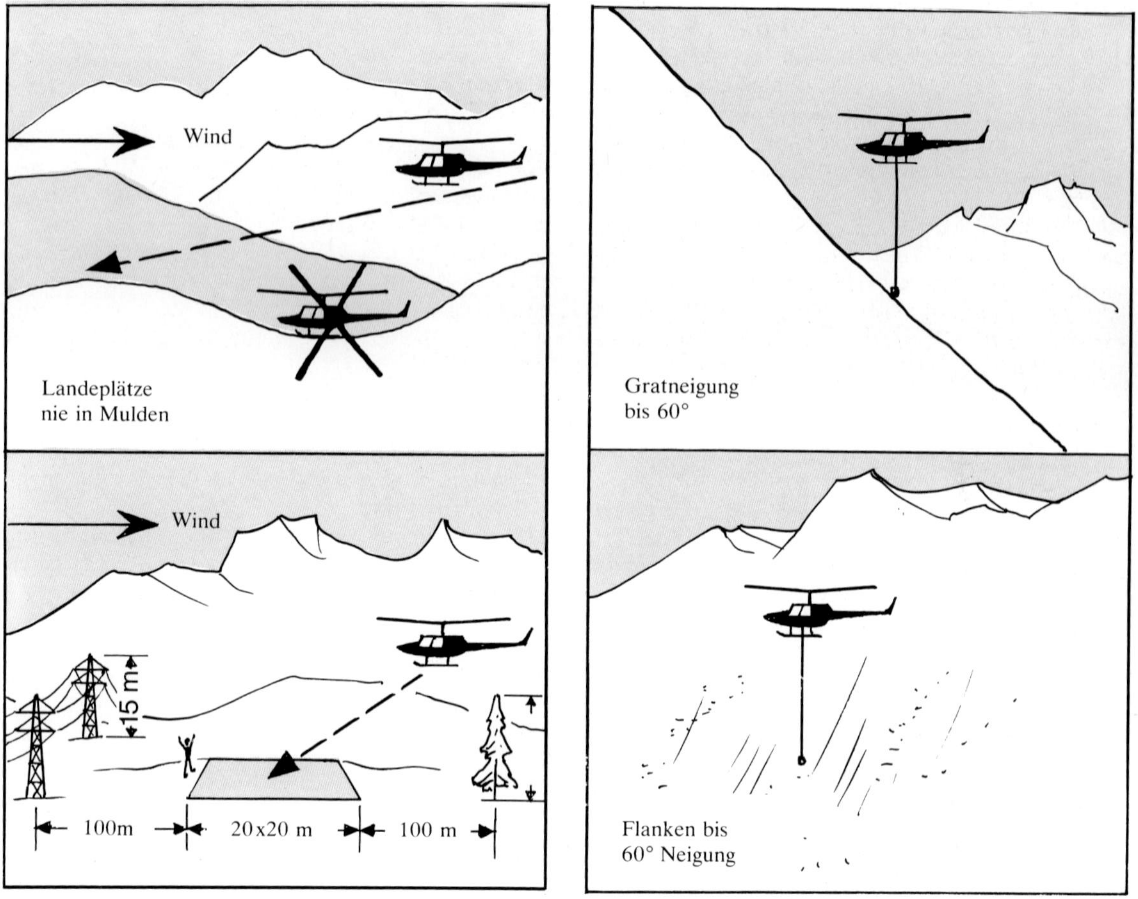

Vorbereitung von Landeplätzen:

- Horizontaler Platz von ca. 20×20 m, keine Querneigung, nicht in Mulden.
- Ausrüstungsgegenstände vor Rotorwind sichern. – Gefahr für Hubschrauber!
- Hindernisse im An- und Abflugsektor in 100 m Distanz vom Landeplatz nur maximal 15 m hoch. Achtung auf Stahlseile von Material-Seilbahnen und Stromkabel.
- Weichen pulvrigen Schnee festtreten auf 20 × 20 m Fläche.
- Windrichtung anzeigen. Rücken gegen den Wind, Arme seitwärts, vor dem Landeplatz stehenbleiben bis Hubschrauber-Rotor stillsteht.
- Sich dem Hubschrauber nur von vorne und von unten nähern!
- Warten bis der Pilot Zeichen zur Annäherung gibt.

Das Sondieren erfordert eine strenge Disziplin. Der Gruppenleiter hat die entsprechenden Maßnahmen zu treffen.

Bei ungenauer Führung der Sonde kommt es bei der Grobsondierung sehr leicht zu Fehltreffern.

Durch Lawinensuchhunde

Lawinensuchhunde gewährleisten bei einem organisierten Rettungseinsatz noch immer die besten Erfolge. Hunde benötigen zum Absuchen eines 1 ha großen Lawinenkegels im Schnitt nur 30 Minuten, und sie finden die Verschütteten ohne besondere Merkmale (z. B. Sender).

Durch Sondieren

Sondierungen sind sehr zeitraubend. Die Grobsondierung erfolgt in Abständen von ca. 70 cm im Quadrat. Ist dieser Methode kein Erfolg beschieden, so muß mit nur 25 cm Abständen feinsondiert werden. Liegen Verschüttete tiefer, als daß sie mit den etwa 3 m langen Stochersonden* zu ertasten sind, ziehen die Retter riesige Gräben.

Für Lawineneinsätze ist eine umfangreiche und gutdurchdachte Organisation notwendig, die dem Fachpersonal der Bergrettungsdienste vorbehalten bleibt. Leider passieren Lawinenunglücke auch, wenn die amtlichen Lawinenwarndienste größte Lawinengefahr vorausgesagt haben. In solchen Fällen müssen die Retter unter Einsatz ihres Lebens arbeiten, um den Verschütteten zu Hilfe zu kommen.

Rechtliche Aspekte des Lawinenunfalls

(von Dr. Hans-Kaspar Stiffler)

Lawinen sind Naturereignisse und für Naturereignisse ist der Mensch an sich nicht verantwortlich. Wenn aber dieser Mensch in die Natur eingreift, indem er Lawinen künstlich löst oder andere Menschen ins winterliche Gebirge führt, wo mit Lawinen zu rechnen ist, dann ergeben sich bei Unfällen eben doch Rechtsprobleme. Es stellt sich dann nämlich die Frage, ob nicht jemand für einen Unfall rechtlich verantwortlich sei, den er bei genügend Kenntnissen, Erfahrung und Vorsicht hätte vermeiden können.

Der Ausdruck Verantwortlichkeit umfaßt dabei ein Doppeltes: einerseits bedeutet er *zivilrechtlich* die Verpflichtung, den entstandenen Schaden zu decken, d. h. in Geld Ersatz zu leisten, und andererseits besagt er *strafrechtlich,* daß jemand für sein Fehlverhalten bestraft werden kann.

A Verantwortlichkeit bei Lawinen, die von Skifahrern ausgelöst werden

Lawinen können spontan niedergehen, sie können aber auch durch eine äußere Störung ausgelöst werden, sei es, daß ein Skifahrer durch das Befahren eines Hanges die Spannungen in der Schneedecke ungewollt so stark erhöht, daß diese bricht oder sei es, daß durch Beschießen eines Hanges gewollt Spannungen geschaffen werden, welche die Schneemassen zum Abgleiten bringen.

Es ist leider eine traurige Erfahrung, daß rund 95% aller Lawinen, welche Skifahrer verschüttet haben, von diesen Skifahrern selbst ausgelöst worden sind, ungewollt selbstverständlich. Befassen wir uns daher vorerst mit diesen Fällen. Soll da jemand verantwortlich sein und wenn ja, unter welchen Voraussetzungen?

1. Verantwortlich aus Verkehrssicherungspflicht

Wer eine Skiabfahrt eröffnet oder unterhält oder Skifahrer zu Skiabfahrten befördert, ist verpflichtet, die erforderlichen Vorsichts- und Schutzmaßnahmen zu treffen, damit den Skifahrern aus alpinen und weiteren Gefahren, die nicht einer Skiabfahrt als solcher eigen sind, kein Schaden erwächst. Diese Pflicht zur Gefahrenabwehr nennt man *Verkehrssicherungspflicht.* Rechtlich beruht sie auf dem vom Bundesgericht in jahrelanger konstanter Praxis entwickelten sogenannten Gefahrensatz, wonach derjenige, der einen gefährlichen Zustand schafft oder unterhält, verpflichtet ist, die zur Vermeidung eines Schadens erforderlichen Vorsichtsmaßnahmen zu treffen.

Ein wesentlicher Aspekt solcher Vorsichts- und Schutzmaßnahmen auf Skiabfahrten ist der Schutz vor Lawinen. 1960 ist die Schweizerische Kommission für Unfallverhütung auf Skiabfahrten geschaffen worden. Sie hat Richtlinien für Anlage und Unterhalt von Skiabfahrten herausgegeben. Diese Richtlinien schreiben vor, bei Lawinengefahr seien gefährdete Pisten und Abfahrtsrouten zu sperren. Die Sperrung müsse sowohl an der Tal- wie an der Bergstation jener Transportanlage, die zu den gefährdeten Skiabfahrten führe, deutlich erkennbar bekanntgegeben werden. Auch im Gelände sei am Ausgangspunkt gesperrter Pisten und Abfahrtsrouten die Sperrung anzuzeigen, zweckmäßigerweise durch eine Absperrvorrichtung mit Sperrtafel.

Damit steht für den Verkehrssicherungspflichtigen, in der Regel wird das ein Bergbahnunternehmen sein, nun ganz klar fest, daß er bei Lawinengefahr die Skifahrer warnen und gefährdete Skiabfahrten sperren muß. Tut er es nicht und passiert ein Lawinenunfall auf einer vom Verkehrssicherungspflichtigen angelegten Skiabfahrt, so wird er verantwortlich, d. h. zivilrechtlich zu Schadenersatz verpflichtet, während die zuständigen Organe, beispielsweise ein Pistenchef, auch noch bestraft werden können.

2. Verantwortlichkeit aus Obhutsverhältnissen

a) Verantwortlichkeit der Skilehrer und Bergführer

Wer sich für seine Ausflüge und Abfahrten im winterlichen Gebirge einem Skilehrer oder Bergführer anvertraut, erwartet, daß er gut und sicher geführt und damit nicht durch Lawinen gefährdet werde, sicher zu Recht. Skilehrer und Bergführer sind dafür ausgebildet, die winterlichen Alpingefahren zu erkennen und

ihnen auszuweichen. Sie sind für die Sicherheit ihrer Gäste verantwortlich. Das folgt bereits aus den Sorgfaltspflichten, wie sie sich aus dem Auftragsrecht ergeben. Überdies wird es in jenen Kantonen, welche das Skilehrer- und Bergführerwesen gesetzlich geregelt haben, auch ausdrücklich noch gesagt.
Skilehrer und Bergführer bewegen sich mit ihren Gästen häufig außerhalb markierter Skiabfahrten. Dann haben sie selbst die Lawinengefahr zu beurteilen. Grundlage jeder sorgfältigen Beurteilung ist die Kenntnis des aktuellen Lawinenbulletins des Eidgenössischen Instituts für Schnee- und Lawinenforschung Weissfluhjoch-Davos. Skilehrer und Bergführer können und müssen sich nicht stur an das Bulletin halten. Dieses wird für die ganze Schweiz herausgegeben, und zwar möglichst kurz, damit es abgehört und verstanden wird. Es kann damit nicht den Umständen jedes Einzelfalles gerecht werden. Zudem ist es sehr vorsichtig abgefaßt, da es ja vor allem auch den unerfahrenen und bergungewohnten Skifahrer warnen will. Skilehrer und Bergführer werden daher regelmäßig selbst an Ort und Stelle prüfen müssen, ob gerade für die von ihnen zu querenden Hänge lokale Schneebrettgefahr besteht oder nicht. Sie können dazu ein Schneeprofil oder einen Rutschkeil erstellen und allenfalls berggewohnte Einheimische, vor allem auch Hüttenwarte, um Rat fragen.
Die Beurteilung der Lawinengefahr setzt große Umsicht und Erfahrung voraus; Gefühl genügt nicht. Dazu gehören die Kenntnis des Schneedeckenaufbaus während des ganzen Winters, die Beobachtung von Wind und Temperatur, des Geländes, der Schneemengen, allfälliger Abrißstellen an Hängen gleicher oder ähnlicher Exposition und ferner auch von Tierspuren.
Zusätzlich benötigen Skilehrer und Bergführer aber auch ein gutes Maß an persönlicher Festigkeit. Recht häufig ist es nämlich der Gast, der in einem unberührten Hang unbedingt die erste Spur ziehen will und Warnungen vor Lawinengefahr nur allzu leicht in den Wind zu schlagen geneigt ist. Der Skilehrer hat es dabei nicht einfach. Grundsätzlich ist er durch das Auftragsrecht ja an die Weisungen seines Gastes gebunden. Erachtet er als Fachmann die Weisungen aber als unzweckmäßig, weil gefährlich, so gehört es zu seiner Treue- und Sorgfaltspflicht, den Gast deutlich darauf aufmerksam zu machen und gegebenenfalls vom Auftrag zurückzutreten.

b) Verantwortlichkeit der Tourenleiter und der sog. faktischen Führer

Die Verantwortlichkeit nicht berufsmäßiger Führer, der sog. Tourenleiter, bemißt sich im Prinzip nach den gleichen Grundsätzen wie jene der vollausgebildeten Skilehrer und Bergführer. Man wird der Tatsache der weniger weitgehenden Ausbildung nur beschränkt Rechnung tragen dürfen. Die Berge ertragen keine Halbheiten. Nur zu oft enden Lawinenunfälle tödlich. Aus diesem Grunde sind auch an Tourenleiter hohe Anforderungen zu stellen. Wer sich diesen nicht gewachsen fühlt, hat keine Touren zu führen. Das gilt auch für den sog. faktischen Führer, d. h. für denjenigen, der sich selbst nicht als Führer bezeichnet und unter Umständen auch gar nicht als Führer verstanden wissen will, der aber zufolge seiner Kenntnisse und Erfahrung den anderen soweit überlegen und voraus ist, daß sie ihm ohne weiteres Gefolgschaft leisten und ihn damit eben faktisch als Führer anerkennen.

3. Verantwortlichkeit bei Skifahren mit Flugtransport

Neu hält auch in der Schweiz das Heli-Skiing Einzug, wie wir es vor allem aus den amerikanischen und kanadischen Rocky Mountains kennen. Der Skifahrer läßt sich dabei vom Helikopter an den Ausgangspunkt lohnender Skiabfahrten transportieren. Hier kann er selbstverständlich dann keine vor Lawinen- und weiteren Alpingefahren gesicherte Abfahrten erwarten und muß sich entweder auf seine eigene Beurteilung verlassen oder sich erfahrenen Führern anvertrauen. Nicht ausgeschlossen erscheint eine Haftung der Flugunternehmung, wenn sie auf die Gefahren nicht aufmerksam macht und die Mitnahme eines Führers nicht vorschreibt, denn auch hier wird im Sinne des bekannten bundesgerichtlichen Gefahrensatzes durch den einfachen Transport in ungesichertes Wintergelände ein gefährlicher Zustand geschaffen, so daß eben das Flugunternehmen als Verantwortlicher dafür zu sorgen hat, daß dem Skifahrer daraus kein Schaden erwächst.

4. Grenzen der Verantwortlichkeit

a) Eigenverantwortlichkeit des Skifahrers

Wer sich im Winter ins Gebirge begibt, muß erkennen und wissen, daß er sich damit erheblichen Gefahren aussetzt, im wesentlichen eben der Lawinengefahr. Diese ist naturgegeben, sie kann nicht einfach behoben werden. Wer frei in die Berge zieht, muß daher in eigener Verantwortung die Risiken abschätzen, die er auf sich nimmt. Nur wer sich dem organisierten Massenskibetrieb im Einzugsbereich von Bergbahnunternehmungen anschließt und dort dann die Warnung und Anordnung befolgt, oder wer sich von Fachleuten wie Skilehrern und Tourenleitern führen läßt, der darf darauf vertrauen, daß er zuverlässig vor Lawinengefahr geschützt werde. Wer alleine und abseits markierter Skiabfahrten Touren unternimmt, ist auch alleine für sein Tun und Lassen verantwortlich.

b) Höhere Gewalt

Lawinen sind, ich habe es einleitend gesagt, Naturereignisse, abhängig von den geographischen und klimatischen Verhältnissen im allgemeinen sowie den orographischen und meteorologischen Gegebenheiten im besondern Falle. Langjährige Erfahrung und die Ergebnisse neuester wissenschaftlicher Forschung erlauben heute eine recht zuverlässige Beurteilung einer Lawinensituation. Eine hundertprozentige Sicherheit gibt es aber nicht, nur eine gewissenhafte Prüfung im Rahmen der genannten Kriterien. So betrachtet ist Verschulden eine oberflächliche Beurteilung, die sich der Hilfsmittel Erfahrung und wissenschaftlicher Kenntnisse nicht oder nur ungenügend bedient; kein Verschulden, sondern höhere Gewalt liegt hingegen vor, wenn trotz sorgfältiger Berücksichtigung dieser Mittel wider alle Erfahrung und wissenschaftliche Erkenntnis doch eine Lawine losbricht.

B Verantwortlichkeit bei künstlich ausgelösten Lawinen

1. Aus Verkehrssicherungspflicht

Der Umstand, daß drohende Lawinen zur Sperrung von Skiabfahrten zwingen, hat die Verantwortlichen bei den Bergbahnunternehmungen schon früh dazu geführt, durch Beschießen und Sprengungen die Schneemassen zum Abgleiten zu bringen, denn die verkehrssicherungspflichtigen Unternehmungen sind ja nicht daran interessiert, die Abfahrten geschlossen zu halten. Die Technik der künstlichen Lawinenauslösung hat gewaltige Fortschritte gemacht und das Abschießen von Lawinen gehört heute zur täglichen Arbeit aller Pistendienste. Es bleibt aber nach wie vor eine heikle Aufgabe, denn selbstverständlich muß nicht nur das durch die künstliche Lawinenauslösung gefährdete Gebiet zuverlässig abgesperrt werden, sondern es muß auch darauf geachtet werden, daß die ausgelösten Schneemassen keinen Schaden anrichten.

2. Verantwortlichkeit von Kanton und Gemeinden

Nicht nur bei den Bergbahnen macht man sich darüber Sorgen, wie Lawinen abgeschossen und damit die Gefahren gebannt werden können. Auch Staat und Gemeinden sehen sich vor ähnliche Aufgaben gestellt. Sie sind ja von Gesetzes wegen dazu verpflichtet, die Verbindungen über Schiene und Straße offenzuhalten. Der Entscheid, eine Lawine künstlich zu lösen, muß aber äußerst sorgfältig getroffen werden, sonst kann, wie die Gerichtspraxis zeigt, auch ein Kanton zu Schadenersatzleistungen verpflichtet werden.

C Verantwortlichkeit von Rettungsdienstleuten

Es sei der Vollständigkeit halber noch darauf verwiesen, daß unrichtige Erste Hilfe haftungsbegründend wirken kann. Fälle aus der Praxis sind dazu aber keine bekannt. Zusammenfassend läßt sich sagen, daß Lawinenunfälle heute noch und noch Rechtsfragen aufwerfen. Dabei dürften die Probleme der Verantwortlichkeit von verkehrssicherungspflichtigen Unternehmungen, Skilehrern und Tourenleitern in befriedigender Weise gelöst sein und den unterschiedlichen Interessen der Verantwortlichen und der zu schützenden Skifahrer in ausgewogenem Maße Rechnung tragen. Mit Bezug auf die Verantwortlichkeit von Kanton und Gemeinden wird man ein entsprechendes Urteil wohl nicht abgeben dürfen.

Anhang

Erklärung der Fachausdrücke

Absinkinversion
Temperaturinversion (Inversion), die durch adiabatische Erwärmung von absinkenden Luftmassen zustande kommt. Eine typische Erscheinung der Hochdruckgebiete. Die Inversion stellt nach unten hin häufig die Grenze der Absinkbewegungen dar.

Absorption, absorbieren
Das Verschlucken von Licht- und Wärmestrahlung durch die Atmosphäre, die Erdoberfläche oder Wasserflächen. Die Absorption von Licht- und Wärmestrahlung verursacht Erwärmung.

adiabatisch
Adiabatisch nennt man Vorgänge, bei denen kein Wärmeaustausch mit der Umgebung stattfindet. Die beim Auf- bzw. Absteigen von Luft eintretende adiabatische Abkühlung bzw. Erwärmung kommt durch das vertikale Druckgefälle und die damit verbundene Ausdehnung bzw. Schrumpfung der Luft zustande.

Aggregatzustand
Formzustand der Materie. Gasförmig, flüssig oder fest.

anthropogen
Vom Menschen herrührend.

Antizyklone
Der mit einem Hochdruckgebiet verbundene großräumige Luftmassenwirbel. Die Wirbelbewegung, die meist schwächer ausgeprägt ist als die zyklonale Luftbewegung in einem Tief, läuft auf der Nordhalbkugel im Uhrzeigersinn ab.

Bergwind
Mit der Erscheinung der Hangabwinde gekoppelte breite Luftströmung im Talquerschnitt in Richtung der Talachse talabwärts. Charakteristisch für Schönwetterlagen. Bergwinde wehen nachts.

Beugung
Die Abweichung von Strahlen von der geradlinigen Ausbreitung in der Nähe scharf begrenzter Hindernisse. In der Atmosphäre erzeugen Wolkentröpfchen die Beugungserscheinung der Corona (Hof, Kranz) um Sonne, Mond.

Brechung
Richtungsänderung von Strahlen beim Übergang in ein anderes Medium mit unterschiedlicher Ausbreitungsgeschwindigkeit. In einem Tropfen (Regenbogen) und in einem Eiskristall (Halo) erzeugt die Brechung des Sonnenlichts eine Farbzerlegung.

Corioliskraft
Trägheitskraft, die bei der Bewegung auf rotierenden Körpern auftritt. Im speziellen Fall der rotierenden Erde wird sie wirksam, wenn durch horizontale Druckgradientkräfte die Luft längs der Erdoberfläche in Bewegung gerät. Sie bewirkt für alle sich auf der Nordhalbkugel bewegenden Luftmassen eine Rechtsablenkung.

cumuliform
Haufenförmig. Eine der Hauptwolkenformen.

curricularer Lehrplan
Ein Lehrplan, der nach curricularen Grundsätzen gestaltet ist, jedoch die verbindliche Festlegung von Feinzielen im Unterricht vermeidet.

Curriculum
Ein Lehrplan, der in Anlage und Gliederung von den Lernzielen her bestimmt ist. Darüber hinaus kommt es zu einer engen Verknüpfung von Lernzielen, Lerninhalten, Lernorganisation und Lernkontrolle, da diese sich gegenseitig bedingen. Der Lehrplan herkömmlicher Art ist durch einen Katalog von verbindlichen Stoffen geprägt.

didaktisch
Leitet sich von Didaktik ab; das ist die Wissenschaft vom Unterricht und Unterrichten.

Druckgradient
Maßgröße für die räumlichen Luftdruckunterschiede. Der horizontale Druckgradient zeigt in Richtung des größten horizontalen Druckanstiegs, er mißt ihn in mbar pro Einheitsstrecke.

Druckgradientkraft
Kraft entgegengesetzt der Richtung des Druckgradienten, d. h. in Richtung des größten Druckgefälles. Horizontale Luftbewegungen werden durch horizontale Druckgradientkräfte ausgelöst.

dynamisch
Von der Bewegung der Luft und ihren wirksamen Kräften bestimmt. Dynamik ist die Lehre von den Bewegungskräften.

Eislamelle
Meist nur millimeterdünne Eisschicht, verursacht durch gefrorenes Oberflächenwasser. Sie kann als Gleitschicht für darüberliegende Schneeschichten negative Bedeutung haben.

Erosion
Allgemein gesehen die Auswaschung und Abtragung von Erdoberflächenformen durch Wasser, Wind, Eis. Im speziellen Sinne die wirksame Tätigkeit des fließenden Wassers (linienhafte Abtragung).

Exposition, exponiert
Die Lage eines Hanges in bezug auf Sonnenstrahlung, Licht, Wind und Niederschlag. Ein Berghang ist der Sonnenstrahlung um so mehr ausgesetzt, je mehr die Senkrechte zur Hangoberfläche mit der Sonnenstrahlrichtung zusammenfällt. Vegetation und Schneebedeckung sind sichtbare Zeichen von Expositionsunterschieden.

feuchtadiabatisch
Eine Zustandsänderung in feuchter Wolkenluft, bei der zu der trockenadiabatischen Temperaturänderung die Wärme- oder Kältewirkung von Kondensation bzw. Verdunstung hinzukommt. Kondensation mildert die Abkühlung durch Druckerniedrigung, Verdunstungskälte hemmt die Erwärmung durch Druckerhöhung.

feuchtstabil, feuchtlabil
Art der allgemeinen vertikalen Luftschichtung, bezogen auf eine in Wolkenluft vor sich gehende feuchtadiabatisch ausgelöste Temperaturänderung. Bei Stabilität wirken die Auf- bzw. Abtriebskräfte in der Wolkenluft der Bewegung entgegen, bei Labilität verstärken sie die Bewegung.

Föhneffekte
Sämtliche Folgewirkungen orographisch erzwungenen Absteigens der Luft im Lee von Gebirgen oder Bergen: adiabatische Erwärmung, Abtrocknung, Wolkenauflösung, Sichtbesserung.

Gefrierkerne
Für die Eisteilchenbildung in der Atmosphäre notwendige, spezielle mikroskopisch kleine Partikel, um die herum sich spontan Wasserdampf als Eis ansetzt.

geostrophischer Wind
Isobarenparalleler, reibungsfreier Wind oberhalb der bis zu etwa 1500 m über der Erdoberfläche reichenden reibungsbehafteten Luftschicht. Beim geostrophischen Wind verlaufen die Isobaren geradlinig, es stehen Druckgradient- und Corioliskraft im Kräftegleichgewicht.

Gradient
Beschreibt die räumlichen Unterschiede einer physikalischen Größe. Der Gradient zeigt in Richtung ihrer stärksten Zunahme und ist um so größer, je stärker sich der Wert der Größe längs einer Einheitsstrecke verändert.

Gradientwind
Isobarenparalleler, reibungsfreier Wind oberhalb der bis zu etwa 1500 m über der Erdoberfläche reichenden reibungsbehafteten Luftschicht. Beim Gradientwind verlaufen die Isobaren krummlinig, es stehen Druckgradient-, Coriolis- und Zentrifugalkraft im Kräftegleichgewicht.

Grundlawine
Auch Bodenlawine, die sowohl als Lockerschnee- wie auch als Schneebrettlawine losbrechen kann, wobei alle Schneeschichten bis zum Grund erfaßt werden. Solche Lawinen sind hauptsächlich an vorgezeichnete Bahnen gebunden und führen meist Erdreich und Steine mit sich.

Halo
Heller, farbiger Ring um Sonne oder Mond im Abstand von 22 oder 42 Grad. Er ist innen rot, außen violett. Folge der Lichtbrechung und Reflexion.

Hangaufwind, Hangabwind
Durch erdoberflächennahe Erwärmung bzw. Abkühlung der Luft erzeugte Luftbewegung am Berghang. Es wirken thermische Auftriebs- und Abtriebskräfte. Hangauf- und Hangabwinde sind besonders bei wolkenarmen Schönwetterlagen zu beobachten.

hexagonal
Sechseckig. Grundform des Eiskristalls.

Inversion
Temperaturumkehr. Die Erscheinung, daß an Stelle der normalen Temperaturabnahme mit der Höhe in einer meist dünneren Schicht die Temperatur nach oben hin zunimmt. Inversionen wirken als Sperrschicht für Aufwärts- und Abwärtsbewegungen der Luft.

Isobare
Eine Linie, die die Orte gleichen Luftdrucks miteinander verbindet. Auf den Wetterkarten werden die Isobaren im Luftdruckabstand von 5 mbar gezeichnet.

kognitiv
Erkenntnismäßig, das Wissen betreffend. In der Lernzielbeschreibung (kognitive Lernziele) der Bereich der intellektuellen Fähigkeiten (z. B. Erinnern, Problem lösen, Begriffe bilden, argumentieren).

kohäsionsarmer Schnee
Schnee, bei dem der innere Zusammenhalt und die Reibung besonders gut sind.

Kondensation, kondensieren
Übergang vom gasförmigen in den flüssigen Aggregatzustand. Bei der Kondensation von Wasser verwandelt sich der unsichtbare Wasserdampf in sichtbare Tröpfchen (Nebel, Wolken, Tau).

Kondensationskerne
In der Atmosphäre schwebende, mikroskopisch kleine Teilchen (fest, flüssig), die bei der Bildung von Wolken und Nebel als Ansatzkerne für den kondensierenden Wasserdampf dienen.

Kondensationsniveau
Die Höhe, in der aufsteigende Luft ihren Wasserdampfgehalt zu kondensie-

ren beginnt. Dieses Höhenniveau wird als Wolkenuntergrenze sichtbar.

Kondensationswärme
Thermische Reaktion bei der Kondensation des Wasserdampfes. Bei ihr wird Wärme frei und führt zu einer relativen Temperaturerhöhung, indem sie die meist primär wirkende adiabatische Abkühlung bei Aufwärtsbewegungen der Luft mildert.

konkav
Nach innen gewölbt.

konvex
Nach außen gewölbt.

kupiertes Gelände
Von vielen verschiedenartigen Unebenheiten (Höcker, Gräben etc.) durchsetztes Gelände.

Längsprofil
Bezeichnung des Geländes in der Längsrichtung.

Lawinenkegel
Anhäufung der als Lawine abgegangenen Schnee- oder Eismassen (wenn Eislawine) am Ende einer Lawinenbahn. Oft meterhoch und mit mitgeführten Fremdkörpern (Holz, Steine etc.) durchsetzt.

Luv, Lee
Luv ist die windzugewandte Seite, Lee die windabgewandte Seite z. B. eines Gebirges oder Berges.

meridional
Nordsüdwärts gerichtet, längenkreisparallel.

Meteorologie, meteorologisch
Wissenschaft von den Wettererscheinungen der Atmosphäre. Alle mit den Wettererscheinungen zusammenhängenden Vorgänge sind meteorologische Vorgänge.

N
Abkürzung für Newton: Krafteinheit. 1 N = 0,102 kp.

Oberflächenreif
Blätterförmige Eiskristalle auf der Oberfläche der Schneedecke. Ist die Unterlage verfestigt und wird Oberflächenreif eingeschneit, stellt dieses äußerst lockere Gefüge eine gefährliche Gleitfläche für die darüberliegende neue Schneeschicht dar.

objektiv
Vom Objekt (hier Lawine) ausgehend, durch die Gesetzmäßigkeiten der Natur begründet.

Okklusionsfront
Spezielle Luftmassenfront in einem bereits teilweise gealterten Tief. Sie ist der Zusammenschluß von Kaltfront und vorlaufender Warmfront.

Okklusionsprozeß
Charakteristischer Umwandlungs- und Alterungsprozeß eines Tiefs. Beim Okklusionsprozeß holt die Kaltfront des Tiefs die vorauslaufende Warmfront ein, wodurch der von beiden eingeschlossene »Warmsektor« (Warmluftbereich) verschwindet und sich eine Okklusionsfront bildet. Danach beginnt die Auflösung des Tiefs.

Orographie, orographisch
Beschreibende Darstellung des Reliefs der Erdoberfläche nach äußeren Merkmalen (Form, physik. Eigenschaften).

Packschnee
Ein vom Wind beeinflußter Neuschnee, dessen Kristalle nicht mehr frei beweglich sind. Sein Gewicht liegt im Bereich von 60–300 kg/m^3.

Plattenschüsse
Große, plattige Felszonen, meist ziemlich steil. Auf ihnen kann der Schnee leicht abgleiten.

Rammsonde
Meßgerät zur Prüfung der Festigkeit des Schichtenbaus der Schneedecke. Die Rammsonde besteht aus mehreren Rohrstücken, wobei das unterste mit einer Kegelspitze ausgestattet ist. Mit einem Rammbären (Fallgewicht) werden die Rohrstücke durch den Schnee getrieben. Wegen ihrer Sperrigkeit und dem hohen Gewicht (je Stück 1 kg) sind Rammsonden auf Skitouren und Tiefschneefahrten nicht verwendbar.

Reduktion
Zurückführung, Herabsetzung, Minderung. Bei der Luftdruckbestimmung die Rechenoperation, mit der der Luftdruck eines bestimmten Höhenniveaus auf den Luftdruck eines anderen Höhenniveaus unter Zuhilfenahme der dazwischen herrschenden Temperaturverhältnisse umgerechnet wird.

Reflexion
Zurückwerfen von Licht- und Schallwellen durch eine Körperoberfläche, z. B. Reflexion von Strahlen an der Wasseroberfläche (See, Tröpfchen).

Scherfestigkeit, Scherspannung, Scherriß
Scherfestigkeit bedeutet Reibungsfestigkeit. Scherspannungen treten bei Festschnee und geneigter Unterlage hauptsächlich zwischen den einzelnen Schichten und bei der Verbindungsfläche der Gesamtschneedecke zum Boden auf. Schwimmschnee an bodennahen Schichten oder Oberflächenreif als hangparallele Zwischenschicht vermindert z. B. die Scherfestigkeit stark. Der Scherriß wird dann primäre Ursache für den Abgang einer Schneebrettlawine sein und nicht der augenscheinliche Zugriß.

Schichtung
Die vertikale Verteilung von Temperatur und Feuchtigkeit, allgemein jeder meteorologischen Größe.

Schmelzharsch
Bezeichnung für Schnee, dessen Oberfläche durch Schmelzen und erneutes Gefrieren grobkörnig und glasig wird. Schmelzharsch ist meist eine recht stabile Schicht, die eingeschneit aber als Gleitschicht wirken kann.

Schneebrett, Schneebrettlawine
Lawine, die durch einen scharfkantigen, linearen Anriß gekennzeichnet ist. Bei Schneebrettern ist eine gewisse Festigkeit im Schneeverband Voraussetzung, so daß sich Spannungen großflächig übertragen können. Die Form der Schneebrettlawine ist stets flächig. Sie gilt als die gefährlichste aller Lawinenarten.

Schneemechanik
Die Bewegungen des Schnees und die damit verursachten Kräfte.

Schneeprofil, Schichtprofil
Schneeprofil ist der umfassende Begriff für die Gesamtuntersuchung der Schneedecke. Die einzelnen Schichten der Schneedecke werden im Schichtprofil gemäß ihrer Härte und Stärke aufgenommen und aufgezeichnet.

Schrittspannung
Elektrische Spannung, die sich zwischen zwei Kontaktpunkten eines Körpers mit der Erdoberfläche einstellt, sobald sich nach einem Blitzeinschlag elektrische Erdströme ausbilden.

Schußflucht
Schnellstmögliche Skiausfahrt aus dem Gefahrenbereich im Moment des Lawinenabgangs. Diese Möglichkeit, einer Lawine zu entkommen, ist umstritten und wird nur unter äußerst glücklichen Umständen gelingen.

Schwimmschnee
Auch Tiefenreif genannt, der durch Umkristallisation hauptsächlich in bodennahen Schichten der Schneedecke entsteht. Die meist kantigen und becherförmigen Kristallneubildungen haben kaum Verbindung zueinander und können für die darüber befindlichen Schichten wie ein Kugellager wirken.

Singularitäten
Die kalendermäßig gebundenen Witterungserscheinungen bzw. Wetterlagen. Es handelt sich um eine überzufällige Häufung dieser Ereignisse zu bestimmten Jahresdaten, ohne daß man von einer Gesetzmäßigkeit reden kann.

Skistocksonde
Für die Kameradenhilfe gedachte, aus dafür besonders konstruierten Skistökken in wenigen Sekunden herstellbare Stochersonde.

Spaltenfrost
Gefrieren von Regen- oder Schmelzwasser in Gesteinsritzen. Infolge der Volumenvergrößerung des Wassers beim Übergang zu Eis wird der Fels aufgesprengt. Eine Form der allgemeinen Erosion.

Stochersonde
Ein ca. 3 m langer, zusammenlegbarer Metallstab zum Sondieren nach Lawinenverschütteten.

Strahlungsinversion
Temperaturinversion infolge nächtlicher Wärmeabstrahlung in einer bodennahen Luftschicht, besonders nach klaren Nächten zu beobachten. Die Inversion schließt sich nach oben hin an die kalte bodennahe Luftschicht an.

stratiform
Schichtförmig. Eine der Hauptwolkenformen.

Stratosphäre
Die oberhalb der Tropopause folgende Atmosphärenschicht, etwa bis 80 km Höhe reichend. In ihr tritt praktisch kein Wasserdampf mehr auf.

subjektiv
Vom Subjekt (hier Skiläufer, Bergsteiger) ausgehend, in ihm begründet.

Sublimation, sublimieren
Übergang vom gasförmigen Aggregatzustand direkt in den festen Aggregatzustand und umgekehrt.

Sulzschnee
Bezeichnung für grobkörnigen, wäßrigen Altschnee. Besonders durchnäßt wird er auch Faulschnee genannt.

Synoptik, Synopse
Betrachtungsweise in der Meteorologie, bei der gleichzeitige Wetterbeobachtungen großräumig vergleichend ausgewertet werden. Eine der Grundlagen kurzfristiger Wettervorhersage.

Talwind
Mit der Erscheinung der Hangaufwinde gekoppelte breite Luftströmung im Talquerschnitt in Richtung der Talachse talaufwärts. Charakteristisch für Schönwetterlagen. Talwinde wehen tagsüber.

Temperaturgradient
Maßgröße für die räumlichen Temperaturunterschiede. Der vertikale Temperaturgradient erfaßt die Temperaturunterschiede mit der Höhe, bezogen auf 100 Höhenmeter.

Temperaturinversion
Eine meist dünne Schicht, in der in Umkehrung der normalen Temperaturabnahme mit der Höhe die Temperatur nach oben hin zunimmt.

Terminologie
Gesamtheit der in einem Fachgebiet üblichen Fachwörter.

Thermik
Infolge thermischer Auftriebskräfte entstehende Aufwärtsbewegungen der Luft.

thermische Auftriebskraft
Aufwärts zeigende Kraft infolge des geringeren Gewichts eines Luftkörpers (geringeres Gewicht durch höhere Temperatur) relativ zur Umgebung (höheres Gewicht durch tiefere Temperatur).

Trägheitskraft
Eine aus dem Beharrungsdrang sich bewegender Körper stammende Krafterscheinung. Jeder Körper versucht infolge der Trägheit seine augenblickliche »absolute« Bewegungsrichtung und -geschwindigkeit beizubehalten. Die Corioliskraft ist eine Trägheitskraft.

Triebschneeansammlungen
Schnee, der durch Windeinfluß aufgewirbelt, verfrachtet und in größeren Mengen besonders an Windschattenseiten abgelagert wurde. Aber auch an windzugekehrten Seiten können Mulden mit Triebschnee ausgeglichen werden.

trockenadiabatisch
Beschreibung von adiabatischen Vorgängen, die sich in nicht feuchtigkeitsgesättigter (»trockener«) Luft abspielen, d. h. außerhalb von Wolken.

Tropopause
Die meist scharfe Abgrenzung der Troposphäre gegen die darüberliegende Stratosphäre. Sie ist durch eine Temperaturinversion gekennzeichnet.

Troposphäre
Die untere, in unseren Breiten im Mittel etwa 11 km hohe, wetterführende Atmosphärenschicht. In ihr nimmt die Temperatur meist nach oben hin ab.

Ultraviolettlicht, UV-Licht, UV-Strahlung
Kurzwelliger, unsichtbarer Anteil der die Atmosphäre erreichenden Sonnenstrahlung. Schließt sich direkt nach dem Violett an das sichtbare Licht an. Verantwortlich für Sonnenbräune, Sonnenbrand und Schneeblindheit.

Verdunstungskälte
Verdunstung ist mit Abkühlung verbunden, da beim Übergang von Wasser zu gasförmigem Wasserdampf Wärme verbraucht wird. Die Kondensationswärme stellt das Gegenstück dar.

Windharsch
Verfestigte, meist deformierte Schneeoberfläche. Entstehung bei Windeinwirkung und warmer Temperatur.

zonal
Westostwärts gerichtet, breitenkreisparallel.

Zyklone
Der mit einem Tiefdruckgebiet verbundene großräumige Luftmassenwirbel. Die Wirbelbewegung läuft auf der Nordhalbkugel entgegengesetzt dem Uhrzeigersinn ab.

Zyklonenmodell
Idealisierter Aufbau und Entwicklung einer Zyklone (Tief).

Literaturverzeichnis

Wetter

Fachliteratur

Blüthgen, J., Weischet, W.: Allgemeine Klimageographie. Wilhelm de Gruyter Berlin, New York 1980

Bohr, P., Hess, P., Meissner, Th., Pflugbeil, C.: Allgemeine Meteorologie. Deutscher Wetterdienst, Leitfäden für die Ausbildung im Deutschen Wetterdienst Nr. 1, Selbstverlag Deutscher Wetterdienst Offenbach 1974

Fliri, Fr.: Niederschlag und Lufttemperatur im Alpenraum. Wissenschaftliche Alpenvereinshefte, Heft 24, DAV + ÖAV Innsbruck 1974

Fortak, H.: Meteorologie. Dietrich Reimer Verlag Berlin 1982

Hauer, H.: Klima und Wetter der Zugspitze. Deutscher Wetterdienst der US-Zone, Berichte des Deutschen Wetterdienstes in der US-Zone, Nr. 16, Bad Kissingen 1950

Liljequist, G. H., Cehak, K.: Allgemeine Meteorologie. Friedr. Vieweg u. Sohn Braunschweig Wiesbaden 1979

Möller, Fr.: Einführung in die Meteorologie. Hochschultaschenbücher Bd. 276, 288. Bibliographisches Institut Mannheim, Wien, Zürich 1973

Weischet, W.: Einführung in die Allgemeine Klimatologie. Teubner Studienbücher Geographie, Teubner Stuttgart 1979

Populärwissenschaftliche Literatur

Eimern v., J., Häckel: Wetter- und Klimakunde. Eugen Ulmer, Stuttgart 1979

Frick, M.: Wetterkunde. Hallwag Taschenbuch 9 Geographie. Hallwag Bern Stuttgart 1982

Hofmann, A.: Probleme um die Wettervorhersage. Kosmos-Bändchen, Franckh'sche Verlagshandlung Stuttgart 1955

Keidel, Cl. G.: Wolkenbilder – Wettervorhersage. BLV-Naturführer, BLV München, Wien, Zürich 1980

Reuter, H.: Die Wissenschaft vom Wetter. Springer Berlin, Heidelberg, New York 1978

Roth, G. D.: Wetterkunde für alle. BLV-Wetterführer. BLV München, Wien, Zürich 1979

Schneider, A.: Wetterführer und Bergsteigen. Rudolf Rother München 1981

Schäfer, V. J., Day, J. A.: A Field Guide to the Atmosphere. The Peterson Field Guide Series, Houghton Mufflin Company Boston 1981

Schöpfer, S.: Wie wird das Wetter? Kosmos-Naturführer, Franckh'sche Verlagshandlung Stuttgart 1981

Wilson, Fr., Mansfield, F.: Wir entdecken und bestimmen das Wetter. Ravensburger Taschenbücher, Otto Maier Ravensburg 1980

Lawinen

Anden 70. Broschüre der Sektion Bayerland des DAV München 1970

Berghold, Dr. Fr.: Gesundheitliche Betreuung und Erste Hilfe beim Skilauf. Österreichisches Kuratorium für Alpine Sicherheit

Fondation Internationale »Vanni Eigenmann«: Lawinen, Prophylaxe – Ortung – Rettung, 1975

Forum Davos: Lawinen. Internationales Symposium, 1979

Fraser, C.: Lawinen – Geißel der Alpen. Albert Müller Rüschlikon 1968

Gayl, A.: Lawinen. Alpenvereinslehrschrift, 4. Auflage 1979

Götzfried, Dr. K. P.: Bergrettung-Kameradenhilfe. BRK-Bergwacht, 4. Auflage 1978

Herb, Dr. H.: Einführung in die Wetter-, Schnee- und Lawinenkunde. Top Service GmbH München 1972

Kellermann, W.: Skibergsteigen heute. Bruckmann München, 2. Auflage 1980

Kellermann, W.: Sicherheit am Berg heute. Bruckmann München 1979

Krasser, Dr. L.: Grundzüge der Schnee- und Lawinenkunde. Eugen Russ Bregenz

Lawinenlehrgang des Bayerischen Lawinenwarndienstes: Diverse Referate

Lawinenlehrgang des Eidgenössischen Instituts für Schnee- und Lawinenforschung, Weissfluhjoch/Davos: Diverse Referate

Lawinenlehrgang von Dr. L. Krasser: Diverse Referate

Lawinenlehrgänge des Verfassers in Reit im Winkl/Winklmoos: Arbeitsunterlagen

Munter, W.: Lawinenkunde für Skifahrer und Bergsteiger. Hallwag Bern 1979

Österreichisches Kuratorium für Alpine Sicherheit: Jahrbücher 1972–1980

Schild, M.: Lawinen. Dokumentation für Lehrer, Skilager- und Tourenleiter, Lehrmittelverlag des Kantons Zürich 1972

Schlag nach! Für Wanderer und Bergsteiger, Bibliographisches Institut Mannheim, Wien, Zürich, Meyers Lexikon Verlag 1976